课书房
新/形/态/教/材

线性代数（经管类）

Xianxing Daishu（Jingguan Lei）

主　编　黄秀花

副主编　魏冬梅　苏晓璐

重庆大学出版社

内容提要

本书适用于独立院校应用型人才培养中的线性代数教学.其主要特点是根据目前应用型本科经济管理类专业学生的实际情况和教学现状,本着以“应用为目的,必需、够用为度”的原则对教学内容、要求、篇幅做了适度调整.为保证教学内容的系统性和完整性,适当降低了某些内容的理论深度,加强对线性代数中有重要应用背景的概念、理论、方法和实例的介绍.全书共7章,内容包括行列式、矩阵、向量组的线性相关性、线性方程组、方阵的特征值与特征向量、线性空间与线性变换、应用数学模型等.书后附有习题参考答案.

本书可作为高等院校理工科大学及高等专科院校的数学教材及参考书,也可供高等师范院校非数学专业及各类成人教育的师生使用.

图书在版编目(CIP)数据

线性代数 : 经管类 / 黄秀花主编. -- 重庆 : 重庆大学出版社, 2022.5

ISBN 978-7-5689-2683-6

Ⅰ. ①线… Ⅱ. ①黄… Ⅲ. ①线性代数—高等学校—教材 Ⅳ. ①O151.2

中国版本图书馆 CIP 数据核字(2021)第 082356 号

线性代数(经管类)

主　编　黄秀花

副主编　魏冬梅　苏晓璐

策划编辑:鲁　黎

责任编辑:姜　凤　　版式设计:鲁　黎

责任校对:刘志刚　　责任印制:张　策

*

重庆大学出版社出版发行

出版人:饶帮华

社址:重庆市沙坪坝区大学城西路 21 号

邮编:401331

电话:(023)88617190　88617185(中小学)

传真:(023)88617186　88617166

网址:http://www.cqup.com.cn

邮箱:fxk@cqup.com.cn(营销中心)

全国新华书店经销

重庆长虹印务有限公司印刷

*

开本:787mm×1092mm　1/16　印张:10　字数:259 千

2022 年 5 月第 1 版　　2022年 5 月第 1 次印刷

ISBN 978-7-5689-2683-6　定价:36.00 元

前言

在我国高等教育进入“大众化教育阶段”以后，高等教育在培养目标和教学要求等方面已呈现出多层次、多元化的新情况. 因此，如何根据不同层次的高等院校的不同要求，编写出不同层次和要求的教材，是摆在广大教师面前的一项亟待完成的重要任务！为了适应国家教育教学改革，符合应用型高等学校本科层次的教学要求，更好地培养经济、管理等应用型人才，提高学生解决实际问题的能力，以保证理论基础、注重应用、彰显特色为基本原则，参照教育部制订的《线性代数课程教学基本要求》，在我们多年从事高等教育特别是应用型高等学校教育教学实践的基础上，以专业服务和应用为目的编写了本书.

本书为应用型高等学校本科经济管理类专业学生编写的线性代数教材. 编者在吸收国内外同类教材的优点的基础上，结合多年的教学经验，确立教材编写以“因材施教，学以致用”为指导思想，贯彻“以应用为目的，以必需、够用为度”的教学原则；在内容上充分考虑了应用型本科学生学习“线性代数”课程的实际情况.

为增强本书的可读性，方便教师教学，本书在编写时采取了下列措施：

①淡化定理的推导，强调方法的训练；

②引入数学软件 Matlab，培养应用型人才；

③通过实例，增强学生学习线性代数的兴趣.

全书共分 7 章，主要内容有行列式、矩阵、向量组的线性相关性、线性方程组、方阵的特征值和特征向量、线性空间与线性变换、应用数学模型（自学）. 为满足分层教学的需要，选修内容用 * 号标出. 本书主线清晰，结构紧凑，问题处理简洁明了，易于理解，便于自学和把握. 另外，本书还给出了一些重要概念的数学典故和数学背景，增强了可读性和趣味性.

本书每节配有适量的、有针对性的习题，供读者在练习中进一步掌握本节的知识点. 另外，每章还选配了总习题，其类型有填空题、选择题、解答题和证明题，为学生提供了更大的选择空间.

本书由黄秀花担任主编，魏冬梅、苏晓璐担任副主编. 其中第1,2,3章由黄秀花编写；第4,7章由魏冬梅编写；第5,6章由苏晓璐编写.

本书的出版得到了宁夏大学新华学院数学与应用数学重点学科、自治区精品在线开放课程（线性代数）的资助. 宁夏大学新华学院信息与计算机科学系数学与应用数学教研室的老师们为本书的编写提出了宝贵意见，谨在此表示衷心的感谢.

由于编者水平有限，书中难免存在不足之处，敬请读者提出宝贵意见或建议.

编　者

2021 年 12 月

目录

第 1 章 行列式

行列式是线性代数中的一个重要概念，广泛应用于数学、工程技术及经济学等众多领域.本章首先从二元、三元线性方程组的求解公式出发，引出二阶和三阶行列式的定义；然后给出 n 阶行列式的定义及性质；最后介绍克莱默(Cramer)法则.

1.1 二阶、三阶行列式

1.1.1 二阶行列式

对于给定的二元线性方程组

$$\begin{cases} a_{11}x_1 + a_{12}x_2 = b_1, \\ a_{21}x_1 + a_{22}x_2 = b_2. \end{cases} \tag{1.1}$$

当 $a_{11}a_{22} - a_{12}a_{21} \neq 0$ 时，二元线性方程组(1.1)有唯一解

$$\begin{cases} x_1 = \dfrac{b_1a_{22} - b_2a_{12}}{a_{11}a_{22} - a_{12}a_{21}}, \\ x_2 = \dfrac{b_2a_{11} - b_1a_{21}}{a_{11}a_{22} - a_{12}a_{21}}. \end{cases} \tag{1.2}$$

【例 1.1】 解二元线性方程组

$$\begin{cases} 2x_1 + 5x_2 = 1, \\ 3x_1 + 7x_2 = 2. \end{cases}$$

解 方程组中未知量的系数和常数项分别为

$$a_{11} = 2, a_{12} = 5, a_{21} = 3, a_{22} = 7, b_1 = 1, b_2 = 2.$$

计算出 $a_{11}a_{22} - a_{12}a_{21} = -1 \neq 0$，代入式(1.2)，得

$$\begin{cases} x_1 = \dfrac{1 \times 7 - 2 \times 5}{-1} = 3, \\ x_2 = \dfrac{2 \times 2 - 1 \times 3}{-1} = -1. \end{cases}$$

显然,由式(1.2)给出的二元线性方程组的求解公式,从形式上看,不利于记忆.为了方便记忆,引入记号 $D=\begin{vmatrix} a_{11} & a_{12} \\ a_{21} & a_{22} \end{vmatrix}$,规定

$$D=\begin{vmatrix} a_{11} & a_{12} \\ a_{21} & a_{22} \end{vmatrix}=a_{11}a_{22}-a_{12}a_{21}. \tag{1.3}$$

并称之为**二阶行列式**.二阶行列式可用对角线法则的方法记忆.如图1.1所示,把左上角 a_{11} 到右下角 a_{22} 的连线称为主对角线,a_{12} 到 a_{21} 的连线称为副对角线.于是二阶行列式便是主对角线上的元素乘积与副对角线上的元素乘积相减而得.

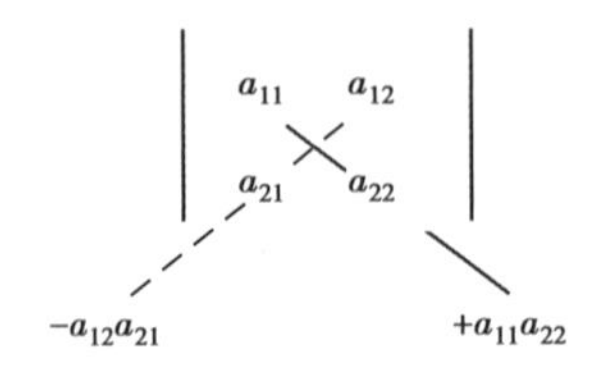

图1.1

【例1.2】 计算行列式 $\begin{vmatrix} 5 & -1 \\ 3 & 2 \end{vmatrix}$.

解 $\begin{vmatrix} 5 & -1 \\ 3 & 2 \end{vmatrix}=5\times 2-(-1)\times 3=13.$

将式(1.3)中的二阶行列式的第一列和第二列分别用方程组(1.1)的右端项 b_1,b_2 替换得到两个新的二阶行列式,记为

$$D_1=\begin{vmatrix} b_1 & a_{12} \\ b_2 & a_{22} \end{vmatrix},D_2=\begin{vmatrix} a_{11} & b_1 \\ a_{21} & b_2 \end{vmatrix}.$$

由式(1.2)知,若 $D\neq 0$,则二元线性方程组(1.1)的解可表示为

$$x_1=\frac{D_1}{D},x_2=\frac{D_2}{D}.$$

注意到行列式 D 中的元素源自二元线性方程组(1.1)中未知量前面的系数,故常将 D 称为线性方程组的**系数行列式**.

【例1.3】 用行列式计算二元线性方程组

$$\begin{cases} x_1+x_2=5, \\ 2x_1-x_2=1. \end{cases}$$

解 方程组中未知量的系数和常数项分别为

$$a_{11}=1,a_{12}=1,a_{21}=2,a_{22}=-1,b_1=5,b_2=1.$$

由方程组的求解公式得

$$D=\begin{vmatrix} a_{11} & a_{12} \\ a_{21} & a_{22} \end{vmatrix}=\begin{vmatrix} 1 & 1 \\ 2 & -1 \end{vmatrix}=-3\neq 0,$$

$$D_1=\begin{vmatrix} b_1 & a_{12} \\ b_2 & a_{22} \end{vmatrix}=\begin{vmatrix} 5 & 1 \\ 1 & -1 \end{vmatrix}=-6,$$

$$D_2=\begin{vmatrix}a_{11} & b_1\\ a_{21} & b_2\end{vmatrix}=\begin{vmatrix}1 & 5\\ 2 & 1\end{vmatrix}=-9.$$

经计算,得$\frac{D_1}{D}=\frac{-6}{-3}=2,\frac{D_2}{D}=\frac{-9}{-3}=3.$

所以,方程组的解为$\begin{cases}x_1=2,\\ x_2=3.\end{cases}$

1.1.2 三阶行列式

对给定的三元线性方程组

$$\begin{cases}a_{11}x_1+a_{12}x_2+a_{13}x_3=b_1,\\ a_{21}x_1+a_{22}x_2+a_{23}x_3=b_2,\\ a_{31}x_1+a_{32}x_2+a_{33}x_3=b_3.\end{cases}\tag{1.4}$$

为了得到类似式(1.3)的求解公式,这里引入三阶行列式的概念.

定义 1.1 称

$$D=\begin{vmatrix}a_{11} & a_{12} & a_{13}\\ a_{21} & a_{22} & a_{23}\\ a_{31} & a_{32} & a_{33}\end{vmatrix}\tag{1.5}$$

为一个三阶行列式,它表示数

$$a_{11}a_{22}a_{33}+a_{12}a_{23}a_{31}+a_{13}a_{21}a_{32}-a_{13}a_{22}a_{31}-a_{12}a_{21}a_{33}-a_{11}a_{23}a_{32},$$

即

$$D=\begin{vmatrix}a_{11} & a_{12} & a_{13}\\ a_{21} & a_{22} & a_{23}\\ a_{31} & a_{32} & a_{33}\end{vmatrix}=a_{11}a_{22}a_{33}+a_{12}a_{23}a_{31}+a_{13}a_{21}a_{32}-a_{13}a_{22}a_{31}-a_{12}a_{21}a_{33}-a_{11}a_{23}a_{32}.\tag{1.6}$$

三阶行列式可按如下“对角线法则”(或称“沙路法则”)求出(图1.2),其中用实线相连的三项乘积在三阶行列式的求值公式中带正号,用虚线相连的三项乘积带负号.

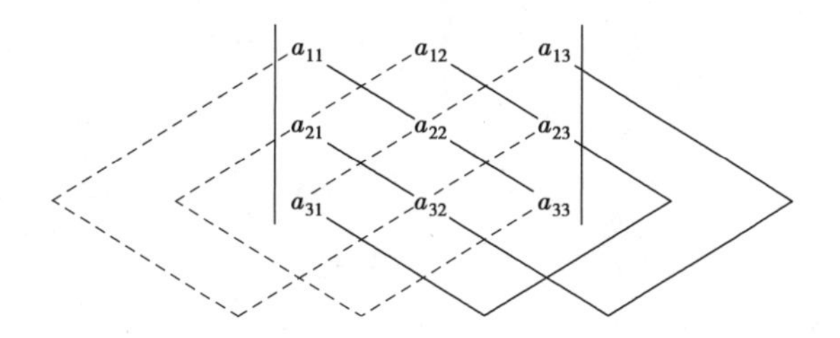

图1.2

【例1.4】 计算三阶行列式$D=\begin{vmatrix}1 & 2 & 3\\ 4 & 0 & 5\\ -1 & 0 & 6\end{vmatrix}$.

解 $D=\begin{vmatrix} 1 & 2 & 3 \\ 4 & 0 & 5 \\ -1 & 0 & 6 \end{vmatrix}=1\times0\times6+2\times5\times(-1)+3\times4\times0-3\times0\times(-1)-$

$$2\times4\times6-1\times5\times0=-10-48=-58.$$

为讨论三元线性方程组的解,将式(1.5)的第一列、第二列与第三列分别用线性方程组的右端项替换,得到

$$D_1=\begin{vmatrix} b_1 & a_{12} & a_{13} \\ b_2 & a_{22} & a_{23} \\ b_3 & a_{32} & a_{33} \end{vmatrix},D_2=\begin{vmatrix} a_{11} & b_1 & a_{13} \\ a_{21} & b_2 & a_{23} \\ a_{31} & b_3 & a_{33} \end{vmatrix},D_3=\begin{vmatrix} a_{11} & a_{12} & b_1 \\ a_{21} & a_{22} & b_2 \\ a_{31} & a_{32} & b_3 \end{vmatrix}. \tag{1.7}$$

若 $D\neq0$,则三元线性方程组(1.4)有唯一解

$$x_1=\frac{D_1}{D},x_2=\frac{D_2}{D},x_3=\frac{D_3}{D}. \tag{1.8}$$

【例 1.5】 解三元线性方程组

$$\begin{cases} x_1-x_2+2x_3=13, \\ x_1+x_2+x_3=10, \\ 2x_1+3x_2-x_3=1. \end{cases}$$

解 利用三阶行列式的求解式(1.8),先计算出系数行列式

$$D=\begin{vmatrix} 1 & -1 & 2 \\ 1 & 1 & 1 \\ 2 & 3 & -1 \end{vmatrix}=-5\neq0,$$

$$D_1=\begin{vmatrix} 13 & -1 & 2 \\ 10 & 1 & 1 \\ 1 & 3 & -1 \end{vmatrix}=-5,$$

$$D_2=\begin{vmatrix} 1 & 13 & 2 \\ 1 & 10 & 1 \\ 2 & 1 & -1 \end{vmatrix}=-10,$$

$$D_3=\begin{vmatrix} 1 & -1 & 13 \\ 1 & 1 & 10 \\ 2 & 3 & 1 \end{vmatrix}=-35.$$

故方程组的解为

$$x_1=\frac{D_1}{D}=1,x_2=\frac{D_2}{D}=2,x_3=\frac{D_3}{D}=7.$$

在本章中,我们可将这一结果推广到 n 元线性方程组

$$\begin{cases} a_{11}x_1+a_{12}x_2+\cdots+a_{1n}x_n=b_1, \\ a_{21}x_1+a_{22}x_2+\cdots+a_{2n}x_n=b_2, \\ \qquad\vdots \\ a_{n1}x_1+a_{n2}x_2+\cdots+a_{nn}x_n=b_n \end{cases}$$

的情形. 因此,要先给出 n 阶行列式的概念并讨论它的性质.

习题 1.1

1. 计算下列二阶行列式.

(1) $\begin{vmatrix} 2 & 5 \\ 3 & 7 \end{vmatrix}$;　　(2) $\begin{vmatrix} -4 & -2 \\ 1 & 3 \end{vmatrix}$;

(3) $\begin{vmatrix} a^2 & ab \\ ab & b^2 \end{vmatrix}$;　　(4) $\begin{vmatrix} \frac{\sqrt{2}}{2} & \frac{\sqrt{2}}{2} \\ \frac{\sqrt{2}}{2} & -\frac{\sqrt{2}}{2} \end{vmatrix}$.

2. 计算下列三阶行列式.

(1) $\begin{vmatrix} 1 & 2 & 3 \\ 4 & 5 & 6 \\ 7 & 8 & 9 \end{vmatrix}$;　　(2) $\begin{vmatrix} 1 & 2 & 5 \\ 3 & 4 & 5 \\ 0 & 0 & 4 \end{vmatrix}$;

(3) $\begin{vmatrix} 0 & 1 & 1 \\ 1 & 0 & 1 \\ 1 & 1 & 0 \end{vmatrix}$;　　(4) $\begin{vmatrix} 1 & x & x \\ x & 2 & x \\ x & x & 3 \end{vmatrix}$.

3. 求解下列方程组.

(1) $\begin{cases} 2x_1 + 4x_2 = 1, \\ x_1 + 3x_2 = 2; \end{cases}$　　(2) $\begin{cases} -3x_1 + 2x_2 - 8x_3 = 17, \\ 2x_1 - 5x_2 + 3x_3 = 3, \\ x_1 + 7x_2 - 5x_3 = 2. \end{cases}$

1.2　n 阶行列式

为了给出 n 阶行列式的定义,先来研究三阶行列式的结构.

显然式(1.5)可以写成

$$
\begin{aligned}
D &= \begin{vmatrix} a_{11} & a_{12} & a_{13} \\ a_{21} & a_{22} & a_{23} \\ a_{31} & a_{32} & a_{33} \end{vmatrix} \\
&= a_{11}a_{22}a_{33} + a_{12}a_{23}a_{31} + a_{13}a_{21}a_{32} - a_{13}a_{22}a_{31} - a_{12}a_{21}a_{33} - a_{11}a_{23}a_{32} \\
&= a_{11}(a_{22}a_{33} - a_{23}a_{32}) + a_{12}(a_{23}a_{31} - a_{21}a_{33}) + a_{13}(a_{21}a_{32} - a_{22}a_{31}) \\
&= (-1)^{1+1}a_{11}\begin{vmatrix} a_{22} & a_{23} \\ a_{32} & a_{33} \end{vmatrix} + (-1)^{1+2}a_{12}\begin{vmatrix} a_{21} & a_{23} \\ a_{31} & a_{33} \end{vmatrix} + (-1)^{1+3}a_{13}\begin{vmatrix} a_{21} & a_{22} \\ a_{31} & a_{32} \end{vmatrix},
\end{aligned}
$$

即 1 个三阶行列式的计算转化为 3 个二阶行列式的计算,下面引入余子式及代数余子式的概念.

记$(-1)^{1+1}\begin{vmatrix} a_{22} & a_{23} \\ a_{32} & a_{33} \end{vmatrix} = A_{11}$,$(-1)^{1+2}\begin{vmatrix} a_{21} & a_{23} \\ a_{31} & a_{33} \end{vmatrix} = A_{12}$,$(-1)^{1+3}\begin{vmatrix} a_{21} & a_{22} \\ a_{31} & a_{32} \end{vmatrix} = A_{13}$,

则式(1.5)可写成

$$D = a_{11}A_{11} + a_{12}A_{12} + a_{13}A_{13}.$$

容易看出,三阶行列式

$$D = \begin{vmatrix} a_{11} & a_{12} & a_{13} \\ a_{21} & a_{22} & a_{23} \\ a_{31} & a_{32} & a_{33} \end{vmatrix}$$

中划去元素 a_{11} 所在的第 1 行与第 1 列,剩下的元素按原来的位置顺序构成的二阶行列式为

$$\begin{vmatrix} a_{21} & a_{23} \\ a_{31} & a_{33} \end{vmatrix}$$

并赋以符合$(-1)^{1+1}$,即为 A_{11};同理可得 A_{12}, A_{13}. 分别称 A_{11}, A_{12}, A_{13} 为元素 a_{11}, a_{12}, a_{13} 的代数余子式. 类似地有:

$$D = a_{i1}A_{i1} + a_{i2}A_{i2} + a_{i3}A_{i3}, i = 1,2,3;$$
$$D = a_{1j}A_{1j} + a_{2j}A_{2j} + a_{3j}A_{3j}, j = 1,2,3. \tag{1.9}$$

再观察二阶行列式的计算,有相同的规律:

$$\begin{vmatrix} a_{11} & a_{12} \\ a_{21} & a_{22} \end{vmatrix} = a_{11}a_{22} - a_{12}a_{21} = a_{i1}A_{i1} + a_{i2}A_{i2}, i = 1,2,$$

$$\begin{vmatrix} a_{11} & a_{12} \\ a_{21} & a_{22} \end{vmatrix} = a_{11}a_{22} - a_{21}a_{12} = a_{1j}A_{1j} + a_{2j}A_{2j}, j = 1,2.$$

三阶行列式可按某行或某列的代数余子式展开成二阶行列式计算;二阶行列式可按某行或某列的代数余子式展开成一阶行列式计算. 将这一展开规律推广得 n 阶行列式定义.

定义 1.2 $n(n\geqslant 2)$阶行列式,记为

$$D = \begin{vmatrix} a_{11} & a_{12} & \cdots & a_{1n} \\ a_{21} & a_{22} & \cdots & a_{2n} \\ \vdots & \vdots & & \vdots \\ a_{n1} & a_{n2} & \cdots & a_{nn} \end{vmatrix} \tag{1.10}$$

简称为 n **阶行列式**.

在 n 阶行列式(1.10)中任取元素 a_{ij},划去 D 中第 i 行与第 j 列的所有元素,剩下的元素按原来的位置顺序构成的 $n-1$ 阶行列式,称为元素 a_{ij} 的**余子式**,记为 M_{ij};称$(-1)^{i+j}M_{ij}$ 为元素 a_{ij} 的**代数余子式**,记为 A_{ij}.

正如二阶与三阶行列式那样,n 阶行列式的展开不需要限制在第一行,由式(1.9)可递归得到下面的定理:

定理 1.1 n 阶行列式

$$D = \begin{vmatrix} a_{11} & a_{12} & \cdots & a_{1n} \\ a_{21} & a_{22} & \cdots & a_{2n} \\ \vdots & \vdots & & \vdots \\ a_{n1} & a_{n2} & \cdots & a_{nn} \end{vmatrix}$$

等于它的任意一行(列)的各元素与其对应的代数余子式的乘积之和,即

$$D = a_{i1}A_{i1} + a_{i2}A_{i2} + \cdots + a_{in}A_{in}, i = 1,2,\cdots,n$$

$$D=a_{1j}A_{1j}+a_{2j}A_{2j}+\cdots+a_{nj}A_{nj},j=1,2,\cdots,n \tag{1.11}$$

我们称定理1.1为**行列式按行(列)展开法则或拉普拉斯定理**.

注意:当 $n=1$ 时,一阶行列式 $|a_{11}|=a_{11}$,不要与绝对值记号混淆.

【例1.6】　计算三阶行列式 $D=\begin{vmatrix}1 & -2 & 2\\3 & 1 & -1\\2 & 1 & 3\end{vmatrix}$.

解1　用对角线法则,有

$$\begin{aligned}D&=1\times1\times3+(-2)\times(-1)\times2+2\times3\times1-2\times1\times2-(-2)\times3\times3-1\times(-1)\times1\\&=28\end{aligned}$$

解2　用行列式按行(列)展开公式,有

$$A_{11}=(-1)^{1+1}M_{11}=(-1)^{1+1}\begin{vmatrix}1 & -1\\1 & 3\end{vmatrix}=4,$$

$$A_{12}=(-1)^{1+2}M_{12}=(-1)^{1+2}\begin{vmatrix}3 & -1\\2 & 3\end{vmatrix}=-11,$$

$$A_{13}=(-1)^{1+3}M_{13}=(-1)^{1+3}\begin{vmatrix}3 & 1\\2 & 1\end{vmatrix}=1.$$

由行列式按行(列)展开式(1.9),得

$$D=a_{11}A_{11}+a_{12}A_{12}+a_{13}A_{13}=1\times4+(-2)\times(-11)+2\times1=28.$$

【例1.7】　计算 n 阶行列式

$$D=\begin{vmatrix}a_{11} & a_{12} & \cdots & a_{1n}\\0 & a_{22} & \cdots & a_{2n}\\\vdots & \vdots & & \vdots\\0 & 0 & \cdots & a_{nn}\end{vmatrix}.$$

解　由行列式按行(列)展开式(1.9),将行列式按第一列展开,且 $a_{21}=a_{31}=\cdots=a_{n1}=0$,得

$$D=a_{11}\begin{vmatrix}a_{22} & \cdots & a_{2n}\\\vdots & & \vdots\\0 & \cdots & a_{nn}\end{vmatrix}=a_{11}a_{22}\cdots a_{nn}.$$

这个行列式称为**上三角行列式**,类似地,可得**下三角行列式**

$$\begin{vmatrix}a_{11} & 0 & \cdots & 0\\a_{21} & a_{22} & \cdots & 0\\\vdots & \vdots & & \vdots\\a_{n1} & a_{n2} & \cdots & a_{nn}\end{vmatrix}=a_{11}a_{22}\cdots a_{nn}$$

和对角行列式

$$\begin{vmatrix}a_{11} & 0 & \cdots & 0\\0 & a_{22} & \cdots & 0\\\vdots & \vdots & & \vdots\\0 & 0 & \cdots & a_{nn}\end{vmatrix}=a_{11}a_{22}\cdots a_{nn}.$$

习题 1.2

1. 计算下列行列式中指定元素的余子式和代数余子式的值.

(1) $\begin{vmatrix} 2 & -1 & 0 \\ 4 & 1 & 2 \\ -1 & -1 & 1 \end{vmatrix}$,求 M_{21}, A_{21}; (2) $\begin{vmatrix} 1 & 2 & 4 \\ 1 & 0 & 2 \\ 0 & 0 & -1 \end{vmatrix}$,求 M_{13}, A_{13};

(3) $\begin{vmatrix} 1 & 4 & -7 \\ 2 & 5 & -8 \\ 3 & 6 & -9 \end{vmatrix}$,求 M_{12}, A_{12}.

2. 若行列式 $D=\begin{vmatrix} 1 & 0 & 3 \\ 2 & 4 & 6 \\ 3 & 0 & 5 \end{vmatrix}$,分别按下列要求计算 D 的值:

(1)按第一行展开计算;

(2)按第一列展开计算;

(3)请选择合适的行或列展开计算.

1.3 n 阶行列式的性质

对任给的 n 阶行列式,若其不具有特殊形状,如上三角或下三角,按行(列)展开计算工作量会很大. 因此,需要讨论 n 阶行列式的性质,以达到简化计算的目的,也是本节讨论的主要内容.

定义 1.3 设有 n 阶行列式

$$D=\begin{vmatrix} a_{11} & a_{12} & \cdots & a_{1n} \\ a_{21} & a_{22} & \cdots & a_{2n} \\ \vdots & \vdots & & \vdots \\ a_{n1} & a_{n2} & \cdots & a_{nn} \end{vmatrix},$$

称 n 阶行列式

$$\begin{vmatrix} a_{11} & a_{21} & \cdots & a_{n1} \\ a_{12} & a_{22} & \cdots & a_{n2} \\ \vdots & \vdots & & \vdots \\ a_{1n} & a_{2n} & \cdots & a_{nn} \end{vmatrix}$$

为 D 的转置行列式,记为 D^{T} 或者 D'.

上述定义中转置行列式可视为将 D 的第 i 行作为一个新行列式的第 i 列得到,称对 D 作的这种操作为对行列式作转置.

性质 1 行列式的值等于其转置行列式的值,即 $D=D^{\mathrm{T}}$.

性质 1 表明,在行列式中,行和列的地位是对称的,关于行成立的性质,对列也同样成立,反之亦然.

性质 2 将行列式中任意两行(列)位置互换,行列式的值反号,即

$$\begin{vmatrix} a_{11} & a_{12} & \cdots & a_{1n} \\ \vdots & \vdots & & \vdots \\ a_{s1} & a_{s2} & \cdots & a_{sn} \\ \vdots & \vdots & & \vdots \\ a_{t1} & a_{t2} & \cdots & a_{tn} \\ \vdots & \vdots & & \vdots \\ a_{n1} & a_{n2} & \cdots & a_{nn} \end{vmatrix} = -\begin{vmatrix} a_{11} & a_{12} & \cdots & a_{1n} \\ \vdots & \vdots & & \vdots \\ a_{t1} & a_{t2} & \cdots & a_{tn} \\ \vdots & \vdots & & \vdots \\ a_{s1} & a_{s2} & \cdots & a_{sn} \\ \vdots & \vdots & & \vdots \\ a_{n1} & a_{n2} & \cdots & a_{nn} \end{vmatrix}.$$

推论 若行列式中两行(列)对应元素相同,则行列式的值为零.

证 记行列式为 D,将其对应元素相同的行(列)互换得到的行列式记为 D_1,则由性质2可知,$D=-D_1$. 另一方面,由于互换的两行(列)元素相同,故 $D=D_1$,因此 $D=0$.

性质3 若行列式中某一行(列)有公因子 k,则公因子 k 可提取到行列式符号外,即

$$\begin{vmatrix} a_{11} & a_{12} & \cdots & a_{1n} \\ \vdots & \vdots & & \vdots \\ ka_{s1} & ka_{s2} & \cdots & ka_{sn} \\ \vdots & \vdots & & \vdots \\ a_{n1} & a_{n2} & \cdots & a_{nn} \end{vmatrix} = k\begin{vmatrix} a_{11} & a_{12} & \cdots & a_{1n} \\ \vdots & \vdots & & \vdots \\ a_{s1} & a_{s2} & \cdots & a_{sn} \\ \vdots & \vdots & & \vdots \\ a_{n1} & a_{n2} & \cdots & a_{nn} \end{vmatrix}.$$

由性质3知,若用数 k 去乘一个行列式,相当于用 k 乘行列式的一行或一列.

推论 行列式中若一行(列)均为零元素,则此行列式的值为零.

证 在性质3中取 $k=0$,即得.

性质4 行列式中若两行(列)元素对应成比例,则行列式的值为零.

证 仅证明两行元素对应成比例的情形. 不失一般性,假设行列式中 $s,t(s<t)$ 两行元素对应成比例,即

$$\begin{vmatrix} a_{11} & a_{12} & \cdots & a_{1n} \\ \vdots & \vdots & & \vdots \\ a_{s1} & a_{s2} & \cdots & a_{sn} \\ \vdots & \vdots & & \vdots \\ ka_{s1} & ka_{s2} & \cdots & ka_{sn} \\ \vdots & \vdots & & \vdots \\ a_{n1} & a_{n2} & \cdots & a_{nn} \end{vmatrix}.$$

由性质3,有

$$\begin{vmatrix} a_{11} & a_{12} & \cdots & a_{1n} \\ \vdots & \vdots & & \vdots \\ a_{s1} & a_{s2} & \cdots & a_{sn} \\ \vdots & \vdots & & \vdots \\ ka_{s1} & ka_{s2} & \cdots & ka_{sn} \\ \vdots & \vdots & & \vdots \\ a_{n1} & a_{n2} & \cdots & a_{nn} \end{vmatrix} = k\begin{vmatrix} a_{11} & a_{12} & \cdots & a_{1n} \\ \vdots & \vdots & & \vdots \\ a_{s1} & a_{s2} & \cdots & a_{sn} \\ \vdots & \vdots & & \vdots \\ a_{s1} & a_{s2} & \cdots & a_{sn} \\ \vdots & \vdots & & \vdots \\ a_{n1} & a_{n2} & \cdots & a_{nn} \end{vmatrix} = 0.$$

性质5　行列式中若某行(列)的元素可以写成两个元素的和,则行列式可以写成两个行列式和的形式,即

$$\begin{vmatrix} a_{11} & a_{12} & \cdots & a_{1n} \\ \vdots & \vdots & & \vdots \\ a_{s1}+a'_{s1} & a_{s2}+a'_{s2} & \cdots & a_{sb}+a'_{sn} \\ \vdots & \vdots & & \vdots \\ a_{n1} & a_{n2} & \cdots & a_{nn} \end{vmatrix} = \begin{vmatrix} a_{11} & a_{12} & \cdots & a_{1n} \\ \vdots & \vdots & & \vdots \\ a_{s1} & a_{s2} & \cdots & a_{sn} \\ \vdots & \vdots & & \vdots \\ a_{n1} & a_{n2} & \cdots & a_{nn} \end{vmatrix} + \begin{vmatrix} a_{11} & a_{12} & \cdots & a_{1n} \\ \vdots & \vdots & & \vdots \\ a'_{s1} & a'_{s2} & \cdots & a'_{sn} \\ \vdots & \vdots & & \vdots \\ a_{n1} & a_{n2} & \cdots & a_{nn} \end{vmatrix}.$$

事实上,性质5可以推广到更一般的情形,即行列式的某一行(列)可写成 m 个元素求和的形式,则此行列式可写为 m 个行列式的和. 使用性质5时,必须注意,每次只能考虑其中的一行或者一列,不能同时考虑若干行或者若干列.

性质6　将行列式的某行(列)的 k 倍加到另一行(列),行列式的值不变,即

$$\begin{vmatrix} a_{11} & a_{12} & \cdots & a_{1n} \\ \vdots & \vdots & & \vdots \\ a_{s1} & a_{s2} & \cdots & a_{sn} \\ \vdots & \vdots & & \vdots \\ a_{t1}+ka_{s1} & a_{t2}+ka_{s2} & \cdots & a_{tn}+a_{sn} \\ \vdots & \vdots & & \vdots \\ a_{n1} & a_{n2} & \cdots & a_{nn} \end{vmatrix} = \begin{vmatrix} a_{11} & a_{12} & \cdots & a_{1n} \\ \vdots & \vdots & & \vdots \\ a_{s1} & a_{s2} & \cdots & a_{sn} \\ \vdots & \vdots & & \vdots \\ a_{t1} & a_{t2} & \cdots & a_{tn} \\ \vdots & \vdots & & \vdots \\ a_{n1} & a_{n2} & \cdots & a_{nn} \end{vmatrix}.$$

证　由性质5,有

$$\begin{vmatrix} a_{11} & a_{12} & \cdots & a_{1n} \\ \vdots & \vdots & & \vdots \\ a_{s1} & a_{s2} & \cdots & a_{sn} \\ \vdots & \vdots & & \vdots \\ a_{t1}+ka_{s1} & a_{t2}+ka_{s2} & \cdots & a_{tn}+ka_{sn} \\ \vdots & \vdots & & \vdots \\ a_{n1} & a_{n2} & \cdots & a_{nn} \end{vmatrix} =$$

$$\begin{vmatrix} a_{11} & a_{12} & \cdots & a_{1n} \\ \vdots & \vdots & & \vdots \\ a_{s1} & a_{s2} & \cdots & a_{sn} \\ \vdots & \vdots & & \vdots \\ a_{t1} & a_{t2} & \cdots & a_{tn} \\ \vdots & \vdots & & \vdots \\ a_{n1} & a_{n2} & \cdots & a_{nn} \end{vmatrix} + \begin{vmatrix} a_{11} & a_{12} & \cdots & a_{1n} \\ \vdots & \vdots & & \vdots \\ a_{s1} & a_{s2} & \cdots & a_{sn} \\ \vdots & \vdots & & \vdots \\ ka_{s1} & ka_{s2} & \cdots & ka_{sn} \\ \vdots & \vdots & & \vdots \\ a_{n1} & a_{n2} & \cdots & a_{nn} \end{vmatrix} = \begin{vmatrix} a_{11} & a_{12} & \cdots & a_{1n} \\ \vdots & \vdots & & \vdots \\ a_{s1} & a_{s2} & \cdots & a_{sn} \\ \vdots & \vdots & & \vdots \\ a_{t1} & a_{t2} & \cdots & a_{tn} \\ \vdots & \vdots & & \vdots \\ a_{n1} & a_{n2} & \cdots & a_{nn} \end{vmatrix}.$$

利用行列式的性质可以使计算简化. 如果 n 阶行列式具有上(下)三角形状,则其计算将非常简单. 因此,求行列式的一种重要方法是利用行列式的性质将一个一般的 n 阶行列式化为上(下)三角行列式. 在转化过程中,通常要明确写出对行列式所作的操作. 为了方便起见,本书引用如下记号:行列式的第 i 行(列)记为 $r_i(c_j)$,交换行列式的第 i 行(列)和第 j 行(列)记

为 $r_i \leftrightarrow r_j(c_i \leftrightarrow c_j)$；行列式的第 i 行(列)乘以 k 记为 $r_i \times k(c_j \times k)$，行列式的第 i 行(列)的 k 倍加到第 j 行(列)记为 $r_j + kr_i(c_j + kc_i)$.

下面举例说明行列式的性质在计算中的应用.

【例1.8】　计算4阶行列式

$$D=\begin{vmatrix}1&1&1&1\\2&3&4&1\\3&4&1&2\\4&1&2&3\end{vmatrix}.$$

解　$$D=\begin{vmatrix}1&1&1&1\\2&3&4&1\\3&4&1&2\\4&1&2&3\end{vmatrix}\xlongequal[r_4-4r_1]{\substack{r_2-2r_1\\r_3-3r_1}}\begin{vmatrix}1&1&1&1\\0&1&2&-1\\0&1&-2&-1\\0&-3&-2&-1\end{vmatrix}\xlongequal[r_4+3r_2]{r_3-r_2}\begin{vmatrix}1&1&1&1\\0&1&2&-1\\0&0&-4&0\\0&0&4&-4\end{vmatrix}$$

$$\xlongequal{r_4+r_3}\begin{vmatrix}1&1&1&1\\0&1&2&-1\\0&0&-4&0\\0&0&0&-4\end{vmatrix}=16.$$

【例1.9】　计算行列式

$$D=\begin{vmatrix}3&1&1&1\\1&3&1&1\\1&1&3&1\\1&1&1&3\end{vmatrix}.$$

解　$$D\xlongequal{r_1+r_2+r_3+r_4}\begin{vmatrix}6&6&6&6\\1&3&1&1\\1&1&3&1\\1&1&1&3\end{vmatrix}=6\begin{vmatrix}1&1&1&1\\1&3&1&1\\1&1&3&1\\1&1&1&3\end{vmatrix}=6\begin{vmatrix}1&1&1&1\\0&2&0&0\\0&0&2&0\\0&0&0&2\end{vmatrix}=48.$$

注意：当借助于某个元素将此行(列)其他元素化为零时，为避免引入分数运算，通常先将此元素化为1或者 -1.

【例1.10】　计算行列式

$$D=\begin{vmatrix}a&b&c&d\\a&a+b&a+b+c&a+b+c+d\\a&2a+b&3a+2b+c&4a+3b+2c+d\\a&3a+b&6a+3b+c&10a+6b+3c+d\end{vmatrix}.$$

解　$$D\xlongequal[r_2-r_1]{\substack{r_4-r_3\\r_3-r_2}}\begin{vmatrix}a&b&c&d\\0&a&a+b&a+b+c\\0&a&2a+b&3a+2b+c\\0&a&3a+b&6a+3b+c\end{vmatrix}\xlongequal[r_3-r_2]{r_4-r_3}\begin{vmatrix}a&b&c&d\\0&a&a+b&a+b+c\\0&0&a&2a+b\\0&0&a&3a+b\end{vmatrix}.$$

$$\xlongequal{r_4 - r_3}\begin{vmatrix} a & b & c & d \\ 0 & a & a+b & a+b+c \\ 0 & 0 & a & 2a+b \\ 0 & 0 & 0 & a \end{vmatrix} = a^4.$$

在上述例子中,通过行列式的性质将一个行列式的计算转化为一个上三角(下三角)行列式的计算. 我们称这种计算行列式的方法为**化三角形法**. 化三角形法是最常用的计算行列式的方法.

习题 1.3

1. 计算下列行列式.

(1) $\begin{vmatrix} 1 & 2 & 5 \\ 3 & 4 & 5 \\ 0 & 0 & 4 \end{vmatrix}$;　　(2) $\begin{vmatrix} 1 & 2 & 3 & 4 \\ 2 & 3 & 4 & 1 \\ 3 & 4 & 1 & 2 \\ 4 & 1 & 2 & 3 \end{vmatrix}$;

(3) $\begin{vmatrix} -1 & 2 & 1 & 3 \\ 2 & 1 & 0 & 3 \\ 2 & -2 & -1 & -2 \\ 3 & -1 & 5 & 1 \end{vmatrix}$;　　(4) $\begin{vmatrix} a & 1 & 0 & 0 \\ -1 & b & 1 & 0 \\ 0 & -1 & c & 1 \\ 0 & 0 & -1 & d \end{vmatrix}$.

2. 证明 $\begin{vmatrix} 1 & a & a^2 \\ 1 & b & b^2 \\ 1 & c & c^2 \end{vmatrix} = (b-c)(c-a)(a-b)$.

1.4　克莱默(Cramer)法则

作为 n 阶行列式的一个应用,下面用 n 阶行列式来解含有 n 个未知量 n 个方程的线性方程组

$$\begin{cases} a_{11}x_1 + a_{12}x_2 + \cdots + a_{1n}x_n = b_1, \\ a_{21}x_1 + a_{22}x_2 + \cdots + a_{2n}x_n = b_2, \\ \qquad\qquad\vdots \\ a_{n1}x_1 + a_{n2}x_2 + \cdots + a_{nn}x_n = b_n. \end{cases} \tag{1.12}$$

令

$$D = \begin{vmatrix} a_{11} & a_{12} & \cdots & a_{1n} \\ a_{21} & a_{22} & \cdots & a_{2n} \\ \vdots & \vdots & & \vdots \\ a_{n1} & a_{n2} & \cdots & a_{nn} \end{vmatrix},$$

称 D 为方程组的系数行列式.

克莱默(Cramer)法则　若线性方程组(1.12)的系数行列式 $D \neq 0$,则方程组(1.12)有唯

一解,且解可表示为

$$x_j=\frac{D_j}{D},j=1,2,\cdots,n, \tag{1.13}$$

其中 $D_j(j=1,2,\cdots,n)$ 是将系数行列式 D 中第 j 列元素用方程组右端的常数项 $b_1,b_2,\cdots,b_n$ 替换而得的 n 阶行列式,即

$$D_j=\begin{vmatrix} a_{11} & \cdots & a_{1,j-1} & b_1 & a_{1,j+1} & \cdots & a_{1n} \\ a_{21} & \cdots & a_{2,j-1} & b_2 & a_{2,j+1} & \cdots & a_{2n} \\ \vdots & & \vdots & \vdots & \vdots & & \vdots \\ a_{n1} & \cdots & a_{n,j-1} & b_n & a_{n,j+1} & \cdots & a_{nn} \end{vmatrix},j=1,2,\cdots,n.$$

证 首先证明 $x_j=\frac{D_j}{D},j=1,2,\cdots,n$ 是方程组(1.12)的解.

将 $x_j=\frac{D_j}{D},j=1,2,\cdots,n$ 代入方程组(1.12)中第 $j(j=1,2,\cdots,n)$ 个方程可得

$$\begin{aligned} a_{j1}x_1+a_jx_2+\cdots+a_{jn}x_n &= a_{j1}\frac{D_1}{D}+a_{j2}\frac{D_2}{D}+\cdots+a_{jn}\frac{D_n}{D} \\ &=\frac{1}{D}(a_{j1}D_1+a_{j2}D_2+\cdots+a_{jn}D_n), \end{aligned}$$

将 $D_j(j=1,2,\cdots,n)$ 按第 j 列展开得 $D_j=b_1A_{1j}+b_2A_{2j}+\cdots+b_nA_{nj}$,代入上式有

$$\begin{aligned} &\frac{1}{D}(a_{i1}D_1+a_{i2}D_2+\cdots+a_{in}D_n) \\ =&\frac{1}{D}[a_{j1}(b_1A_{11}+\cdots+b_nA_{n1})+\cdots+a_{jn}(b_1A_{1n}+\cdots+b_nA_{nn})] \\ =&\frac{1}{D}[b_1(a_{j1}A_{11}+\cdots+a_{jn}A_{1n})+\cdots+b_n(a_{j1}A_{n1}+\cdots+a_{jn}A_{nn})] \\ =&\frac{1}{D}(b_jD)=b_j. \end{aligned}$$

上面最后一个等式利用了式(1.10)的结果,因此,式(1.13)是方程组(1.12)的解.

接着证明解的唯一性. 由第一部分的证明可知,$x_j=\frac{D_j}{D},j=1,2,\cdots,n$ 是方程组(1.12)的解. 假设 $x_1=c_1,\cdots,x_n=c_n$ 也是方程组(1.12)的解,只需证明 $c_j=\frac{D_j}{D},j=1,2,\cdots,n$ 即可.

由于 $x_1=c_1,\cdots,x_n=c_n$ 也是方程组(1.12)的解,因此代入可得

$$\begin{cases} a_{11}c_1+a_{12}c_2+\cdots+a_{1n}c_n=b_1, \\ a_{21}c_1+a_{22}c_2+\cdots+a_{2n}c_n=b_2, \\ \qquad\vdots \\ a_{n1}c_1+a_{n2}c_2+\cdots+a_{nn}c_n=b_n. \end{cases} \tag{1.14}$$

将方程组(1.14)中的 n 个方程两边分别乘以 D 的第一列元素对应的代数余子式,得

$$\begin{cases} a_{11}A_{11}c_1+a_{12}A_{11}c_2+\cdots+a_{1n}A_{11}c_n=b_1A_{11}, \\ a_{21}A_{21}c_1+a_{22}A_{21}c_2+\cdots+a_{2n}A_{21}c_n=b_2A_{21}, \\ \qquad\vdots \\ a_{n1}A_{n1}c_1+a_{n2}A_{n1}c_2+\cdots+a_{nn}A_{n1}c_n=b_nA_{n1}. \end{cases} \tag{1.15}$$

将方程组(1.15)中的 n 个方程相加,化简得

$$Dc_1 = D_1,$$

由条件 $D \neq 0$,从而 $c_1 = \frac{D_1}{D}$.

同理可得 $c_2 = \frac{D_2}{D}, \cdots, c_n = \frac{D_n}{D}$.

综上所述,当系数行列式 $D \neq 0$ 时,方程组(1.12)有唯一解.

使用克莱默法则必须注意:

①未知量的个数与方程的个数要相等;

②系数行列式不为零.

对不符合这两个条件的方程组,将在后面的一般情形中进行讨论.

【例 1.11】 用克莱默法则求解线性方程组.

$$\begin{cases} x_1 + x_2 - 2x_3 = -3, \\ 5x_1 - 2x_2 + 7x_3 = 22, \\ 2x_1 - 5x_2 + 4x_3 = 4. \end{cases}$$

解 此线性方程组的方程个数与未知量个数相等,其系数行列式

$$D = \begin{vmatrix} 1 & 1 & -2 \\ 5 & -2 & 7 \\ 2 & -5 & 4 \end{vmatrix} = 63 \neq 0,$$

故可利用克莱默法则求解. 由于

$$D_1 = \begin{vmatrix} -3 & 1 & -2 \\ 22 & -2 & 7 \\ 4 & -5 & 4 \end{vmatrix} = 63, D_2 = \begin{vmatrix} 1 & -3 & -2 \\ 5 & 22 & 7 \\ 2 & 4 & 4 \end{vmatrix} = 126, D_3 = \begin{vmatrix} 1 & 1 & -3 \\ 5 & -2 & 22 \\ 2 & -5 & 4 \end{vmatrix} = 189,$$

因此线性方程组有唯一解,即 $x_1 = \frac{D_1}{D} = 1, x_2 = \frac{D_2}{D} = 2, x_3 = \frac{D_3}{D} = 3$.

【例 1.12】 一个城市有 3 个重要的企业:一个煤矿、一个发电厂和一条地方铁路. 开采 1 元的煤,煤矿必须支付 0.25 元的运输费;生产 1 元的电力,发电厂需支付煤矿 0.65 元的燃料费,自己也需支付 0.05 元的电费来驱动辅助设备及支付 0.05 元的运输费. 而提供 1 元的运输费铁路需支付煤矿 0.55 元的燃料费,0.10 元的电费驱动它的辅助设备. 某个星期内,煤矿从外面接到 50 000 元煤的订货,发电厂从外面接到 25 000 元电力的订货,外界对地方铁路没有要求. 问这三个企业在那一个星期的生产总值各为多少时才能精确地满足它们本身的要求和外界的要求?

解 各企业产出 1 元的产品所需费用,见表 1.1.

表 1.1

产品费用	企　业		
	煤矿	发电厂	铁路
燃料费/元	0	0.65	0.55
电费/元	0	0.05	0.10
运输费/元	0.25	0.05	0

对于一个星期的周期而言,设 x_1 表示煤矿的总产值,x_2 表示发电厂的总产值,x_3 表示铁路的总产值. 列方程组得

$$\begin{cases} x_1 - 0.65x_2 - 0.55x_3 = 50\,000, \\ 0.95x_2 - 0.10x_3 = 25\,000, \\ -0.25x_1 - 0.05x_2 + x_3 = 0. \end{cases}$$

根据克莱默法则,其解为 $x_1 = 80\,423$,$x_2 = 28\,583$,$x_3 = 21\,535$.

所以,煤矿的总产值为 80 423 元,发电厂的总产值为 28 583 元,铁路的总产值为 21 535元.

克莱默法则给出的结论很完美,讨论了方程组(1.12)解的存在性、唯一性和求解公式,在理论上有重大价值.

定理 1.2　如果线性方程组(1.12)的系数行列式 $D \neq 0$,则方程组(1.12)一定有解,且是唯一的.

它的逆否命题如下:

定理 1.3　如果线性方程组(1.12)无解或至少有两个不同的解,则它的系数行列式必为零($D=0$).

在方程组(1.12)中,当所有常数项 $b_i = 0$ 时,得

$$\begin{cases} a_{11}x_1 + a_{12}x_2 + \cdots + a_{1n}x_n = 0, \\ a_{21}x_1 + a_{22}x_2 + \cdots + a_{2n}x_n = 0, \\ \qquad \vdots \\ a_{n1}x_1 + a_{n2}x_2 + \cdots + a_{nn}x_n = 0. \end{cases} \tag{1.16}$$

该方程组称为齐次线性方程组. 而方程组(1.12)称为非齐次线性方程组.

显然,齐次线性方程组总是有解的,因为 $x_1 = x_2 = \cdots = x_n = 0$ 就是它的一个解,故称其为齐次线性方程组(1.16)的零解. 若有一组不全为零的数是方程组(1.16)的解,则称其为齐次线性方程组(1.16)的非零解. 由定理 1.2 可以得到如下定理.

定理 1.4　如果齐次线性方程组(1.16)的系数行列式 $D \neq 0$,则它仅有零解.

定理 1.5　如果齐次线性方程组(1.16)有非零解,则它的系数行列式 $D=0$.

【例 1.13】　当 λ 为何值时,齐次线性方程组 $\begin{cases} \lambda x_1 + x_2 + x_3 = 0 \\ x_1 + \lambda x_2 + x_3 = 0 \\ x_1 + x_2 + \lambda x_3 = 0 \end{cases}$ 有非零解?

解　方程组的系数行列式为

$$D = \begin{vmatrix} \lambda & 1 & 1 \\ 1 & \lambda & 1 \\ 1 & 1 & \lambda \end{vmatrix} = \begin{vmatrix} \lambda+2 & 1 & 1 \\ \lambda+2 & \lambda & 1 \\ \lambda+2 & 1 & \lambda \end{vmatrix} = (\lambda+2)\begin{vmatrix} 1 & 1 & 1 \\ 1 & \lambda & 1 \\ 1 & 1 & \lambda \end{vmatrix}$$

$$= (\lambda+2)\begin{vmatrix} 1 & 1 & 1 \\ 0 & \lambda-1 & 0 \\ 0 & 0 & \lambda-1 \end{vmatrix} = (\lambda+2)(\lambda-1)^2.$$

若方程组有非零解，则它的系数行列式 $D=0$，得 $\lambda=-2$ 或 $\lambda=1$，即当 $\lambda=-2$ 或 $\lambda=1$ 时，齐次线性方程组有非零解.

由上述例题可以看出，用克莱默法则求解含有 n 个未知量的方程组，需计算 $n+1$ 个 n 阶行列式. 当 n 较大时，计算量相当大，因此克拉默法则只适用于求解未知量较少的方程组，而且不适用于系数行列式等于零或方程个数与未知数个数不等的线性方程组. 克莱默法则主要用于理论推导的论证方面.

【数学典故】

行列式

行列式的概念最早是由17世纪日本数学家关孝和提出来的，他在1683年写了一部《解伏题之法》的著作，意思是“解行列式问题的方法”，书中对行列式的概念和它的展开已经有了清楚的叙述. 欧洲第一个提出行列式概念的是德国数学家，微积分学奠基人之一莱布尼茨(Leibnitz,1693). 范德蒙德(Vandermonde)是第一个对行列式理论进行系统的阐述(即把行列式理论与线性方程组求解相分离)的人，并且给出了一条法则，用二阶子式和它们的余子式来展开行列式. 就行列式本身进行研究这一点而言，他是这门理论的奠基人. 拉普拉斯(Laplace)在1772年的论文《对积分和世界体系的探讨》中，证明了范德蒙德的一些规则，并推广了范德蒙德展开行列式的方法，用 r 行中所含的子式和它们的余子式的集合来展开行列式，这个方法现在仍然以范德蒙德的名字命名. 德国数学家雅可比(Jacobi)也于1841年总结并提出了行列式的系统理论. 另一个研究行列式的是法国最伟大的数学家柯西(Cauchy)，他大力发展了行列式的理论，在行列式的记号中他把元素排成方阵并首次采用了双重足标的新记法，与此同时，发现两行列式相乘的公式及改进，并证明了 Laplace 的展开定理.

习题 1.4

1. 用克拉默法则求解下列方程组.

(1) $\begin{cases} ax_1+bx_2=c, \\ -bx_1+ax_2=d; \end{cases}$ (其中 a,b 不全为零)

(2) $\begin{cases} x_1+2x_2+2x_3=3, \\ -x_1-4x_2+x_3=7, \\ 3x_1+7x_2+4x_3=3; \end{cases}$

(3) $\begin{cases} x_1+x_2+x_3=6, \\ 3x_1-2x_2-x_3=13, \\ 2x_1-x_2+3x_3=26; \end{cases}$

(4) $\begin{cases} x_1-x_2+x_3+2x_4=1, \\ x_1+x_2-2x_3+x_4=1, \\ x_1+x_2+x_4=2, \\ x_1+x_3-x_4=1. \end{cases}$

2. 问 λ 取何值时，齐次线性方程组

$$\begin{cases} (5-\lambda)x_1+2x_2+2x_3=0, \\ 2x_1+(6-\lambda)x_2=0, \\ 2x_1+(4-\lambda)x_3=0 \end{cases}$$

有非零解?

总习题1

一、填空题

1. 当 $k=$ ________ 时,行列式 $\begin{vmatrix} 1 & 0 & k \\ 1 & k & 2 \\ 1 & -2 & k \end{vmatrix}=0$.

2. 当 ________ 时,行列式 $\begin{vmatrix} \lambda^2 & \lambda \\ 3 & 1 \end{vmatrix}\neq 0$.

3. 一个 n 阶行列式 D 中的各行元素之和为零,则 $D=$ ________.

4. 线性方程组 $\begin{cases} -3x_1+2x_2-8x_3=17 \\ 2x_1-5x_2+3x_3=3 \\ x_1+7x_2-5x_3=2 \end{cases}$ 的解为 ________.

5. 已知4阶行列式 D 中第3列元素依次为 $-1,2,0,1$,它们的余子式依次为 $8,7,2,10$,则 $D=$ ________.

二、选择题

1. 如果 $\begin{vmatrix} a_{11} & a_{12} & a_{13} \\ a_{21} & a_{22} & a_{23} \\ a_{31} & a_{32} & a_{33} \end{vmatrix}=2$,则 $\begin{vmatrix} 2a_{11} & 2a_{12} & 2a_{13} \\ 2a_{21} & 2a_{22} & 2a_{23} \\ 2a_{31} & 2a_{32} & 2a_{33} \end{vmatrix}=$ ( ).

A. 2 B. 4 C. 8 D. 16

2. 三阶行列式 $\begin{vmatrix} a^2 & ab & b^2 \\ 2a & a+b & 2b \\ 1 & 1 & 1 \end{vmatrix}=$ ( ).

A. a^3-b^3 B. b^3-a^3 C. $(a-b)^3$ D. $(b-a)^3$

3. 当 k 满足( )时,方程组 $\begin{cases} kx+ky+z=0 \\ 2x+ky+z=0 \\ kx-2y+z=0 \end{cases}$ 只有零解.

A. $k=2$ 或 $k=-2$ B. $k\neq -2$ C. $k\neq 2$ D. $k\neq 2$ 且 $k\neq -2$

4. 已知 $\begin{vmatrix} 1 & 2 \\ 2 & 3 \end{vmatrix}+\begin{vmatrix} x & -1 \\ 2 & y \end{vmatrix}=\begin{vmatrix} 3 & 6 \\ 5 & 9 \end{vmatrix}$,则下列( )是方程的解.

A. $x=1,y=2$ B. $x=2,y=-1$ C. $x=-1,y=-1$ D. $x=1,y=-1$

5. 已知函数 $f(x)=\begin{vmatrix} 1 & 2\sin^2x \\ 2\cos^2x & 1 \end{vmatrix}$,则 $f(x)$ 的取值范围是( ).

A. $[-1,1]$ B. $(-1,1)$ C. $[0,1]$ D. $(0,1)$

三、解答题

1. 计算下列行列式.

(1) $\begin{vmatrix} 0 & 2 & 0 & 0 \\ 0 & 0 & 1 & 0 \\ 3 & 0 & 0 & 0 \\ 0 & 0 & 0 & 4 \end{vmatrix}$;

(2) $\begin{vmatrix} ab & -ac & -ae \\ -bd & cd & -de \\ -bf & -cf & -ef \end{vmatrix}$;

(3) $\begin{vmatrix} 1+x_1y_1 & 1+x_1y_2 & 1+x_1y_3 & 1+x_1y_4 \\ 1+x_2y_1 & 1+x_2y_2 & 1+x_2y_3 & 1+x_2y_4 \\ 1+x_3y_1 & 1+x_3y_2 & 1+x_3y_3 & 1+x_3y_4 \\ 1+x_4y_1 & 1+x_4y_2 & 1+x_4y_3 & 1+x_4y_4 \end{vmatrix}$； (4) $\begin{vmatrix} a^2 & (a+1)^2 & (a+2)^2 & (a+3)^2 \\ b^2 & (b+1)^2 & (b+2)^2 & (b+3)^2 \\ c^2 & (c+1)^2 & (c+2)^2 & (c+3)^2 \\ d^2 & (d+1)^2 & (d+2)^2 & (d+3)^2 \end{vmatrix}$.

2. 计算行列式 $\begin{vmatrix} 2x & x & 1 & 2 \\ 1 & x & 1 & -1 \\ 3 & 2 & x & 1 \\ x & 1 & 0 & x \end{vmatrix}$ 展开式中 x^3 与 x^4 的系数.

3. 解关于 x,y 的二元一次方程组 $\begin{cases} ax+3y+a+3=0 \\ x+(a-2)y+2=0 \end{cases}$，并对解的情况进行讨论.

4. 若关于 x,y,z 的方程组 $\begin{cases} x+y+z=1 \\ x+y+m^2z=m \\ x+z=2m \end{cases}$ 有唯一解，求 m 所满足的条件，并求出唯一解.

5. 证明

(1) $\begin{vmatrix} by+az & bz+ax & bx+ay \\ bx+ay & by+az & bz+ax \\ bz+ax & bx+ay & by+az \end{vmatrix} = (a^3+b^3)\begin{vmatrix} x & y & z \\ z & x & y \\ y & z & x \end{vmatrix}$.

(2) $D_n = \begin{vmatrix} 1 & 1 & \cdots & 1 \\ x_1 & x_2 & \cdots & x_n \\ x_1^2 & x_2^2 & \cdots & x_n^2 \\ \vdots & \vdots & & \vdots \\ x_1^{n-1} & x_2^{n-1} & \cdots & x_n^{n-1} \end{vmatrix} = \prod_{1\leqslant j\leqslant i\leqslant n}(x_i - x_j)$（范德蒙德行列式）.

第2章 矩阵

矩阵是线性代数的主要研究对象之一,它贯穿于线性代数的各个方面,是求解线性方程组的有力工具,也是自然学科、工程技术和经济研究等领域处理线性模型的重要工具.

本章从实际问题出发,引出矩阵的概念,进而系统地介绍矩阵的基本运算及方阵的行列式.

2.1 矩阵的概念

这一节我们主要介绍矩阵的定义及几种特殊矩阵.

2.1.1 矩阵的概念

【例 2.1】 某航空公司在 A,B,C,D 4 座城市之间开辟了若干航线,用图 2.1 表示 4 座城市之间的航班图,若从 A 到 B 有航班,则用带箭头的线连接 A 与 B.

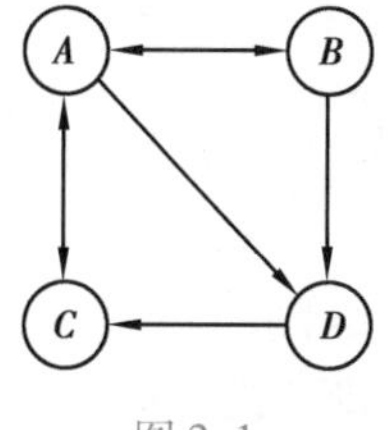

图 2.1

表 2.1

$$\begin{array}{c} \\ A \\ B \\ C \\ D \end{array}\begin{array}{c} \begin{array}{cccc} A & B & C & D \end{array} \\ \begin{pmatrix} 0 & 1 & 1 & 0 \\ 1 & 0 & 1 & 1 \\ 1 & 1 & 0 & 1 \\ 0 & 1 & 0 & 0 \end{pmatrix} \end{array}$$

为了便于研究,1 表示有航班,0 表示没有航班. 图 2.1 可用一个数表 2.1 表示. 该数表反映了 4 座城市之间的航班连接情况.

【例 2.2】 某种物资有 3 个产地、4 个销地,调配量见表 2.2.

表 2.2

产地	销地			
	B_1	B_2	B_3	B_4
A_1	1	6	3	5
A_2	3	1	2	0
A_3	4	0	1	2

那么,表 2.2 中的数据可以构成一个矩形数表,即

$$\begin{pmatrix}1 & 6 & 3 & 5\\3 & 1 & 2 & 0\\4 & 0 & 1 & 2\end{pmatrix}.$$

在预先约定行列意义的情况下,这样的简单矩形数表就能表明整个产销调配的状况.

【例 2.3】 线性方程组

$$\begin{cases}a_{11}x_1+a_{12}x_2+\cdots+a_{1n}x_n=b_1,\\a_{21}x_1+a_{22}x_2+\cdots+a_{2n}x_n=b_2,\\\qquad\vdots\\a_{m1}x_1+a_{m2}x_2+\cdots+a_{mn}x_n=b_m.\end{cases}\tag{2.1}$$

其中 $x_i(i=1,2,\cdots,n)$ 代表 n 个未知量,m 是方程的个数,$a_{ij}(i=1,2,\cdots,m;j=1,2,\cdots,n)$ 称为方程组的系数,$b_i(i=1,2,\cdots,m)$ 称为常数项. 为了便于研究和求解线性方程组,我们将系数和常数项取出并按原来的位置排成下列矩形数表:

$$\begin{pmatrix}a_{11} & a_{12} & \cdots & a_{1n} & b_1\\a_{21} & a_{22} & \cdots & a_{2n} & b_2\\\vdots & \vdots & & \vdots & \vdots\\a_{m1} & a_{m2} & \cdots & a_{mn} & b_m\end{pmatrix},$$

并对这个矩形数表进行操作,就可以简化运算的表达形式,达到求解方程组的目的.

不同的问题,去掉矩形数表中数据的实际含义,可抽象得到如下矩阵的概念.

定义 2.1 由 $m\times n$ 个数 $a_{ij}(i=1,2,\cdots,m;j=1,2,\cdots,n)$ 按一定顺序排成一个 m 行 n 列的矩形列表

$$\begin{pmatrix}a_{11} & a_{12} & \cdots & a_{1n}\\a_{21} & a_{22} & \cdots & a_{2n}\\\vdots & \vdots & & \vdots\\a_{m1} & a_{m2} & \cdots & a_{mn}\end{pmatrix}\tag{2.2}$$

称为一个 $m\times n$ 矩阵(m 行 n 列的矩阵),简称**矩阵**. 横的各排称为矩阵的行,竖的各排称为矩阵的列,其中 a_{ij} 称为矩阵的第 i 行第 j 列的元素($i=1,2,\cdots,m;j=1,2,\cdots,n$).

元素为实数的矩阵称为**实矩阵**,元素为复数的矩阵称为**复矩阵**. 本书主要讨论实矩阵.

我们一般用大写字母 $\boldsymbol{A},\boldsymbol{B},\boldsymbol{C},\cdots$ 表示矩阵,有时为了体现矩阵的行列数,在大写字母右边添加下标,如 $m\times n$ 的矩阵 $\boldsymbol{A}$ 可以表示为 $\boldsymbol{A}_{m\times n}$ 或者 $\boldsymbol{A}=(a_{ij})_{m\times n}$ 标记.

当 $m\times n$ 的矩阵 $\boldsymbol{A}$ 中,如果 $m=n$,就称 $\boldsymbol{A}$ 为 n 阶**方(矩)阵**,简称**方阵**;一阶方阵也常作为一个数来对待.

在 n 阶方阵 $\boldsymbol{A}=(a_{ij})_{n\times n}$ 中,位于相同行、列交叉位置的元素 $a_{ii}(i=1,2,\cdots,n)$ 称为 $\boldsymbol{A}$ 的**主对角线元素**,由其排成的对角线称为**方阵的主对角线**.

2.1.2 几种特殊的矩阵

1)行矩阵和列矩阵

仅有一行的矩阵称为行矩阵,行矩阵记为 $\boldsymbol{A}=(a_{11},a_{12},\cdots,a_{1n})$.

仅有一列的矩阵称为列矩阵,列矩阵记为

$$A=\begin{pmatrix}a_{11}\\a_{21}\\\vdots\\a_{s1}\end{pmatrix}.$$

2) 零矩阵

若一个矩阵的所有元素都为零,则称这个矩阵为零矩阵. 例如,一个 $s\times n$ 零矩阵记为 $\boldsymbol{O}_{s\times n}$,在不引起混淆的情形下,常记为 $\boldsymbol{O}$.

3) 行阶梯形矩阵

若一个矩阵的零行(如果有的话)均在非零行的下方,并且每个非零行的首个非零元(即该行从左至右的第一个非零元素)的列标随行标的增大而严格增大,则称此矩阵为行阶梯形矩阵.

例如,

$$\begin{pmatrix}0&1&2&-1\\0&0&0&1\\0&0&0&0\end{pmatrix},\quad\begin{pmatrix}1&0&-1\\0&2&1\\0&0&3\end{pmatrix}$$

都是行阶梯形矩阵.

4) 三角矩阵

主对角线下(上)方的元素全为零的方阵称为上(下)三角矩阵. 例如,$n\times n$ 矩阵

$$\begin{pmatrix}a_{11}&a_{12}&\cdots&a_{1n}\\0&a_{22}&\cdots&a_{2n}\\\vdots&\vdots&&\vdots\\0&0&\cdots&a_{nn}\end{pmatrix}$$

为 n 阶上三角矩阵. 又如 $n\times n$ 矩阵

$$\begin{pmatrix}a_{11}&0&\cdots&0\\a_{21}&a_{22}&\cdots&0\\\vdots&\vdots&&\vdots\\a_{n1}&a_{n2}&\cdots&a_{nn}\end{pmatrix}$$

为 n 阶下三角矩阵.

5) 对角矩阵

除主对角线上的元素 $a_{ii}(i=1,2,\cdots,n)$ 以外,其余元素全为零的方阵称为对角矩阵. 例如,$n\times n$ 矩阵

$$\begin{pmatrix}a_{11}&0&\cdots&0\\0&a_{22}&\cdots&0\\\vdots&\vdots&&\vdots\\0&0&\cdots&a_{nn}\end{pmatrix}$$

为 n 阶对角矩阵,通常简记为 $\Lambda=\mathrm{diag}(a_{11},a_{22},\cdots,a_{nn})$.

显然对角矩阵既是上三角矩阵,也是下三角矩阵.

6) 数量矩阵

主对角线上元素全相等的对角矩阵称为数量矩阵. 例如,$n\times n$ 矩阵

$$
\begin{pmatrix} a & 0 & \cdots & 0 \\ 0 & a & \cdots & 0 \\ \vdots & \vdots & & \vdots \\ 0 & 0 & \cdots & a \end{pmatrix}
$$

为 n 阶数量矩阵.

7)单位矩阵

主对角线上元素全为 1 的数量矩阵称为单位矩阵. 例如,$n \times n$ 矩阵

$$
\begin{pmatrix} 1 & 0 & \cdots & 0 \\ 0 & 1 & \cdots & 0 \\ \vdots & \vdots & & \vdots \\ 0 & 0 & \cdots & 1 \end{pmatrix}
$$

为 n 阶单位矩阵,记为 $\boldsymbol{E}_n$. 在不引起混淆的情况下,常简记为 $\boldsymbol{E}$.

后面将看到零矩阵和单位矩阵在矩阵运算中起着类似于数字 0 和 1 的作用.

当两个矩阵的行数、列数分别相等时,称它们是**同型矩阵**.

定义 2.2 已知两个同型矩阵 $\boldsymbol{A}=(a_{ij})$,$\boldsymbol{B}=(b_{ij})$,如果其对应元素相等,即 $a_{ij}=b_{ij}$,那么称矩阵 $\boldsymbol{A}$ 与矩阵 $\boldsymbol{B}$ 相等,记为 $\boldsymbol{A}=\boldsymbol{B}$.

【例 2.4】 设矩阵 $\boldsymbol{A}=\begin{pmatrix} 1 & a \\ 2-b & 3 \end{pmatrix}$,$\boldsymbol{B}=\begin{pmatrix} c+1 & -4 \\ 0 & 3d \end{pmatrix}$,且 $\boldsymbol{A}=\boldsymbol{B}$,试求 a,b,c,d.

解 因为 $\boldsymbol{A}=\boldsymbol{B}$,从而有

$$
1=c+1,a=-4,2-b=0,3=3d.
$$

解得 $a=-4,b=2,c=0,d=1$.

习题 2.1

1. 已知矩阵 $\boldsymbol{A}=\begin{pmatrix} 1 & 2 & 3 \\ a & 2 & 1 \\ b & c & 1 \end{pmatrix}$为上三角形矩阵,试求 a,b,c.

2. 设矩阵 $\boldsymbol{A}=\begin{pmatrix} 1 & 2 & 5 & 8 \\ -1 & 2 & 4 & 6 \\ 3 & 5 & 7 & -2 \end{pmatrix}$,$\boldsymbol{B}=\begin{pmatrix} a & 2 & 5 & 8 \\ -1 & b & 4 & 6 \\ c & 5 & 7 & -2 \end{pmatrix}$,且 $\boldsymbol{A}=\boldsymbol{B}$,试求 a,b,c.

2.2 矩阵的运算

矩阵的运算主要包括矩阵的线性运算、乘法运算及矩阵的转置. 这些运算有的与通常数的运算类似,有的则有很大区别.

2.2.1 矩阵的线性运算

1)矩阵的加法和减法

定义 2.3 设 $\boldsymbol{A}=(a_{ij})_{m\times n}$与 $\boldsymbol{B}=(b_{ij})_{m\times n}$是两个同型矩阵,称 $m\times n$ 矩阵

$$C=(a_{ij}+b_{ij})_{m\times n}=\begin{pmatrix} a_{11}+b_{11} & a_{12}+b_{12} & \cdots & a_{1n}+b_{1n} \\ a_{21}+b_{21} & a_{22}+b_{22} & \cdots & a_{2n}+b_{2n} \\ \vdots & \vdots & & \vdots \\ a_{m1}+b_{m1} & a_{m2}+b_{m2} & \cdots & a_{mn}+b_{mn} \end{pmatrix}$$

为矩阵 $\boldsymbol{A}$ 与矩阵 $\boldsymbol{B}$ 的和，记为 $\boldsymbol{A}+\boldsymbol{B}$.

【例 2.5】 已知 $\boldsymbol{A}=\begin{pmatrix} 3 & 2 & 7 \\ -1 & 5 & -5 \end{pmatrix}$，$\boldsymbol{B}=\begin{pmatrix} 9 & 4 & -1 \\ 7 & 3 & 2 \end{pmatrix}$，求 $\boldsymbol{A}+\boldsymbol{B}$.

解 $\boldsymbol{A}+\boldsymbol{B}=\begin{pmatrix} 3 & 2 & 7 \\ -1 & 5 & -5 \end{pmatrix}+\begin{pmatrix} 9 & 4 & -1 \\ 7 & 3 & 2 \end{pmatrix}=\begin{pmatrix} 3+9 & 2+4 & 7+(-1) \\ -1+7 & 5+3 & -5+2 \end{pmatrix}$

$=\begin{pmatrix} 12 & 6 & 6 \\ 6 & 8 & -3 \end{pmatrix}$.

归纳总结

在矩阵的加法运算中应注意以下两点：

①只有当两个矩阵同型时，才能进行加法运算，且其和矩阵仍是与它们同型的矩阵.

②和矩阵的元素是两个矩阵对应元素的和.

我们称 $m\times n$ 矩阵

$$\begin{pmatrix} -a_{11} & -a_{12} & \cdots & -a_{1n} \\ -a_{21} & -a_{22} & \cdots & -a_{2n} \\ \vdots & \vdots & & \vdots \\ -a_{m1} & -a_{m2} & \cdots & -a_{mn} \end{pmatrix}$$

为矩阵 $\boldsymbol{A}=(a_{ij})_{m\times n}$ 的**负矩阵**，记为 $-\boldsymbol{A}$，即 $-\boldsymbol{A}=(-a_{ij})_{m\times n}$.

称 $m\times n$ 矩阵 $\boldsymbol{A}+(-\boldsymbol{B})$ 为矩阵 $\boldsymbol{A}$ 与矩阵 $\boldsymbol{B}$ 的差，记为 $\boldsymbol{A}-\boldsymbol{B}$，即矩阵的减法定义为

$$\boldsymbol{A}-\boldsymbol{B}=\boldsymbol{A}+(-\boldsymbol{B})=(a_{ij}-b_{ij})_{m\times n}=\begin{pmatrix} a_{11}-b_{11} & a_{12}-b_{12} & \cdots & a_{1n}-b_{1n} \\ a_{21}-b_{21} & a_{22}-b_{22} & \cdots & a_{2n}-b_{2n} \\ \vdots & \vdots & & \vdots \\ a_{m1}-b_{m1} & a_{m2}-b_{m2} & \cdots & a_{mn}-b_{mn} \end{pmatrix}.$$

矩阵的加法、减法与实数的加法、减法有一些类似的运算性质.

设 $\boldsymbol{A},\boldsymbol{B},\boldsymbol{C},\boldsymbol{O}$ 都是同型矩阵，则矩阵的加法满足下列运算规律：

(1) $\boldsymbol{A}+\boldsymbol{B}=\boldsymbol{B}+\boldsymbol{A}$（交换律）；

(2) $(\boldsymbol{A}+\boldsymbol{B})+\boldsymbol{C}=\boldsymbol{A}+(\boldsymbol{B}+\boldsymbol{C})$（结合律）；

(3) $\boldsymbol{A}+\boldsymbol{O}=\boldsymbol{O}+\boldsymbol{A}=\boldsymbol{A}$；

(4) $\boldsymbol{A}+(-\boldsymbol{A})=\boldsymbol{O}$.

【例 2.6】（续【例 2.5】） 求 $\boldsymbol{A}-\boldsymbol{B}$.

解 $\boldsymbol{A}-\boldsymbol{B}=\begin{pmatrix} 3 & 2 & 7 \\ -1 & 5 & -5 \end{pmatrix}-\begin{pmatrix} 9 & 4 & -1 \\ 7 & 3 & 2 \end{pmatrix}=\begin{pmatrix} 3-9 & 2-4 & 7-(-1) \\ -1-7 & 5-3 & -5-2 \end{pmatrix}$

$=\begin{pmatrix} -6 & -2 & 8 \\ -8 & 2 & -7 \end{pmatrix}$.

2) 矩阵的数乘

定义 2.4 设矩阵 $\boldsymbol{A}=(a_{ij})_{m\times n}$，以数 k 乘以矩阵 $\boldsymbol{A}$ 的每个元素所得的矩阵，称为数 k 与矩阵 $\boldsymbol{A}$ 的乘积，简称**数乘**，记作 $k\boldsymbol{A}$，即

$$kA=k(a_{ij})_{m\times n}=(ka_{ij})_{m\times n}=\begin{pmatrix}ka_{11}&ka_{12}&\cdots&ka_{1n}\\ka_{21}&ka_{22}&\cdots&ka_{2n}\\\vdots&\vdots&&\vdots\\ka_{m1}&ka_{m2}&\cdots&ka_{mn}\end{pmatrix}.$$

从定义 2.4 可以看出,$m\times n$ 矩阵 $\boldsymbol{O}$ 实际上是数 0 与 $m\times n$ 矩阵 $\boldsymbol{A}$ 的数乘;$m\times n$ 矩阵 $\boldsymbol{A}$ 的负矩阵 $-\boldsymbol{A}$ 实际上是数 -1 与矩阵 $\boldsymbol{A}$ 的数乘.

设 $\boldsymbol{A},\boldsymbol{B}$ 为同型矩阵,k 和 l 皆为任意常数,则矩阵的数乘满足下列运算规律:

(1) $(k+l)\boldsymbol{A}=k\boldsymbol{A}+l\boldsymbol{A}$;(对数的分配律)

(2) $k(\boldsymbol{A}+\boldsymbol{B})=k\boldsymbol{A}+k\boldsymbol{B}$;(对矩阵的分配律)

(3) $k(l\boldsymbol{A})=(kl)\boldsymbol{A}=k(l\boldsymbol{A})$;

(4) $1\boldsymbol{A}=\boldsymbol{A}$.

矩阵的加法、减法与数乘运算称为**线性运算**.

【**例 2.7**】 有 4 名学生的某 3 门课的平时考查成绩矩阵为

$$\boldsymbol{A}=\begin{pmatrix}90&78&92&66\\86&80&93&74\\95&70&96&75\end{pmatrix},$$

而课程结业考试的卷面成绩矩阵为

$$\boldsymbol{B}=\begin{pmatrix}94&83&98&60\\90&85&95&70\\97&76&97&72\end{pmatrix}.$$

学校规定各门课程的考核成绩由平时考查和卷面考试的成绩分别占 30% 和 70% 构成,求 4 名学生的考核成绩矩阵.

解 考核成绩矩阵为

$$\begin{aligned}0.3\boldsymbol{A}+0.7\boldsymbol{B}&=0.3\begin{pmatrix}90&78&92&66\\86&80&93&74\\95&70&96&75\end{pmatrix}+0.7\begin{pmatrix}94&83&98&60\\90&85&95&70\\97&76&97&72\end{pmatrix}\\&=\begin{pmatrix}27&23.4&27.6&19.8\\25.8&24&27.9&22.2\\28.5&21&28.8&22.5\end{pmatrix}+\begin{pmatrix}65.8&58.1&68.6&42\\63&59.5&66.5&49\\67.9&53.2&67.9&50.4\end{pmatrix}\\&=\begin{pmatrix}92.8&81.5&96.2&61.8\\88.8&83.5&94.4&71.2\\96.4&74.3&96.7&72.9\end{pmatrix}.\end{aligned}$$

【**例 2.8**】 已知

$$\boldsymbol{A}=\begin{pmatrix}3&2&7\\-1&5&-5\end{pmatrix},\boldsymbol{B}=\begin{pmatrix}9&4&-1\\7&3&2\end{pmatrix}$$

且 $\boldsymbol{A}+3\boldsymbol{X}=\boldsymbol{B}$,求 $\boldsymbol{X}$.

解 由 $\boldsymbol{A}+3\boldsymbol{X}=\boldsymbol{B}$,得

$$\boldsymbol{X}=\frac{1}{3}(\boldsymbol{B}-\boldsymbol{A})=\frac{1}{3}\begin{pmatrix}6&2&-8\\8&-2&7\end{pmatrix}=\begin{pmatrix}2&\frac{2}{3}&-\frac{8}{3}\\\frac{8}{3}&-\frac{2}{3}&\frac{7}{3}\end{pmatrix}.$$

2.2.2 矩阵的乘法

矩阵的乘法运算比较复杂,也是用得比较多的一种运算.

【例2.9】 设有两家连锁超市出售3种奶粉,某日销售量(单位:包)见表2.3,每种奶粉的单价和利润见表2.4.求各超市出售奶粉的总收入和总利润.

表2.3

超市	货类		
	奶粉Ⅰ/包	奶粉Ⅱ/包	奶粉Ⅲ/包
甲	5	8	10
乙	7	5	6

表2.4

货类	单价/元	利润/元
奶粉Ⅰ	15	3
奶粉Ⅱ	12	2
奶粉Ⅲ	20	4

解 各个超市奶粉的总收入=奶粉Ⅰ数量×单价+奶粉Ⅱ数量×单价+奶粉Ⅲ数量×单价.列表分析见表2.5.

表2.5

超市	总收入/元	总利润/元
甲	5×15+8×12+10×20	5×3+8×2+10×4
乙	7×15+5×12+6×20	7×3+5×2+6×4

设$\boldsymbol{A}=\begin{pmatrix}5&8&10\\7&5&6\end{pmatrix}$,$\boldsymbol{B}=\begin{pmatrix}15&3\\12&2\\20&4\end{pmatrix}$,$\boldsymbol{C}$为各超市出售奶粉的总收入和总利润,则

$$\boldsymbol{C}=\begin{pmatrix}5\times15+8\times12+10\times20 & 5\times3+8\times2+10\times4\\7\times15+5\times12+6\times20 & 7\times3+5\times2+6\times4\end{pmatrix}=\begin{pmatrix}371&71\\285&55\end{pmatrix}.$$

矩阵$\boldsymbol{C}$中第一行第一列的元素等于矩阵$\boldsymbol{A}$的第一行元素与矩阵$\boldsymbol{B}$的第一列对应元素乘积之和.同样,矩阵$\boldsymbol{C}$中第i行第j列的元素等于矩阵$\boldsymbol{A}$的第i行元素与矩阵$\boldsymbol{B}$的第j列对应元素乘积之和.

1)矩阵的乘法

定义2.5 设矩阵$\boldsymbol{A}=(a_{ik})_{s\times m}$,$\boldsymbol{B}=(b_{kj})_{m\times n}$,记$s\times n$矩阵$\boldsymbol{C}=(c_{ij})_{s\times n}$,其中

$$c_{ij}=a_{i1}b_{1j}+a_{i2}b_{2j}+\cdots+a_{im}b_{mj}=\sum_{k=1}^{m}a_{ik}b_{kj},$$

称矩阵$\boldsymbol{C}$为矩阵$\boldsymbol{A}$与矩阵$\boldsymbol{B}$的**乘积**,记作$\boldsymbol{C}=\boldsymbol{AB}$.

归纳总结

在矩阵的乘法运算中应注意以下两点：

①当左边矩阵 $\boldsymbol{A}$ 的列数等于右边矩阵 $\boldsymbol{B}$ 的行数时，乘积 $\boldsymbol{AB}$ 才有意义，否则 $\boldsymbol{A}$ 与 $\boldsymbol{B}$ 不能相乘；

②当 $\boldsymbol{AB}$ 乘积有意义时，$\boldsymbol{AB}$ 的行数等于 $\boldsymbol{A}$ 的行数，$\boldsymbol{AB}$ 的列数等于 $\boldsymbol{B}$ 的列数. 其行数与列数之间的关系可简记为 $(s\times m)(m\times n)=(s\times n)$.

【例 2.10】 设 $\boldsymbol{A}=\begin{pmatrix}2&1\\-1&3\end{pmatrix}$，$\boldsymbol{B}=\begin{pmatrix}1&-2&3\\0&1&0\end{pmatrix}$，求 $\boldsymbol{AB}$.

解 $\boldsymbol{AB}=\begin{pmatrix}2&1\\-1&3\end{pmatrix}\begin{pmatrix}1&-2&3\\0&1&0\end{pmatrix}=\begin{pmatrix}2&-3&6\\-1&5&-3\end{pmatrix}$.

根据定义，矩阵的乘法满足下列运算规律（假设运算都是可行的）：

(1) $(\boldsymbol{AB})\boldsymbol{C}=\boldsymbol{A}(\boldsymbol{BC})$（结合律）；

(2) $(\boldsymbol{A}+\boldsymbol{B})\boldsymbol{C}=\boldsymbol{AC}+\boldsymbol{BC}$（右分配律），$\boldsymbol{C}(\boldsymbol{A}+\boldsymbol{B})=\boldsymbol{CA}+\boldsymbol{CB}$（左分配律）；

(3) $k(\boldsymbol{AB})=(k\boldsymbol{A})\boldsymbol{B}=\boldsymbol{A}(k\boldsymbol{B})$（其中 k 为常数）；

(4) $\boldsymbol{E}_m\boldsymbol{A}_{m\times n}=\boldsymbol{A}_{m\times n}\boldsymbol{E}_n=\boldsymbol{A}_{m\times n}$.

【例 2.11】 设 $\boldsymbol{A}=\begin{pmatrix}0&1\\0&0\end{pmatrix}$，$\boldsymbol{B}=\begin{pmatrix}0&0\\0&1\end{pmatrix}$，求 $\boldsymbol{AB}$，$\boldsymbol{BA}$.

解 $\boldsymbol{AB}=\begin{pmatrix}0&1\\0&0\end{pmatrix}\begin{pmatrix}0&0\\0&1\end{pmatrix}=\begin{pmatrix}0&1\\0&0\end{pmatrix}$，

$\boldsymbol{BA}=\begin{pmatrix}0&0\\0&1\end{pmatrix}\begin{pmatrix}0&1\\0&0\end{pmatrix}=\begin{pmatrix}0&0\\0&0\end{pmatrix}$.

【例 2.12】 设 $\boldsymbol{A}=\begin{pmatrix}1&2\\0&3\end{pmatrix}$，$\boldsymbol{B}=\begin{pmatrix}1&0\\0&4\end{pmatrix}$，$\boldsymbol{C}=\begin{pmatrix}1&1\\0&0\end{pmatrix}$，求 $\boldsymbol{AC}$，$\boldsymbol{BC}$.

解 $\boldsymbol{AC}=\begin{pmatrix}1&2\\0&3\end{pmatrix}\begin{pmatrix}1&1\\0&0\end{pmatrix}=\begin{pmatrix}1&1\\0&0\end{pmatrix}$，

$\boldsymbol{BC}=\begin{pmatrix}1&0\\0&4\end{pmatrix}\begin{pmatrix}1&1\\0&0\end{pmatrix}=\begin{pmatrix}1&1\\0&0\end{pmatrix}$.

归纳总结

从上述各例可以看出：

①即便矩阵 $\boldsymbol{AB}$ 和 $\boldsymbol{BA}$ 都有意义，但是一般推不出 $\boldsymbol{AB}=\boldsymbol{BA}$，即矩阵的乘法不满足交换律；当 $\boldsymbol{AB}=\boldsymbol{BA}$ 时，称 $\boldsymbol{A}$，$\boldsymbol{B}$ 是**可交换**的.

②当 $\boldsymbol{AB}=\boldsymbol{O}$ 时，一般推不出 $\boldsymbol{A}=\boldsymbol{O}$ 或者 $\boldsymbol{B}=\boldsymbol{O}$.

③可以看出，矩阵的乘法不满足消去律，即当 $\boldsymbol{AC}=\boldsymbol{BC}$，且 $\boldsymbol{C}\neq\boldsymbol{O}$ 时，不一定有 $\boldsymbol{A}=\boldsymbol{B}$.

利用矩阵的乘法，线性方程组(2.1)可简洁地表示为

$$\boldsymbol{AX}=\boldsymbol{b} \tag{2.3}$$

如果记

$$\boldsymbol{A}=\begin{pmatrix}a_{11}&a_{12}&\cdots&a_{1n}\\a_{21}&a_{22}&\cdots&a_{2n}\\\vdots&\vdots&&\vdots\\a_{n1}&a_{n2}&\cdots&a_{nn}\end{pmatrix},\boldsymbol{X}=\begin{pmatrix}x_1\\x_2\\\vdots\\x_n\end{pmatrix},\boldsymbol{b}=\begin{pmatrix}b_1\\b_2\\\vdots\\b_n\end{pmatrix}.$$

称式(2.3)为矩阵方程. 类似地，如果线性方程组(2.3)有解：

$$x_1=c_1,x_2=c_2,\cdots,x_n=c_n,$$

则这个解也可表示为

$$\boldsymbol{\eta}=(c_1,c_2,\cdots,c_n)^{\mathrm{T}}.$$

2)方阵的幂运算

由于矩阵的乘法满足结合律,因此可以定义方阵的幂.

定义 2.6　设 $\boldsymbol{A}$ 为 n 阶方阵,k 为正整数,k 个 $\boldsymbol{A}$ 相乘称为 $\boldsymbol{A}$ 的 k 次幂,记为 $\boldsymbol{A}^k$,即

$$\boldsymbol{A}^k=\underbrace{\boldsymbol{AA}\cdots\boldsymbol{A}}_{k个\boldsymbol{A}}.$$

规定 $\boldsymbol{A}^0=\boldsymbol{E}$.

【例 2.13】　设 $\boldsymbol{A}=\begin{pmatrix}1&0&2\\3&2&0\\0&1&1\end{pmatrix}$,求 $\boldsymbol{A}^2$.

解　$\boldsymbol{A}^2=\begin{pmatrix}1&0&2\\3&2&0\\0&1&1\end{pmatrix}\begin{pmatrix}1&0&2\\3&2&0\\0&1&1\end{pmatrix}=\begin{pmatrix}1&2&4\\9&4&6\\3&3&1\end{pmatrix}$.

根据定义,对任意正整数 k,l,n 阶方阵 $\boldsymbol{A}$ 的幂运算满足下列运算规律:

(1)$\boldsymbol{A}^k\boldsymbol{A}^l=\boldsymbol{A}^{k+l}$;

(2)$(\boldsymbol{A}^k)^l=\boldsymbol{A}^{kl}$.

归纳总结

由于矩阵的乘法不满足交换律,因此$(\boldsymbol{AB})^k$ 一般不等于 $\boldsymbol{A}^k\boldsymbol{B}^k$,而且与两个矩阵有关的因式分解及二项式定理不成立,例如,$(\boldsymbol{A}+\boldsymbol{B})^2$ 一般不等于 $\boldsymbol{A}^2+2\boldsymbol{AB}+\boldsymbol{B}^2$;但当 $\boldsymbol{AB}=\boldsymbol{BA}$ 时,$(\boldsymbol{A}+\boldsymbol{B})^2=\boldsymbol{A}^2+2\boldsymbol{AB}+\boldsymbol{B}^2$.

定义 2.7　设

$$f(x)=a_mx^m+a_{m-1}x^{m-1}+\cdots+a_1x+a_0$$

是 x 的多项式,$\boldsymbol{A}$ 是 n 阶方阵,则称

$$f(\boldsymbol{A})=a_m\boldsymbol{A}^m+a_{m-1}\boldsymbol{A}^{m-1}+\cdots+a_1\boldsymbol{A}+a_0\boldsymbol{E}_n$$

为 $\boldsymbol{A}$ 的多项式.

【例 2.14】　设 $\boldsymbol{A}=\begin{pmatrix}1&0\\1&1\end{pmatrix}$,$f(x)=x^2-2x+1$,求 $f(\boldsymbol{A})$.

解　由矩阵多项式的定义知

$$\begin{aligned}f(\boldsymbol{A})&=\boldsymbol{A}^2-2\boldsymbol{A}+\boldsymbol{E}=(\boldsymbol{A}-E)^2\\&=\begin{pmatrix}1-1&0\\1&1-1\end{pmatrix}^2=\begin{pmatrix}0&0\\1&0\end{pmatrix}^2=\begin{pmatrix}0&0\\0&0\end{pmatrix}.\end{aligned}$$

2.2.3　矩阵的转置

下面研究矩阵的转置及其性质.

定义 2.8　称矩阵 $\boldsymbol{A}=(a_{ij})_{m\times n}$的行列互换得到的矩阵

$$\begin{pmatrix}a_{11}&a_{21}&\cdots&a_{m1}\\a_{12}&a_{22}&\cdots&a_{m2}\\\vdots&\vdots&&\vdots\\a_{1n}&a_{2n}&\cdots&a_{mn}\end{pmatrix}$$

为矩阵 $\boldsymbol{A}$ 的转置矩阵,简称矩阵 $\boldsymbol{A}$ 的转置,记为 $\boldsymbol{A}^{\mathrm{T}}$ 或 $\boldsymbol{A}'$.

例如,矩阵 $\boldsymbol{A}=\begin{pmatrix}1&2&0\\3&1&-1\end{pmatrix}$ 的转置矩阵 $\boldsymbol{A}^{\mathrm{T}}=\begin{pmatrix}1&3\\2&1\\0&-1\end{pmatrix}$.

设 $\boldsymbol{A},\boldsymbol{B},\boldsymbol{C}$ 是矩阵,k 为常数,则矩阵的转置满足下列运算规律(假设运算都是可行的).

(1) $(\boldsymbol{A}^{\mathrm{T}})^{\mathrm{T}}=\boldsymbol{A}$;

(2) $(\boldsymbol{A}+\boldsymbol{B})^{\mathrm{T}}=\boldsymbol{A}^{\mathrm{T}}+\boldsymbol{B}^{\mathrm{T}}$;

(3) $(k\boldsymbol{A})^{\mathrm{T}}=k\boldsymbol{A}^{\mathrm{T}}$;

(4) $(\boldsymbol{AB})^{\mathrm{T}}=\boldsymbol{B}^{\mathrm{T}}\boldsymbol{A}^{\mathrm{T}}$.

定义 2.9 设 $\boldsymbol{A}$ 是 n 阶方阵,若 $\boldsymbol{A}^{\mathrm{T}}=\boldsymbol{A}$,则称 $\boldsymbol{A}$ 为**对称矩阵**,简称**对称阵**;若 $\boldsymbol{A}^{\mathrm{T}}=-\boldsymbol{A}$,则称 $\boldsymbol{A}$ 为**反对称矩阵**,简称**反对称阵**.

例如,$\boldsymbol{A}=\begin{pmatrix}2&1&3\\1&-1&-4\\3&-4&0\end{pmatrix}$是 3 阶对称阵,而 $\boldsymbol{B}=\begin{pmatrix}0&1&3\\-1&0&-2\\-3&2&0\end{pmatrix}$是 3 阶反对称阵.

【例 2.15】 设 $\boldsymbol{A},\boldsymbol{B}$ 为 n 阶方阵,且 $\boldsymbol{A}$ 为对称阵,证明:$\boldsymbol{B}^{\mathrm{T}}\boldsymbol{AB}$ 也是对称阵.

证 因为 n 阶方阵 $\boldsymbol{A}$ 为对称阵,即 $\boldsymbol{A}^{\mathrm{T}}=\boldsymbol{A}$,
所以

$$(\boldsymbol{B}^{\mathrm{T}}\boldsymbol{AB})^{\mathrm{T}}=(\boldsymbol{AB})^{\mathrm{T}}(\boldsymbol{B}^{\mathrm{T}})^{\mathrm{T}}=\boldsymbol{B}^{\mathrm{T}}\boldsymbol{A}^{\mathrm{T}}\boldsymbol{B}=\boldsymbol{B}^{\mathrm{T}}\boldsymbol{AB},$$

故 $\boldsymbol{B}^{\mathrm{T}}\boldsymbol{AB}$ 也为对称阵.

归纳总结

对称阵和反对称阵具有下列特点:

①$\boldsymbol{A}=(a_{ij})_{n\times n}$为对称阵当且仅当 $a_{ij}=a_{ji}(i,j=1,2,\cdots,n)$,即它的元素以主对角线为对称轴对应相等;

②$\boldsymbol{A}=(a_{ij})_{n\times n}$为反对称阵当且仅当 $a_{ij}=-a_{ji}(i,j=1,2,\cdots,n)$,即以主对角线为对称轴的对应元素绝对值相等,符号相反,且主对角线上的元素全为零.

2.2.4 方阵的行列式

方阵的行列式作为一种运算,满足如下性质:

性质 设 $\boldsymbol{A},\boldsymbol{B}$ 为 n 阶方阵,λ 为数.

(1) $|\lambda\boldsymbol{A}|=\lambda^n|\boldsymbol{A}|$;

(2) $|\boldsymbol{AB}|=|\boldsymbol{A}||\boldsymbol{B}|$.

【例 2.16】 设

$$\boldsymbol{A}=\begin{pmatrix}1&2&1\\0&1&2\\0&0&3\end{pmatrix},\boldsymbol{B}=\begin{pmatrix}2&5&-1\\0&1&2\\0&0&4\end{pmatrix}.$$

求 $|\boldsymbol{A}|+|\boldsymbol{B}|$, $|\boldsymbol{A}+\boldsymbol{B}|$, $|3\boldsymbol{A}|$.

解 因为 $\boldsymbol{A},\boldsymbol{B}$ 均为上三角矩阵,于是

$$|\boldsymbol{A}|=1\times1\times3=3,\ |\boldsymbol{B}|=2\times1\times4=8,\text{于是} |\boldsymbol{A}|+|\boldsymbol{B}|=3+8=11.$$

又因

$$\boldsymbol{A}+\boldsymbol{B}=\begin{pmatrix}3&7&0\\0&2&4\\0&0&7\end{pmatrix},\text{于是} |\boldsymbol{A}+\boldsymbol{B}|=\begin{vmatrix}3&7&0\\0&2&4\\0&0&7\end{vmatrix}=3\times2\times7=42.$$

$$|3\boldsymbol{A}|=\begin{vmatrix}3&6&3\\0&3&6\\0&0&9\end{vmatrix}=3\times3\times9=81.$$

归纳总结

由【例2.16】可知:

(1) $|\boldsymbol{A}|+|\boldsymbol{B}|\neq|\boldsymbol{A}+\boldsymbol{B}|$;

(2) $|k\boldsymbol{A}|\neq k|\boldsymbol{A}|$.

上述两点在行列式的计算和证明中,容易出错,需要引起高度重视.

习题 2.2

1. 设 $\boldsymbol{A}=\begin{pmatrix}1&2&1&2\\2&1&2&1\\1&2&3&4\end{pmatrix}$, $\boldsymbol{B}=\begin{pmatrix}4&3&2&1\\-2&1&-2&1\\0&-1&0&-1\end{pmatrix}$,求 $\boldsymbol{B}-\boldsymbol{A}$,

2. 计算下列矩阵的乘积.

(1) $\begin{pmatrix}1\\-1\\2\\3\end{pmatrix}(3,2,-1,0)$;　　(2) $(1,2,3,4)\begin{pmatrix}3\\2\\1\\0\end{pmatrix}$;

(3) $\begin{pmatrix}5&0&0\\0&3&1\\0&2&1\end{pmatrix}\begin{pmatrix}1\\-2\\3\end{pmatrix}$;　　(4) $\begin{pmatrix}1&2&3\\0&3&1\\0&2&1\end{pmatrix}\begin{pmatrix}2&1\\1&2\\1&2\end{pmatrix}$;

(5) $\begin{pmatrix}2&1\\0&3\\4&1\end{pmatrix}\begin{pmatrix}1&5&0\\2&0&1\end{pmatrix}$.

3. (1) 设 $\boldsymbol{A}=\begin{pmatrix}1&2\\3&1\end{pmatrix}$, $\boldsymbol{B}=\begin{pmatrix}1&2\\3&4\end{pmatrix}$,求满足方程 $2\boldsymbol{A}-5\boldsymbol{X}=2\boldsymbol{B}$ 中的 $\boldsymbol{X}$;

(2) 设 $\boldsymbol{A}=\begin{pmatrix}2&-2&0&3\\1&1&4&-3\\6&5&0&2\end{pmatrix}$, $\boldsymbol{B}=\begin{pmatrix}-2&4&3\\0&-1&-2\\0&7&1\\3&2&-5\end{pmatrix}$,求 $3\boldsymbol{A}-2\boldsymbol{B}^{\mathrm{T}}$;

(3) 设 $\boldsymbol{A}=\begin{pmatrix}1&-1&1\\0&1&1\\1&2&3\end{pmatrix}$, $\boldsymbol{B}=\begin{pmatrix}1&2&1\\-7&4&0\\3&-1&1\end{pmatrix}$,求 $\boldsymbol{AB}-\boldsymbol{BA}$, $(\boldsymbol{A}+3\boldsymbol{B})^{\mathrm{T}}$.

4. 设 $f(x)=x^2+x+1$, $\boldsymbol{A}=\begin{pmatrix}3&-2\\-1&4\end{pmatrix}$,求 $f(\boldsymbol{A})$.

5. 计算下列矩阵.

(1) $\begin{pmatrix}0&1&0\\0&0&1\\0&0&0\end{pmatrix}^3$;　　(2) $\begin{pmatrix}1&0&1\\1&1&0\\0&1&-1\end{pmatrix}^3$.

6. 对任意 $m\times n$ 矩阵 $\boldsymbol{A}$,证明 $\boldsymbol{AA}^{\mathrm{T}}$ 与 $\boldsymbol{A}^{\mathrm{T}}\boldsymbol{A}$ 均为对称阵.

2.3　矩阵的初等变换与初等矩阵

矩阵的初等变换方法是矩阵理论中的一个十分重要的计算方法,它在解线性方程组、矩阵求逆及线性相关性等问题的讨论中起着工具性作用.

2.3.1　矩阵的初等变换

定义 2.10　下面 3 种变换称为矩阵的**初等行变换**:

(1)交换矩阵的第 i 行和第 j 行,记为 $r_i \leftrightarrow r_j$;

(2)以一个非零数 k 乘以矩阵的第 i 行的所有元素,记为 $r_i \times k$;

(3)把矩阵第 i 行所有元素的 k 倍加到第 j 行对应的元素上,记为 $r_j + kr_i$.

类似地,可以定义初等列变换(所用记号是将"r"换成"c"). 矩阵的初等行变换与初等列变换,统称为**矩阵的初等变换**.

定义 2.11　若矩阵 $\boldsymbol{A}$ 经过有限次初等变换化为矩阵 $\boldsymbol{B}$,则称 $\boldsymbol{A}$ 与 $\boldsymbol{B}$ 等价,记为 $\boldsymbol{A} \sim \boldsymbol{B}$.

等价是矩阵之间的一种关系,满足:

(1)自反性:$\boldsymbol{A} \sim \boldsymbol{A}$;

(2)对称性:若 $\boldsymbol{A} \sim \boldsymbol{B}$,则 $\boldsymbol{B} \sim \boldsymbol{A}$;

(3)传递性:若 $\boldsymbol{A} \sim \boldsymbol{B}$,$\boldsymbol{B} \sim \boldsymbol{C}$,则 $\boldsymbol{A} \sim \boldsymbol{C}$.

【例 2.17】　已知

$$\boldsymbol{A} = \begin{pmatrix} 2 & 3 & 1 & -3 & -7 \\ 1 & 2 & 0 & -2 & -4 \\ 3 & -2 & 8 & 3 & 0 \\ 2 & -3 & 7 & 4 & 3 \end{pmatrix},$$

利用初等行变换,化矩阵 $\boldsymbol{A}$ 为行阶梯形矩阵.

解

$$\boldsymbol{A} \xrightarrow[r_4 - 2r_2]{\substack{r_1 - 2r_2 \\ r_3 - 3r_2}} \begin{pmatrix} 0 & -1 & 1 & 1 & 1 \\ 1 & 2 & 0 & -2 & -4 \\ 0 & -8 & 8 & 9 & 12 \\ 0 & -7 & 7 & 8 & 11 \end{pmatrix} \xrightarrow[r_4 - 7r_1]{r_3 - 8r_1} \begin{pmatrix} 0 & -1 & 1 & 1 & 1 \\ 1 & 2 & 0 & -2 & -4 \\ 0 & 0 & 0 & 1 & 4 \\ 0 & 0 & 0 & 1 & 4 \end{pmatrix}$$

$$\xrightarrow[r_4 - r_3]{r_1 \leftrightarrow r_2} \begin{pmatrix} 1 & 2 & 0 & -2 & -4 \\ 0 & -1 & 1 & 1 & 1 \\ 0 & 0 & 0 & 1 & 4 \\ 0 & 0 & 0 & 0 & 0 \end{pmatrix} = \boldsymbol{B}.$$

易知,$\boldsymbol{A} \sim \boldsymbol{B}$.

利用初等列变换,或同时用初等行、列变换也可以将矩阵 $\boldsymbol{A}$ 化为行阶梯形矩阵,且方法和结果均不唯一. 用初等变换化矩阵为行阶梯形矩阵是一种基本的运算,在线性代数中有着广泛的应用,读者需熟练掌握.

对【例 2.17】中的矩阵 $\boldsymbol{B}$ 再次作初等行变换：

$$\boldsymbol{B}\xrightarrow{r_2\times(-1)}\begin{pmatrix}1&2&0&-2&-4\\0&1&-1&-1&-1\\0&0&0&1&4\\0&0&0&0&0\end{pmatrix}\xrightarrow[r_2+r_3]{r_1-2r_2}\begin{pmatrix}1&0&2&0&-2\\0&1&-1&0&3\\0&0&0&1&4\\0&0&0&0&0\end{pmatrix}=\boldsymbol{C}.$$

则有 $\boldsymbol{B}\sim\boldsymbol{C}$，从而 $\boldsymbol{A}\sim\boldsymbol{C}$.

我们称矩阵 $\boldsymbol{C}$ 为行最简形矩阵，具有下列特征：

(1) 它是行阶梯形矩阵；

(2) 各非零行的非零首元都是 1；

(3) 每个非零首元所在列的其他元素都是零.

如果对矩阵 $\boldsymbol{C}$ 再作初等列变换，可变成一种形式更简单的矩阵：

$$\boldsymbol{C}\xrightarrow[c_5+2c_1]{c_3-2c_1}\begin{pmatrix}1&0&0&0&0\\0&1&-1&0&3\\0&0&0&1&4\\0&0&0&0&0\end{pmatrix}\xrightarrow[c_5-3c_2]{c_3+c_2}\begin{pmatrix}1&0&0&0&0\\0&1&0&0&0\\0&0&0&1&4\\0&0&0&0&0\end{pmatrix}$$

$$\xrightarrow{c_5-4c_4}\begin{pmatrix}1&0&0&0&0\\0&1&0&0&0\\0&0&0&1&0\\0&0&0&0&0\end{pmatrix}\xrightarrow{c_3\leftrightarrow c_4}\begin{pmatrix}1&0&0&0&0\\0&1&0&0&0\\0&0&1&0&0\\0&0&0&0&0\end{pmatrix}=\begin{pmatrix}\boldsymbol{E}_3&\boldsymbol{O}\\\boldsymbol{O}&\boldsymbol{O}\end{pmatrix}=\boldsymbol{F}.$$

矩阵 $\boldsymbol{F}$ 的左上角为一个单位矩阵 $\boldsymbol{E}_3$，其他各分块都是零矩阵，称矩阵 $\boldsymbol{F}$ 为矩阵 $\boldsymbol{A}$ 的等价标准形.

事实上，有下列结论：

定理 2.1　任何矩阵总可以经过有限次初等变换化为行阶梯形矩阵，并进一步化为行最简形矩阵.

定理 2.2　任何一个矩阵都有等价标准形，矩阵 $\boldsymbol{A}$ 与矩阵 $\boldsymbol{B}$ 等价，当且仅当它们有相同的等价标准形.

注：与矩阵 $\boldsymbol{A}$ 等价的行阶梯形矩阵和行最简形矩阵不是唯一的，但等价标准形是唯一的.

两个等价的矩阵不一定相等，那么它们之间有什么关系呢？为此，我们引入初等矩阵的概念.

2.3.2　初等矩阵

定义 2.12　由 n 阶单位矩阵 $\boldsymbol{E}_n$ 经过一次初等行(或列)变换得到的矩阵称为**初等矩阵**.

显然，初等矩阵都是方阵，对应于 3 种初等变换，可得到 3 种初等矩阵.

①交换 $\boldsymbol{E}_n$ 的第 i 行和第 j 行(或交换 $\boldsymbol{E}_n$ 的第 i 列和第 j 列)，得到的初等矩阵记为 $\boldsymbol{E}_n(i,j)$，常常也简记为 $\boldsymbol{E}(i,j)$. 这种矩阵形如

$$E(i,j)=\begin{pmatrix}1&&&&&&\\&\ddots&&&&&\\&&0&\cdots&1&&\\&&&1&&&\\&&\vdots&\ddots&\vdots&&\\&&&&1&&\\&&1&\cdots&0&&\\&&&&&\ddots&\\&&&&&&1\end{pmatrix}\begin{matrix}\\\\\leftarrow 第 i 行\\\\\\\\\leftarrow 第 j 行\\\\\\\end{matrix}$$

②用一个非零数 k 乘以 E_n 的第 i 行(或第 i 列),得到的初等矩阵记为 $E(i(k))$.

$$E(i(k))=\begin{pmatrix}1&&&&&&\\&\ddots&&&&&\\&&1&&&&\\&&&k&&&\\&&&&1&&\\&&&&&\ddots&\\&&&&&&1\end{pmatrix}\begin{matrix}\\\\\\\leftarrow 第 i 行\\\\\\\\\end{matrix}$$

③将 E_n 的第 j 行(或第 i 列)元素的 k 倍对应加到第 i 行(或第 j 列)上,得到的初等矩阵,记为 $E(i+j(k))$.

$$E(i+j(k))=\begin{pmatrix}1&&&&&&\\&\ddots&&&&&\\&&1&&k&&\\&&&\ddots&&&\\&&&&1&&\\&&&&&\ddots&\\&&&&&&1\end{pmatrix}\begin{matrix}\\\\\leftarrow 第 i 行\\\\\leftarrow 第 j 行\\\\\\\end{matrix}$$

【例 2.18】 设 $A=\begin{pmatrix}a_{11}&a_{12}&a_{13}&a_{14}\\a_{21}&a_{22}&a_{23}&a_{24}\\a_{31}&a_{32}&a_{33}&a_{34}\end{pmatrix}$,求 $E(2+1(2))A$,$AE(1,2)$.

解

$$E(2+1(2))A=\begin{pmatrix}1&0&0\\2&1&0\\0&0&1\end{pmatrix}\begin{pmatrix}a_{11}&a_{12}&a_{13}&a_{14}\\a_{21}&a_{22}&a_{23}&a_{24}\\a_{31}&a_{32}&a_{33}&a_{34}\end{pmatrix}$$

$$=\begin{pmatrix}a_{11}&a_{12}&a_{13}&a_{14}\\2a_{11}+a_{21}&2a_{12}+a_{22}&2a_{13}+a_{23}&2a_{14}+a_{24}\\a_{31}&a_{32}&a_{33}&a_{34}\end{pmatrix}.$$

$$AE(1,2)=\begin{pmatrix}a_{11}&a_{12}&a_{13}&a_{14}\\a_{21}&a_{22}&a_{23}&a_{24}\\a_{31}&a_{32}&a_{33}&a_{34}\end{pmatrix}\begin{pmatrix}0&1&0&0\\1&0&0&0\\0&0&1&0\\0&0&0&1\end{pmatrix}$$

$$=\begin{pmatrix} a_{12} & a_{11} & a_{13} & a_{14} \\ a_{22} & a_{21} & a_{23} & a_{24} \\ a_{32} & a_{31} & a_{33} & a_{34} \end{pmatrix}.$$

易见,$\boldsymbol{E}(2+1(2))\boldsymbol{A}$ 相当于对 $\boldsymbol{A}$ 作第1行的元素乘以2加到第1行的对应元素上的初等行变换,即

$$\boldsymbol{A}\xrightarrow{r_2+2r_1}\boldsymbol{E}(2+1(2))\boldsymbol{A}$$

$\boldsymbol{AE}(1,2)$ 相当于对 $\boldsymbol{A}$ 作交换第1列和第2列的初等列变换,即

$$\boldsymbol{A}\xrightarrow{c_1\leftrightarrow c_2}\boldsymbol{AE}(1,2)$$

一般地,初等变换与初等矩阵有以下关系:

定理 2.3 设 $\boldsymbol{A}=(a_{ij})_{m\times n}$,则对 $\boldsymbol{A}$ 施行一次初等行变换,相当于用相应的 m 阶初等矩阵左乘 $\boldsymbol{A}$;对 $\boldsymbol{A}$ 施行一次初等列变换,相当于用相应的 n 阶初等矩阵右乘 $\boldsymbol{A}$.

定理2.3可以用以下记号表示:

$$\boldsymbol{A}_{m\times n}\xrightarrow{r_i\leftrightarrow r_j}\boldsymbol{E}_m(i,j)\boldsymbol{A}_{m\times n};\boldsymbol{A}_{m\times n}\xrightarrow{c_i\leftrightarrow c_j}\boldsymbol{A}_{m\times n}\boldsymbol{E}_n(i,j);$$

$$\boldsymbol{A}_{m\times n}\xrightarrow{kr_i}\boldsymbol{E}_m(i(k))\boldsymbol{A}_{m\times n};\boldsymbol{A}_{m\times n}\xrightarrow{cr_i}\boldsymbol{A}_{m\times n}\boldsymbol{E}_n(i(k));$$

$$\boldsymbol{A}_{m\times n}\xrightarrow{r_j+kr_i}\boldsymbol{E}_m(j+i(k))\boldsymbol{A}_{m\times n};\boldsymbol{A}_{m\times n}\xrightarrow{c_j+kc_i}\boldsymbol{A}_{m\times n}\boldsymbol{E}_n(j+i(k)).$$

* **证** 我们只证明初等行变换的情形,初等列变换的情形可同样证明.

将 $\boldsymbol{A}=(a_{ij})_{m\times n}$ 按一行分为一块,得分块矩阵(参见2.6节分块矩阵)

$$\boldsymbol{A}=\begin{pmatrix}\boldsymbol{A}_1\\ \boldsymbol{A}_2\\ \vdots\\ \boldsymbol{A}_m\end{pmatrix},\text{其中 }\boldsymbol{A}_k=(a_{k1},a_{k2},\cdots,a_{kn})$$

于是

$$\boldsymbol{E}(i,j)\boldsymbol{A}=\begin{pmatrix}1 &&&&&& \\ & \ddots &&&&& \\ && 0 & \cdots & 1 && \\ && \vdots & \ddots & \vdots && \\ && 1 & \cdots & 0 && \\ &&&&& \ddots & \\ &&&&&& 1\end{pmatrix}\begin{pmatrix}\boldsymbol{A}_1\\ \vdots\\ \boldsymbol{A}_i\\ \vdots\\ \boldsymbol{A}_j\\ \vdots\\ \boldsymbol{A}_m\end{pmatrix}=\begin{pmatrix}\boldsymbol{A}_1\\ \vdots\\ \boldsymbol{A}_j\\ \vdots\\ \boldsymbol{A}_i\\ \vdots\\ \boldsymbol{A}_m\end{pmatrix},$$

即乘积的结果等同于直接将 $\boldsymbol{A}$ 的 i,j 两行进行对换;

$$\boldsymbol{E}(i(k))\boldsymbol{A}=\begin{pmatrix}1 &&&& \\ & \ddots &&& \\ && k && \\ &&& \ddots & \\ &&&& 1\end{pmatrix}\begin{pmatrix}\boldsymbol{A}_1\\ \vdots\\ \boldsymbol{A}_i\\ \vdots\\ \boldsymbol{A}_m\end{pmatrix}=\begin{pmatrix}\boldsymbol{A}_1\\ \vdots\\ kA_i\\ \vdots\\ \boldsymbol{A}_m\end{pmatrix},$$

即乘积的结果等同于直接将 $\boldsymbol{A}$ 的第 i 行元素乘以 k 倍;

$$E(j,i(k))A=\begin{pmatrix}1&&&&&&\\&\vdots&&&&&\\&&1&&&&\\&&\vdots&\ddots&&&\\&&k&\cdots&1&&\\&&&&&\ddots&\\&&&&&&1\end{pmatrix}\begin{pmatrix}A_1\\\vdots\\A_i\\\vdots\\A_j\\\vdots\\A_m\end{pmatrix}=\begin{pmatrix}A_1\\\vdots\\A_i\\\vdots\\A_j+kA_i\\\vdots\\A_m\end{pmatrix},$$

即乘积的结果等同于直接将 $\boldsymbol{A}$ 的 i 行元素的 k 倍对应加到第 j 行.

矩阵及其初等变换是研究线性代数的重要工具和方法,在以后各章中都有重要应用.

习题 2.3

1. 用初等行变换将下列矩阵化为行最简形矩阵.

(1) $\begin{pmatrix}1&-1&5&-1\\1&1&-2&3\\3&-1&8&1\\1&3&-9&7\end{pmatrix}$; (2) $\begin{pmatrix}1&-2&-1&0&2\\-2&4&2&6&-6\\2&-1&0&2&3\\3&3&3&3&4\end{pmatrix}$;

(3) $\begin{pmatrix}0&0&0&2&-1\\0&1&2&1&3\\0&2&4&1&3\\0&-1&-1&1&2\end{pmatrix}$.

2. 用初等变换将下列矩阵化为等价标准形.

(1) $\begin{pmatrix}1&1&0&2\\-1&1&-1&0\\2&1&2&1\end{pmatrix}$; (2) $\begin{pmatrix}1&0&2&-1\\2&0&3&1\\3&0&4&-3\end{pmatrix}$.

2.4 矩阵的秩

在 2.3 节中,我们知道任一矩阵 $\boldsymbol{A}$,一定等价于标准形

$$\begin{pmatrix}E_r&O\\O&O\end{pmatrix}.$$

其中,数 r 是线性代数中的一个很重要的量,它是矩阵的一个内在特征,即所谓矩阵的秩.

2.4.1 子式

定义 2.13 在矩阵 $A=(a_{ij})_{m\times n}$ 中任选 k 行 k 列 $[k\leqslant\min(m,n)]$,其交叉位置上的元素按原有的相对位置构成一个 k 阶行列式,称为矩阵 $\boldsymbol{A}$ **的 k 阶子式**.

如矩阵 $\begin{pmatrix}1&-1&0&1&1&0\\2&2&3&4&2&3\\-1&2&1&-1&2&3\end{pmatrix}$ 的第 2 行与第 3 行、第 3 列与第 6 列上的元素构成的 2

阶子式为 $\begin{vmatrix} 3 & 3 \\ 1 & 3 \end{vmatrix}=6$;2,3 行和 2,5 列构成 2 阶子式为 $\begin{vmatrix} 2 & 2 \\ 2 & 2 \end{vmatrix}=0$;1,2,3 行和 1,2,5 列上的元素构成的 3 阶子式为 $\begin{vmatrix} 1 & -1 & 1 \\ 2 & 2 & 2 \\ -1 & 2 & 2 \end{vmatrix}=12$.

一般地,$m\times n$ 的矩阵 $\boldsymbol{A}$ 的 k 阶子式共有 $C_n^k \cdot C_m^k$ 个,其中可能有的子式值为零,有的却不为零. 不为零的子式称为**非零子式**.

2.4.2 矩阵的秩

定义 2.14 如果一个矩阵 $\boldsymbol{A}$ 有一个 r 阶非零子式,且所有 $r+1$ 阶(若存在)子式全为零,数 r 称为**矩阵 $\boldsymbol{A}$ 的秩**,记为 $R(\boldsymbol{A})=r$. 并规定零矩阵的秩为 0.

在一个矩阵 $\boldsymbol{A}=(a_{ij})_{m\times n}$ 中,由行列式的性质可知,若所有 $r+1$ 阶子式都为零时,所有高于 $r+1$ 阶的子式也全为0. 因此,一个矩阵 $\boldsymbol{A}$ 的秩就是 $\boldsymbol{A}$ 的非零子式的最高阶数. 若 $R(\boldsymbol{A})=r$,则 $\boldsymbol{A}$ 一定存在一个 r 阶非零子式,称为 $\boldsymbol{A}$ 的**最高阶非零子式**.

很显然,矩阵的秩 r 满足 $0\leqslant r\leqslant \min(m,n)$;若 $r=\min(m,n)$,则称 $\boldsymbol{A}$ 为满秩矩阵. 矩阵的秩反映了矩阵内在的重要特性,在矩阵理论和应用中都具有重要意义.

【例 2.19】 求下列矩阵的秩

$$\boldsymbol{A}=\begin{pmatrix} 1 & 2 & 0 & 3 \\ 2 & 4 & 1 & 0 \\ 3 & 6 & 0 & 9 \end{pmatrix},\boldsymbol{B}=\begin{pmatrix} 1 & 2 & 3 & 2 \\ 0 & 4 & 4 & 0 \\ 0 & 0 & 1 & 9 \end{pmatrix}.$$

解 对于矩阵 $\boldsymbol{A}$,有 4 个 3 阶子式分别为

$$\begin{vmatrix} 1 & 2 & 0 \\ 2 & 4 & 1 \\ 3 & 6 & 0 \end{vmatrix}=0,\begin{vmatrix} 1 & 2 & 3 \\ 2 & 4 & 0 \\ 3 & 6 & 9 \end{vmatrix}=0,\begin{vmatrix} 1 & 0 & 3 \\ 2 & 1 & 0 \\ 3 & 0 & 9 \end{vmatrix}=0,\begin{vmatrix} 2 & 0 & 3 \\ 4 & 1 & 0 \\ 6 & 0 & 9 \end{vmatrix}=0.$$

存在 2 阶子式 $\begin{vmatrix} 1 & 0 \\ 0 & 9 \end{vmatrix}=9\neq 0$. 由定义知,$R(\boldsymbol{A})=2$.

对于矩阵 $\boldsymbol{B}$,有 3 阶子式为 $\begin{vmatrix} 1 & 2 & 3 \\ 0 & 4 & 4 \\ 0 & 0 & 1 \end{vmatrix}=4\neq 0$. 又因 $\boldsymbol{B}$ 为 3×4 阶矩阵,由定义知,$R(\boldsymbol{B})=3$.

【例 2.20】 求矩阵

$$\boldsymbol{A}=\begin{pmatrix} 1 & 0 & -2 & 3 & 1 \\ 0 & 2 & 1 & 4 & -2 \\ 0 & 0 & 0 & -5 & 3 \\ 0 & 0 & 0 & 0 & 0 \end{pmatrix}$$

的秩.

解 $\boldsymbol{A}$ 是一个行阶梯形矩阵,其非零行只有 3 行,可知 $\boldsymbol{A}$ 的所有 4 阶子式全为零. 此外,$\boldsymbol{A}$ 存在一个 3 阶非零子式

$$\begin{vmatrix} 1 & 0 & 3 \\ 0 & 2 & 4 \\ 0 & 0 & -5 \end{vmatrix}=-10,$$

因此,矩阵 $\boldsymbol{A}$ 的秩为 $R(\boldsymbol{A})=3$.

由此可见,对于行阶梯形矩阵,其秩就等于它的非零行数;对于一般矩阵,当矩阵的行数与列数较多时,用定义求秩非常麻烦. 由定理 2.1 知,一个矩阵总可以经过一系列的初等变换化为行阶梯形矩阵,因此可考虑借助初等变换来求矩阵的秩.

定理 2.4 若 $\boldsymbol{A}\sim\boldsymbol{B}$,则 $R(\boldsymbol{A})=R(\boldsymbol{B})$.

该定理的另一种叙述为初等变换不改变矩阵的秩.

***证** 由于对矩阵作初等列变换就相当于对其转置作初等行变换,因而只需证明,每作一次初等行变换不改变矩阵的秩即可.

当 $\boldsymbol{A}$ 经一次初等变换 $r_i\leftrightarrow r_j$ 或 $r_i\times k$ 化为 $\boldsymbol{B}$ 时,它的任何子式等于零或不等于零的性质不会改变,故 $R(\boldsymbol{A})=R(\boldsymbol{B})$.

设 $\boldsymbol{A}=(a_{ij})_{s\times n}$,$R(\boldsymbol{A})=r$,且

$$\boldsymbol{A}=(a_{ij})_{s\times n}=\begin{pmatrix}\cdots\boldsymbol{\alpha}_{1l}\cdots\\ \vdots\\ \cdots\boldsymbol{\alpha}_{il}\cdots\\ \vdots\\ \cdots\alpha_{jl}\cdots\\ \vdots\\ \cdots\boldsymbol{\alpha}_{sl}\cdots\end{pmatrix}\xrightarrow{r_i+kr_j}\boldsymbol{B}=\begin{pmatrix}\cdots\boldsymbol{\alpha}_{1l}\cdots\\ \vdots\\ \cdots\boldsymbol{\alpha}_{il}+k\boldsymbol{\alpha}_{jl}\cdots\\ \vdots\\ \cdots\boldsymbol{\alpha}_{jl}\cdots\\ \vdots\\ \cdots\boldsymbol{\alpha}_{sl}\cdots\end{pmatrix},$$

首先证明 $R(\boldsymbol{B})\leqslant R(\boldsymbol{A})$. 为此只需证明矩阵 $\boldsymbol{B}$ 的 $r+1$ 阶子式 D_{r+1} 全为零即可. D_{r+1} 有 3 种情形:

(1)D_{r+1} 不包含 $\boldsymbol{B}$ 的第 i 行元素,则 D_{r+1} 就是 $\boldsymbol{A}$ 的 $r+1$ 阶子式,显然等于零.

(2)D_{r+1} 既含有 $\boldsymbol{B}$ 的第 i 行元素,又含有 $\boldsymbol{B}$ 的第 j 行元素,则按照行列式的性质它等于 $\boldsymbol{A}$ 的某一个 $r+1$ 阶子式,也等于零.

(3)D_{r+1} 含有 $\boldsymbol{B}$ 的第 i 行元素,但不包含 $\boldsymbol{B}$ 的第 j 行元素,则按照行列式的性质可知

$$D_{r+1}=\begin{vmatrix}\cdots\cdots\\ \cdots\boldsymbol{\alpha}_{il}+k\boldsymbol{\alpha}_{jl}\cdots\\ \cdots\cdots\end{vmatrix}=\begin{vmatrix}\cdots\cdots\\ \cdots\boldsymbol{\alpha}_{il}\cdots\\ \cdots\cdots\end{vmatrix}+k\begin{vmatrix}\cdots\cdots\\ \cdots\boldsymbol{\alpha}_{jl}\cdots\\ \cdots\cdots\end{vmatrix}=D_1+kD_2$$

其中,D_1 是 $\boldsymbol{A}$ 的一个 $r+1$ 阶子式,D_2 是 $\boldsymbol{A}$ 的某个 $r+1$ 阶子式经若干次初等行变换后得到的,故 $D_1=D_2=0$. 因此 $R(\boldsymbol{B})\leqslant R(\boldsymbol{A})$.

其次注意到 $\boldsymbol{B}\xrightarrow{r_i+(-k)r_j}\boldsymbol{A}$,同理可证 $R(\boldsymbol{A})\leqslant R(\boldsymbol{B})$. 于是推得 $R(\boldsymbol{A})=R(\boldsymbol{B})$.

由定理 2.4 得到求矩阵秩的方法如下:用初等变换将矩阵 $\boldsymbol{A}$ 化为行阶梯形矩阵 $\boldsymbol{B}$,则 $\boldsymbol{B}$ 的非零行数就是矩阵 $\boldsymbol{A}$ 的秩.

【例 2.21】 求下列矩阵的秩

$$\boldsymbol{A}=\begin{pmatrix}1&1&1&2\\2&3&3&2\\1&1&2&1\end{pmatrix},\boldsymbol{B}=\begin{pmatrix}1&-1&2&1&0\\2&-2&4&-2&0\\3&0&6&-1&1\\2&1&4&2&1\end{pmatrix}.$$

解 $\boldsymbol{A}=\begin{pmatrix}1&1&1&2\\2&3&3&2\\1&1&2&1\end{pmatrix}\xrightarrow[r_3-r_1]{r_2-2r_1}\begin{pmatrix}1&1&1&2\\0&1&1&-2\\0&0&1&-1\end{pmatrix}$,

所以 $R(\boldsymbol{A})=3$;

$$\boldsymbol{B}=\begin{pmatrix}1&-1&2&1&0\\2&-2&4&-2&0\\3&0&6&-1&1\\2&1&4&2&1\end{pmatrix}\xrightarrow[r_4-2r_1]{\substack{r_2-2r_1\\r_3-3r_1}}\begin{pmatrix}1&-1&2&1&0\\0&0&0&-4&0\\0&3&0&-4&1\\0&3&0&0&1\end{pmatrix}$$

$$\xrightarrow{r_2\leftrightarrow r_4}\begin{pmatrix}1&-1&2&1&0\\0&3&0&0&1\\0&3&0&-4&1\\0&0&0&-4&0\end{pmatrix}\xrightarrow{r_3-r_2}\begin{pmatrix}1&-1&2&1&0\\0&3&0&0&1\\0&0&0&-4&0\\0&0&0&-4&0\end{pmatrix}$$

$$\xrightarrow{r_4-r_3}\begin{pmatrix}1&-1&2&1&0\\0&3&0&0&1\\0&0&0&-4&0\\0&0&0&0&0\end{pmatrix}.$$

故 $R(\boldsymbol{B})=3$.

【例 2.22】 试证明:$R(\boldsymbol{A})=R(\boldsymbol{A}^{\mathrm{T}})$.

证 $\boldsymbol{A}^{\mathrm{T}}$ 中的任意一个 k 阶子式都是 $\boldsymbol{A}$ 中一 k 阶子式的转置行列式,又因行列式转置后的值不变,故 $\boldsymbol{A}^{\mathrm{T}}$ 中非零子式的最高阶数与 $\boldsymbol{A}$ 中非零子式的最高阶数相等,$R(\boldsymbol{A})=R(\boldsymbol{A}^{\mathrm{T}})$.

习题 2.4

1. 已知 $\boldsymbol{A}=\begin{pmatrix}1&2&0&3\\2&4&1&0\\3&6&0&9\end{pmatrix}$,求 $\boldsymbol{A}$ 所有的 3 阶子式.

2. 利用初等变换求下列矩阵的秩.

(1)$\begin{pmatrix}1&1&0&2\\-1&1&-1&0\\2&1&2&1\end{pmatrix}$; (2)$\begin{pmatrix}1&0&2&-1\\2&0&3&1\\3&0&4&-3\end{pmatrix}$;

(3)$\begin{pmatrix}1&-1&5&-1\\1&1&-2&3\\3&-1&8&1\\1&3&-9&7\end{pmatrix}$; (4)$\begin{pmatrix}1&-2&-1&0&2\\-2&4&2&6&-6\\2&-1&0&2&3\\3&3&3&3&4\end{pmatrix}$.

2.5 可逆矩阵

在实数乘法中,我们知道,$1\cdot a=a\cdot 1=a$(a 为任意实数),由 2.2 节中单位矩阵 $\boldsymbol{E}$ 的性质可知,$\boldsymbol{EA}=\boldsymbol{AE}$. 从这一特征来看,$\boldsymbol{E}$ 在矩阵乘法中的地位类似于 1 在实数乘法中的地位.

在实数的运算中,对每一个非零数 a,都有 $aa^{-1}=a^{-1}a=1$. 那么对于 n 阶方阵 $\boldsymbol{A}$,是否存在一个矩阵 $\boldsymbol{B}$ 使得 $\boldsymbol{AB}=\boldsymbol{BA}=\boldsymbol{E}$? 这就是我们要讨论的逆矩阵问题.

本节讨论的矩阵,如不特别说明,都是 $n\times n$ 阶方阵.

2.5.1 逆矩阵的定义

定义 2.15 设 $\boldsymbol{A}$ 为 n 阶方阵,若存在 n 阶方阵 $\boldsymbol{B}$ 使得

$$\boldsymbol{AB}=\boldsymbol{BA}=\boldsymbol{E},$$

则称方阵 $\boldsymbol{A}$ 是**可逆**的,方阵 $\boldsymbol{B}$ 称为 $\boldsymbol{A}$ 的**逆矩阵**.

显然,若 $\boldsymbol{B}$ 是 $\boldsymbol{A}$ 的逆矩阵,则 $\boldsymbol{A}$ 也是 $\boldsymbol{B}$ 的逆矩阵.

【例 2.23】 设

$$\boldsymbol{A}=\begin{pmatrix}1 & -1\\ -2 & 3\end{pmatrix},\boldsymbol{B}=\begin{pmatrix}3 & 1\\ 2 & 1\end{pmatrix}.$$

问 $\boldsymbol{B}$ 是否为 $\boldsymbol{A}$ 的逆矩阵?

解 由于

$$\boldsymbol{AB}=\begin{pmatrix}1 & -1\\ -2 & 3\end{pmatrix}\begin{pmatrix}3 & 1\\ 2 & 1\end{pmatrix}=\begin{pmatrix}1 & 0\\ 0 & 1\end{pmatrix},$$

$$\boldsymbol{BA}=\begin{pmatrix}3 & 1\\ 2 & 1\end{pmatrix}\begin{pmatrix}1 & -1\\ -2 & 3\end{pmatrix}=\begin{pmatrix}1 & 0\\ 0 & 1\end{pmatrix}.$$

有 $\boldsymbol{AB}=\boldsymbol{BA}=\boldsymbol{E}$,因此 $\boldsymbol{B}$ 是 $\boldsymbol{A}$ 的逆矩阵.

根据定义 2.15,方阵的逆矩阵有下列性质:

(1)若矩阵 $\boldsymbol{A}$ 可逆,则逆矩阵 $\boldsymbol{B}$ 是唯一的,记为 $\boldsymbol{A}^{-1}$. 当矩阵 $\boldsymbol{A}$ 可逆时,逆矩阵 $\boldsymbol{A}^{-1}$ 也可逆且 $(\boldsymbol{A}^{-1})^{-1}=\boldsymbol{A}$;

(2)若矩阵 $\boldsymbol{A}$ 可逆,则矩阵 $\boldsymbol{A}^{\mathrm{T}}$ 也可逆且 $(\boldsymbol{A}^{\mathrm{T}})^{-1}=(\boldsymbol{A}^{-1})^{\mathrm{T}}$;

(3)若 $\boldsymbol{A},\boldsymbol{B}$ 都是 n 阶可逆矩阵,则 $\boldsymbol{AB}$ 也可逆且 $(\boldsymbol{AB})^{-1}=\boldsymbol{B}^{-1}\boldsymbol{A}^{-1}$;

(4)若矩阵 $\boldsymbol{A}$ 可逆,$k\neq 0$,则 $k\boldsymbol{A}$ 可逆且 $(k\boldsymbol{A})^{-1}=\dfrac{1}{k}\boldsymbol{A}^{-1}$;

(5)若矩阵 $\boldsymbol{A}$ 可逆, 则 $|\boldsymbol{A}^{-1}|=\dfrac{1}{|\boldsymbol{A}|}$.

证 (1)设 $\boldsymbol{C}$ 也为 $\boldsymbol{A}$ 的逆矩阵,则 $\boldsymbol{AC}=\boldsymbol{CA}=\boldsymbol{E}$. 于是

$$\boldsymbol{C}=\boldsymbol{CE}=\boldsymbol{C}(\boldsymbol{AB})=(\boldsymbol{CA})\boldsymbol{B}=\boldsymbol{EB}=\boldsymbol{B}.$$

由定义及逆矩阵的唯一性易知,$(\boldsymbol{A}^{-1})^{-1}=\boldsymbol{A}$.

(2)由 $\boldsymbol{AA}^{-1}=\boldsymbol{A}^{-1}\boldsymbol{A}=\boldsymbol{E}$ 可得

$$(\boldsymbol{AA}^{-1})^{\mathrm{T}}=(\boldsymbol{A}^{-1}\boldsymbol{A})^{\mathrm{T}}=\boldsymbol{E}^{\mathrm{T}}=\boldsymbol{E},$$

于是

$$(\boldsymbol{A}^{-1})^{\mathrm{T}}\boldsymbol{A}^{\mathrm{T}}=\boldsymbol{A}^{\mathrm{T}}(\boldsymbol{A}^{-1})^{\mathrm{T}}=\boldsymbol{E}^{\mathrm{T}}=\boldsymbol{E}.$$

因此,矩阵 $\boldsymbol{A}^{\mathrm{T}}$ 也可逆且 $(\boldsymbol{A}^{\mathrm{T}})^{-1}=(\boldsymbol{A}^{-1})^{\mathrm{T}}$.

(3)事实上,由 $\boldsymbol{AA}^{-1}=\boldsymbol{A}^{-1}\boldsymbol{A}=\boldsymbol{E}$ 和 $\boldsymbol{BB}^{-1}=\boldsymbol{B}^{-1}\boldsymbol{B}=\boldsymbol{E}$ 可知

$$(\boldsymbol{AB})(\boldsymbol{B}^{-1}\boldsymbol{A}^{-1})=\boldsymbol{A}(\boldsymbol{BB}^{-1})\boldsymbol{A}^{-1}=\boldsymbol{AEA}^{-1}=\boldsymbol{E},$$

$$(\boldsymbol{B}^{-1}\boldsymbol{A}^{-1})(\boldsymbol{AB})=\boldsymbol{B}^{-1}(\boldsymbol{A}^{-1}\boldsymbol{A})\boldsymbol{B}=\boldsymbol{B}^{-1}\boldsymbol{EB}=\boldsymbol{E}.$$

(4)仿照(3)的证明可得.

对于性质(5),若矩阵 $\boldsymbol{A}$ 可逆,则 $\boldsymbol{A}\boldsymbol{A}^{-1}=\boldsymbol{E}$,等式两边取行列式可得 $|\boldsymbol{A}||\boldsymbol{A}^{-1}|=|\boldsymbol{A}\boldsymbol{A}^{-1}|=|\boldsymbol{E}|=1$,从而知 $|\boldsymbol{A}^{-1}|=\dfrac{1}{|\boldsymbol{A}|}$,即 $|\boldsymbol{A}|\neq 0$;反之,若 $|\boldsymbol{A}|\neq 0$,能否判断矩阵 $\boldsymbol{A}$ 可逆?若矩阵 $\boldsymbol{A}$ 可逆,如何求 $\boldsymbol{A}^{-1}$. 下面我们讨论矩阵可逆的充分必要条件以及求逆矩阵的方法.

2.5.2 用伴随矩阵的方法求逆矩阵

定义 2.16 设 $\boldsymbol{A}=(a_{ij})_{n\times n}$ 为 n 阶矩阵,$\boldsymbol{A}_{ij}$ 为 $|\boldsymbol{A}|$ 中元素 a_{ij} 的代数余子式,则称矩阵

$$\begin{pmatrix} A_{11} & A_{21} & \cdots & A_{n1} \\ A_{12} & A_{22} & \cdots & A_{n2} \\ \vdots & \vdots & & \vdots \\ A_{1n} & A_{2n} & \cdots & A_{nn} \end{pmatrix}$$

为 $\boldsymbol{A}$ 的伴随矩阵,记为 $\boldsymbol{A}^*$.

利用矩阵乘法及行列式按行(列)展开公式,得

$$\boldsymbol{A}\boldsymbol{A}^*=\begin{pmatrix} a_{11} & a_{12} & \cdots & a_{1n} \\ a_{21} & a_{22} & \cdots & a_{2n} \\ \vdots & \vdots & & \vdots \\ a_{n1} & a_{n2} & \cdots & a_{nn} \end{pmatrix}\begin{pmatrix} A_{11} & A_{21} & \cdots & A_{n1} \\ A_{12} & A_{22} & \cdots & A_{n2} \\ \vdots & \vdots & & \vdots \\ A_{1n} & A_{2n} & \cdots & A_{nn} \end{pmatrix}=|\boldsymbol{A}|\boldsymbol{E},$$

$$\boldsymbol{A}^*\boldsymbol{A}=\begin{pmatrix} A_{11} & A_{21} & \cdots & A_{n1} \\ A_{12} & A_{22} & \cdots & A_{n2} \\ \vdots & \vdots & & \vdots \\ A_{1n} & A_{2n} & \cdots & A_{nn} \end{pmatrix}\begin{pmatrix} a_{11} & a_{12} & \cdots & a_{1n} \\ a_{21} & a_{22} & \cdots & a_{2n} \\ \vdots & \vdots & & \vdots \\ a_{n1} & a_{n2} & \cdots & a_{nn} \end{pmatrix}=|\boldsymbol{A}|\boldsymbol{E}.$$

即 $\boldsymbol{A}\boldsymbol{A}^*=\boldsymbol{A}^*\boldsymbol{A}=|\boldsymbol{A}|\boldsymbol{E}$.

下面给出 n 阶方阵 $\boldsymbol{A}$ 可逆的一个充分必要条件.

定理 2.5 设 n 阶方阵 $\boldsymbol{A}$ 可逆的充分必要条件为 $|\boldsymbol{A}|\neq 0$,且 $\boldsymbol{A}^{-1}=\dfrac{1}{|\boldsymbol{A}|}\boldsymbol{A}^*$,其中 $\boldsymbol{A}^*$ 为 $\boldsymbol{A}$ 的伴随矩阵.

证 必要性在上面已说明.

下证充分性. 若 $|\boldsymbol{A}|\neq 0$,由伴随矩阵的性质,得

$$\boldsymbol{A}\boldsymbol{A}^*=\boldsymbol{A}^*\boldsymbol{A}=|\boldsymbol{A}|\boldsymbol{E}$$

因 $|\boldsymbol{A}|\neq 0$,则

$$\boldsymbol{A}\left(\frac{1}{|\boldsymbol{A}|}\boldsymbol{A}^*\right)=\left(\frac{1}{|\boldsymbol{A}|}\boldsymbol{A}^*\right)\boldsymbol{A}=\boldsymbol{E},$$

故 $\boldsymbol{A}$ 可逆,且 $\boldsymbol{A}^{-1}=\dfrac{1}{|\boldsymbol{A}|}\boldsymbol{A}^*$.

定义 2.17 设 $\boldsymbol{A}$ 为 n 阶方阵,若 $|\boldsymbol{A}|\neq 0$,则称 $\boldsymbol{A}$ 为非奇异矩阵;若 $|\boldsymbol{A}|=0$,则称 $\boldsymbol{A}$ 为奇异矩阵.

由定理 2.5 知,n 阶方阵 $\boldsymbol{A}$ 可逆的充分必要条件 $\boldsymbol{A}$ 为非奇异矩阵.

推论1 n 阶矩阵 $\boldsymbol{A}$ 可逆且 $\boldsymbol{A}^{-1}=\boldsymbol{B}$ 的充分必要条件为 $\boldsymbol{AB}=\boldsymbol{E}$（或 $\boldsymbol{BA}=\boldsymbol{E}$）.

证 只需证明充分性即可. 若 $\boldsymbol{AB}=\boldsymbol{E}$，则 $|\boldsymbol{A}||\boldsymbol{B}|=|\boldsymbol{AB}|=|\boldsymbol{E}|\neq 0$，从而 $|\boldsymbol{A}|\neq 0$. 根据定理2.5可知，$\boldsymbol{A}$ 可逆且 $\boldsymbol{A}^{-1}=\boldsymbol{A}^{-1}\boldsymbol{E}=\boldsymbol{A}^{-1}(\boldsymbol{AB})=(\boldsymbol{A}^{-1}\boldsymbol{A})\boldsymbol{B}=\boldsymbol{EB}=\boldsymbol{B}$.

同理可证 $\boldsymbol{BA}=\boldsymbol{E}$ 的情况.

【例2.24】 设

$$\boldsymbol{A}=\begin{pmatrix}1&-1&2\\-2&-1&-2\\4&3&3\end{pmatrix},$$

判断 $\boldsymbol{A}$ 是否可逆？若可逆，试求 $\boldsymbol{A}^{-1}$.

解 因为 $|\boldsymbol{A}|=\begin{vmatrix}1&-1&2\\-2&-1&-2\\4&3&3\end{vmatrix}=1\neq 0$，

所以 $\boldsymbol{A}$ 可逆，且

$$A_{11}=\begin{vmatrix}-1&-2\\3&3\end{vmatrix}=3,\qquad A_{21}=-\begin{vmatrix}-1&2\\3&3\end{vmatrix}=9,$$

$$A_{31}=\begin{vmatrix}-1&2\\-1&-2\end{vmatrix}=4,\qquad A_{12}=-\begin{vmatrix}-2&-2\\4&3\end{vmatrix}=-2,$$

$$A_{22}=\begin{vmatrix}1&2\\4&3\end{vmatrix}=-5,\qquad A_{32}=-\begin{vmatrix}1&2\\-2&-2\end{vmatrix}=-2,$$

$$A_{13}=\begin{vmatrix}-2&-1\\4&3\end{vmatrix}=-2,\qquad A_{23}=-\begin{vmatrix}1&-1\\4&3\end{vmatrix}=-7,$$

$$A_{33}=\begin{vmatrix}1&-1\\-2&-1\end{vmatrix}=-3,$$

故 $\boldsymbol{A}^{-1}=\dfrac{1}{|\boldsymbol{A}|}\boldsymbol{A}^{*}=\begin{pmatrix}3&9&4\\-2&-5&-2\\-2&-7&-3\end{pmatrix}$.

由伴随矩阵的性质以及定理2.5可得 n 阶可逆方阵 $\boldsymbol{A}$ 与 $\boldsymbol{A}^{*}$ 的一个重要关系.

定理2.6 如果 $\boldsymbol{A}$ 为 n 阶矩阵，则 $|\boldsymbol{A}^{*}|=|\boldsymbol{A}|^{n-1}$.

该定理的另一种叙述为：$\boldsymbol{A}$ 可逆当且仅当 $\boldsymbol{A}^{*}$ 可逆.

证 由伴随矩阵的性质 $\boldsymbol{AA}^{*}=\boldsymbol{A}^{*}\boldsymbol{A}=|\boldsymbol{A}|\boldsymbol{E}$，于是 $|\boldsymbol{A}||\boldsymbol{A}^{*}|=|\boldsymbol{A}|^{n}$.

若 $|\boldsymbol{A}|\neq 0$，则 $|\boldsymbol{A}^{*}|=|\boldsymbol{A}|^{n-1}$.

若 $|\boldsymbol{A}|=0$，则 $\boldsymbol{AA}^{*}=\boldsymbol{A}^{*}\boldsymbol{A}=\boldsymbol{O}$. 下证 $|\boldsymbol{A}^{*}|=0$. 若不然，$|\boldsymbol{A}^{*}|\neq 0$，则 A^{*} 可逆. 于是

$$\boldsymbol{A}=\boldsymbol{AE}=\boldsymbol{A}(\boldsymbol{A}^{*}(\boldsymbol{A}^{*})^{-1})=(\boldsymbol{AA}^{*})(\boldsymbol{A}^{*})^{-1}=\boldsymbol{O}(\boldsymbol{A}^{*})^{-1}=\boldsymbol{O}.$$

由伴随矩阵的定义可得 $\boldsymbol{A}^{*}=\boldsymbol{O}$，此与 $|\boldsymbol{A}^{*}|\neq 0$ 矛盾. 因此 $|\boldsymbol{A}^{*}|=0$，$|\boldsymbol{A}^{*}|=|\boldsymbol{A}|^{n-1}$.

由 $|\boldsymbol{A}^{*}|=|\boldsymbol{A}|^{n-1}$ 知，可以看出 $|\boldsymbol{A}^{*}|\neq 0$ 当且仅当 $|\boldsymbol{A}|\neq 0$，因此，$\boldsymbol{A}$ 可逆当且仅当 $\boldsymbol{A}^{*}$ 可逆.

【例2.25】 设 $\boldsymbol{A}$ 为 n 阶矩阵，且 $\boldsymbol{A}^{2}+3\boldsymbol{A}+3\boldsymbol{E}=\boldsymbol{O}$. 试证 $\boldsymbol{A},\boldsymbol{A}+\boldsymbol{E}$ 都可逆，并求 $\boldsymbol{A}^{-1}$，$(\boldsymbol{A}+\boldsymbol{E})^{-1}$.

证 由$\boldsymbol{A}^2+3\boldsymbol{A}+3\boldsymbol{E}=\boldsymbol{O}$,得

$$(\boldsymbol{A}+3\boldsymbol{E})\boldsymbol{A}=\boldsymbol{A}^2+3\boldsymbol{A}=-3\boldsymbol{E},\left(-\frac{1}{3}\boldsymbol{A}-\boldsymbol{E}\right)\boldsymbol{A}=\boldsymbol{E},$$

$$(\boldsymbol{A}+\boldsymbol{E})(\boldsymbol{A}+2\boldsymbol{E})=\boldsymbol{A}^2+3\boldsymbol{A}+2\boldsymbol{E}=-\boldsymbol{E},(\boldsymbol{A}+\boldsymbol{E})(-\boldsymbol{A}-2\boldsymbol{E})=\boldsymbol{E},$$

于是$\boldsymbol{A}$,$\boldsymbol{A}+\boldsymbol{E}$都可逆且$\boldsymbol{A}^{-1}=\left(-\frac{1}{3}\boldsymbol{A}-\boldsymbol{E}\right)$,$(\boldsymbol{A}+\boldsymbol{E})^{-1}=(-\boldsymbol{A}-2\boldsymbol{E})$.

利用可逆矩阵的性质,可以求解矩阵方程.

(1)设$\boldsymbol{A}$为n阶矩阵,$\boldsymbol{X}$为$n\times m$矩阵且$\boldsymbol{AX}=\boldsymbol{B}$;若$\boldsymbol{A}$可逆,则得到唯一解$\boldsymbol{X}=\boldsymbol{A}^{-1}\boldsymbol{B}$;

(2)设$\boldsymbol{A}$为n阶矩阵,$\boldsymbol{X}$为$m\times n$矩阵且$\boldsymbol{XA}=\boldsymbol{C}$;若$\boldsymbol{A}$可逆,则得到唯一解$\boldsymbol{X}=\boldsymbol{CA}^{-1}$.

【例2.26】 设$\boldsymbol{A}=\begin{pmatrix}1&2\\3&5\end{pmatrix}$,$\boldsymbol{B}=\begin{pmatrix}1&4\\2&5\\3&6\end{pmatrix}$,且$\boldsymbol{XA}=\boldsymbol{B}$. 求$\boldsymbol{X}$.

解 因为$|\boldsymbol{A}|=\begin{vmatrix}1&2\\3&5\end{vmatrix}=-1\neq0$,所以$\boldsymbol{A}$可逆且$\boldsymbol{A}_{11}=5$,$\boldsymbol{A}_{12}=-3$,$\boldsymbol{A}_{21}=-2$,$\boldsymbol{A}_{22}=1$.

$$\boldsymbol{A}^{-1}=\frac{1}{|\boldsymbol{A}|}\boldsymbol{A}^*=\frac{1}{-1}\begin{pmatrix}5&-2\\-3&1\end{pmatrix}=\begin{pmatrix}-5&2\\3&-1\end{pmatrix}.$$

于是

$$\boldsymbol{X}=\boldsymbol{BA}^{-1}=\begin{pmatrix}1&4\\2&5\\3&6\end{pmatrix}\begin{pmatrix}-5&2\\3&-1\end{pmatrix}=\begin{pmatrix}7&-2\\5&-1\\3&0\end{pmatrix}.$$

定理2.5不仅给出了一个方阵可逆的判定准则,同时也给出了求逆矩阵的一种方法,我们称之为伴随矩阵法. 当方阵的阶数较小时,这种方法是可行的,但阶数较高时,计算量一般非常大. 下面将给出另一种简单而有效的方法——初等变换法.

2.5.3 用初等变换的方法求逆矩阵

由定理2.2和定理2.3可以得到下列结论:

定理2.7 n阶方阵$\boldsymbol{A}$可逆的充分必要条件是它的等价标准形为单位阵,且$\boldsymbol{A}$可以表成一系列初等矩阵的乘积.

证明 由定理2.2知,任何一个矩阵都有等价标准形,则对于矩阵$\boldsymbol{A}$,存在一系列初等矩阵$\boldsymbol{Q}_1,\boldsymbol{Q}_2,\cdots,\boldsymbol{Q}_s$;$\boldsymbol{R}_1,\boldsymbol{R}_2,\cdots,\boldsymbol{R}_t$,使得

$$\boldsymbol{Q}_1\boldsymbol{Q}_2\cdots\boldsymbol{Q}_s\boldsymbol{A}\boldsymbol{R}_1\boldsymbol{R}_2\cdots\boldsymbol{R}_t=\begin{pmatrix}\boldsymbol{E}_r&\boldsymbol{O}\\\boldsymbol{O}&\boldsymbol{O}\end{pmatrix},$$

所以$\boldsymbol{A}=\boldsymbol{Q}_s^{-1}\boldsymbol{Q}_{s-1}^{-1}\cdots\boldsymbol{Q}_1^{-1}\begin{pmatrix}\boldsymbol{E}_r&\boldsymbol{O}\\\boldsymbol{O}&\boldsymbol{O}\end{pmatrix}\boldsymbol{R}_t^{-1}\boldsymbol{R}_{t-1}^{-1}\cdots\boldsymbol{R}_1^{-1}$.

由于$\boldsymbol{A}$可逆的充分必要条件是$|\boldsymbol{A}|\neq0$,于是

$$\begin{aligned}|\boldsymbol{A}|&=\left|\boldsymbol{Q}_s^{-1}\boldsymbol{Q}_{s-1}^{-1}\cdots\boldsymbol{Q}_1^{-1}\begin{pmatrix}\boldsymbol{E}_r&\boldsymbol{O}\\\boldsymbol{O}&\boldsymbol{O}\end{pmatrix}\boldsymbol{R}_t^{-1}\boldsymbol{R}_{t-1}^{-1}\cdots\boldsymbol{R}_1^{-1}\right|\\&=|\boldsymbol{Q}_s^{-1}||\boldsymbol{Q}_{s-1}^{-1}|\cdots|\boldsymbol{Q}_1^{-1}|\begin{vmatrix}\boldsymbol{E}_r&\boldsymbol{O}\\\boldsymbol{O}&\boldsymbol{O}\end{vmatrix}|\boldsymbol{R}_t^{-1}||\boldsymbol{R}_{t-1}^{-1}|\cdots|\boldsymbol{R}_1^{-1}|\neq0,\end{aligned}$$

所以$\begin{vmatrix} \boldsymbol{E}_r & \boldsymbol{O} \\ \boldsymbol{O} & \boldsymbol{O} \end{vmatrix} \neq 0$,则$r = n$,即$\begin{pmatrix} \boldsymbol{E}_r & \boldsymbol{O} \\ \boldsymbol{O} & \boldsymbol{O} \end{pmatrix} = \boldsymbol{E}_n$,故$\boldsymbol{A} = \boldsymbol{Q}_s^{-1}\boldsymbol{Q}_{s-1}^{-1}\cdots\boldsymbol{Q}_1^{-1}\boldsymbol{R}_t^{-1}\boldsymbol{R}_{t-1}^{-1}\cdots\boldsymbol{R}_1^{-1}$.

因为初等矩阵的乘积也是初等矩阵,由此定理得证.

由定理2.7可得如下结论:

推论 两个矩阵$\boldsymbol{A}$与$\boldsymbol{B}$等价的充分必要条件是存在可逆矩阵$\boldsymbol{P},\boldsymbol{R}$,使得$\boldsymbol{B} = \boldsymbol{PAR}$.

若$\boldsymbol{A}$为n阶可逆阵,则$\boldsymbol{A}^{-1}$也可逆. 由定理2.7知,$\boldsymbol{A}^{-1}$可表示为有限个初等矩阵的乘积,不妨设$\boldsymbol{A}^{-1} = \boldsymbol{P}_k\cdots\boldsymbol{P}_2\boldsymbol{P}_1$.

由$\boldsymbol{A}^{-1}\boldsymbol{A} = \boldsymbol{E}$有,

$$\boldsymbol{P}_k\cdots\boldsymbol{P}_2\boldsymbol{P}_1\boldsymbol{A} = \boldsymbol{E}, \boldsymbol{P}_k\cdots\boldsymbol{P}_2\boldsymbol{P}_1\boldsymbol{E} = \boldsymbol{A}^{-1}.$$

前者表示$\boldsymbol{A}$经过k次初等行变换化为$\boldsymbol{E}$,而后者表示用同样的初等行变换,可将$\boldsymbol{E}$化为$\boldsymbol{A}^{-1}$.

于是得到用初等行变换求逆矩阵的方法:构造一个$n\times 2n$矩阵$(\boldsymbol{A} \vdots \boldsymbol{E})$,用初等行变换将它的左边一半$\boldsymbol{A}$化为$\boldsymbol{E}$,这时,右边一半便是$\boldsymbol{A}^{-1}$,即

$$(\boldsymbol{A} \vdots \boldsymbol{E}) \xrightarrow{\text{初等行变换}} (\boldsymbol{E} \vdots \boldsymbol{A}^{-1}).$$

【例2.27】 求矩阵

$$\boldsymbol{A} = \begin{pmatrix} 1 & 2 & 3 \\ 2 & 2 & 1 \\ 3 & 4 & 3 \end{pmatrix}$$

的逆矩阵$\boldsymbol{A}^{-1}$.

解

$$(\boldsymbol{A} \vdots \boldsymbol{E}) = \left(\begin{array}{ccc:ccc} 1 & 2 & 3 & 1 & 0 & 0 \\ 2 & 2 & 1 & 0 & 1 & 0 \\ 3 & 4 & 3 & 0 & 0 & 1 \end{array}\right)$$

$$\xrightarrow[r_2-3r_1]{r_2-2r_1} \left(\begin{array}{ccc:ccc} 1 & 2 & 3 & 1 & 0 & 0 \\ 0 & -2 & -5 & -2 & 1 & 0 \\ 0 & -2 & -6 & -3 & 0 & 1 \end{array}\right)$$

$$\xrightarrow{r_3-r_2} \left(\begin{array}{ccc:ccc} 1 & 2 & 3 & 1 & 0 & 0 \\ 0 & -2 & -5 & -2 & 1 & 0 \\ 0 & 0 & -1 & -1 & -1 & 1 \end{array}\right)$$

$$\xrightarrow[r_2-5r_3]{r_1+3r_3} \left(\begin{array}{ccc:ccc} 1 & 2 & 0 & -2 & -3 & 3 \\ 0 & -2 & 0 & 3 & 6 & -5 \\ 0 & 0 & -1 & -1 & -1 & 1 \end{array}\right)$$

$$\xrightarrow{r_1+r_2} \left(\begin{array}{ccc:ccc} 1 & 0 & 0 & 1 & 3 & -2 \\ 0 & -2 & 0 & 3 & 6 & -5 \\ 0 & 0 & -1 & -1 & -1 & 1 \end{array}\right)$$

$$\xrightarrow[r_3\times\left(-\frac{1}{2}\right)]{r_2\times\left(-\frac{1}{2}\right)} \left(\begin{array}{ccc:ccc} 1 & 0 & 0 & 1 & 3 & -2 \\ 0 & 1 & 0 & -\frac{3}{2} & -3 & \frac{5}{2} \\ 0 & 0 & 1 & 1 & 1 & -1 \end{array}\right)$$

所以

$$A^{-1}=\begin{pmatrix}1 & 3 & -2\\ -\frac{3}{2} & -3 & \frac{5}{2}\\ 1 & 1 & -1\end{pmatrix}.$$

对于矩阵方程 $\boldsymbol{AX}=\boldsymbol{B}$,若 $\boldsymbol{A}$ 为 n 阶可逆矩阵,也可用初等变换求解. 若 $\boldsymbol{A}$ 可逆,则 $\boldsymbol{A}^{-1}$ 可表示为有限个初等矩阵的乘积,不妨设 $\boldsymbol{A}^{-1}=\boldsymbol{P}_k\cdots\boldsymbol{P}_2\boldsymbol{P}_1$. 由 $\boldsymbol{A}^{-1}\boldsymbol{A}=\boldsymbol{E}$ 有

$$\boldsymbol{P}_k\cdots\boldsymbol{P}_2\boldsymbol{P}_1\boldsymbol{A}=\boldsymbol{E},\boldsymbol{P}_k\cdots\boldsymbol{P}_2\boldsymbol{P}_1\boldsymbol{B}=\boldsymbol{A}^{-1}\boldsymbol{B}.$$

前者表示 $\boldsymbol{A}$ 经过 k 次初等行变换化为 $\boldsymbol{E}$,而后者表示用同样的初等行变换,可将 $\boldsymbol{B}$ 化为 $\boldsymbol{A}^{-1}\boldsymbol{B}=\boldsymbol{X}$. 记作

$$(\boldsymbol{A}\vdots\boldsymbol{B})\xrightarrow{\text{初等行变换}}(\boldsymbol{E}\vdots\boldsymbol{A}^{-1}\boldsymbol{B}).$$

【例 2.28】 求解矩阵方程 $\boldsymbol{AX}=\boldsymbol{X}+\boldsymbol{A}$,其中

$$\boldsymbol{A}=\begin{pmatrix}2 & 2 & 0\\ 2 & 1 & 3\\ 0 & 1 & 0\end{pmatrix}.$$

解 矩阵方程变形为

$$(\boldsymbol{A}-\boldsymbol{E})\boldsymbol{X}=\boldsymbol{A},\ |\boldsymbol{A}-\boldsymbol{E}|=1\neq 0,$$

$$(\boldsymbol{A}-\boldsymbol{E}\vdots\boldsymbol{A})=\begin{pmatrix}1 & 2 & 0 & 2 & 2 & 0\\ 2 & 0 & 3 & 2 & 1 & 3\\ 0 & 1 & -1 & 0 & 1 & 0\end{pmatrix}$$

$$\xrightarrow[r_2\leftrightarrow r_3]{r_2-2r_1}\begin{pmatrix}1 & 2 & 0 & 2 & 2 & 0\\ 0 & 1 & -1 & 0 & 1 & 0\\ 0 & -4 & 3 & -2 & -3 & 3\end{pmatrix}$$

$$\xrightarrow[r_3\times(-1)]{r_3+4r_2}\begin{pmatrix}1 & 2 & 0 & 2 & 2 & 0\\ 0 & 1 & -1 & 0 & 1 & 0\\ 0 & 0 & 1 & 2 & -1 & -3\end{pmatrix}$$

$$\xrightarrow[r_1-2r_2]{r_2+r_3}\begin{pmatrix}1 & 0 & 0 & -2 & 2 & 6\\ 0 & 1 & 0 & 2 & 0 & -3\\ 0 & 0 & 1 & 2 & -1 & -3\end{pmatrix}$$

所以

$$\boldsymbol{X}=\begin{pmatrix}-2 & 2 & 6\\ 2 & 0 & -3\\ 2 & -1 & -3\end{pmatrix}.$$

注意:也可以利用初等列变换的方法求逆矩阵.

$$\begin{pmatrix}\boldsymbol{A}\\ \vdots\\ \boldsymbol{E}\end{pmatrix}\xrightarrow{\text{初等列变换}}\begin{pmatrix}\boldsymbol{E}\\ \vdots\\ \boldsymbol{A}^{-1}\end{pmatrix}$$

习题 2.5

1. 已知 $\boldsymbol{A}=\begin{pmatrix}0&0&1\\0&2&1\\3&2&1\end{pmatrix}$，求 $\boldsymbol{A}$ 的伴随矩阵 $\boldsymbol{A}^*$.

2. 利用两种方法求下列矩阵的逆矩阵.

(1) $\begin{pmatrix}1&-1\\-2&3\end{pmatrix}$； (2) $\begin{pmatrix}3&-1&0\\-2&1&1\\2&-1&4\end{pmatrix}$.

3. 设矩阵 $\boldsymbol{A}=\begin{pmatrix}3&-1&0\\-2&1&1\\2&-1&4\end{pmatrix}$，$\boldsymbol{B}=\begin{pmatrix}-5&-4\\3&2\\0&0\end{pmatrix}$，用初等变换法解矩阵方程 $\boldsymbol{AX}=\boldsymbol{B}$.

*2.6 分块矩阵

对于行数和列数比较多的矩阵，在计算过程中经常采用**分块法**，即将大矩阵化为小矩阵的运算. 通过矩阵的分块，可以简化矩阵的运算和表示方法，为研究矩阵带来方便.

2.6.1 分块矩阵的概念

定义 2.18 将矩阵 $\boldsymbol{A}$ 用若干条横线和纵线分成若干小矩阵，每个小矩阵称为 $\boldsymbol{A}$ 的一个子块，以子块为元素的形式上的矩阵称为**分块矩阵**.

例如，

$$\boldsymbol{A}=\begin{pmatrix}1&0&0&0&0\\0&1&0&0&0\\0&0&1&1&2\\3&4&5&0&0\\6&7&8&0&0\end{pmatrix}$$

将 $\boldsymbol{A}$ 分成子块的分法有很多，下面列举两种分块形式：

$$(1)\left(\begin{array}{ccc:cc}1&0&0&0&0\\0&1&0&0&0\\0&0&1&1&2\\\hdashline 3&4&5&0&0\\6&7&8&0&0\end{array}\right);\quad (2)\left(\begin{array}{ccc:cc}1&0&0&0&0\\0&1&0&0&0\\\hdashline 0&0&1&1&2\\3&4&5&0&0\\6&7&8&0&0\end{array}\right)$$

分别记为 $\begin{pmatrix}\boldsymbol{E}_3&\boldsymbol{A}_1\\\boldsymbol{A}_2&\boldsymbol{O}_2\end{pmatrix}$，$\begin{pmatrix}\boldsymbol{B}_1&\boldsymbol{O}_2\\\boldsymbol{B}_2&\boldsymbol{B}_3\end{pmatrix}$.

其中，$\boldsymbol{E}_3$ 为 3 阶单位矩阵，$\boldsymbol{O}_2$ 为 2 阶零矩阵，$\boldsymbol{A}_1=\begin{pmatrix}0&0\\0&0\\1&2\end{pmatrix}$，$\boldsymbol{A}_2=\begin{pmatrix}3&4&5\\6&7&8\end{pmatrix}$，$\boldsymbol{B}_1=\begin{pmatrix}1&0&0\\0&1&0\end{pmatrix}$，

$$B_2=\begin{pmatrix}0&0&1\\3&4&5\\6&7&8\end{pmatrix},B_3=\begin{pmatrix}1&2\\0&0\\0&0\end{pmatrix}.$$

由此可以看出,给定一个矩阵,由于横线、纵线的取法不同,可以得到不同的分块矩阵,究竟取哪种分块合适,由具体问题的需要而定.

分块后的矩阵,运算时可将每一个子块当作一个元素来处理. 这样,我们就需要讨论分块矩阵的运算问题.

2.6.2 分块矩阵的运算

分块矩阵在运算形式上与普通矩阵类似.

1)分块矩阵的线性运算

设 $\boldsymbol{A},\boldsymbol{B}$ 是两个 $m\times n$ 的矩阵,用相同的分块法,得分块矩阵为

$$\boldsymbol{A}=\begin{pmatrix}\boldsymbol{A}_{11}&\cdots&\boldsymbol{A}_{1r}\\\vdots&&\vdots\\\boldsymbol{A}_{s1}&\cdots&\boldsymbol{A}_{sr}\end{pmatrix},\boldsymbol{B}=\begin{pmatrix}\boldsymbol{B}_{11}&\cdots&\boldsymbol{B}_{1r}\\\vdots&&\vdots\\\boldsymbol{B}_{s1}&\cdots&\boldsymbol{B}_{sr}\end{pmatrix},$$

其中各对应的子块 $\boldsymbol{A}_{ij}$与 $\boldsymbol{B}_{ij}$均为同型矩阵,则

$$\boldsymbol{A}\pm\boldsymbol{B}=\begin{pmatrix}\boldsymbol{A}_{11}\pm\boldsymbol{B}_{11}&\cdots&\boldsymbol{A}_{1r}\pm\boldsymbol{B}_{1r}\\\vdots&&\vdots\\\boldsymbol{A}_{s1}\pm\boldsymbol{B}_{s1}&\cdots&\boldsymbol{A}_{sr}\pm\boldsymbol{B}_{sr}\end{pmatrix},$$

$$k\boldsymbol{A}=\boldsymbol{A}k=\begin{pmatrix}k\boldsymbol{A}_{11}&\cdots&k\boldsymbol{A}_{1r}\\\vdots&&\vdots\\k\boldsymbol{A}_{s1}&\cdots&k\boldsymbol{A}_{sr}\end{pmatrix}.$$

其中,k 为常数.

2)分块矩阵的乘法

设矩阵 $\boldsymbol{A}=(a_{ik})_{s\times m},\boldsymbol{B}=(a_{kj})_{m\times n}$. 把 $\boldsymbol{A}$ 与 $\boldsymbol{B}$ 分块为

$$\boldsymbol{A}=\begin{matrix}&n_1&n_2&\cdots&n_l\\s_1&\boldsymbol{A}_{11}&\boldsymbol{A}_{12}&\cdots&\boldsymbol{A}_{1l}\\s_1&\boldsymbol{A}_{21}&\boldsymbol{A}_{22}&\cdots&\boldsymbol{A}_{2l}\\\vdots&\vdots&\vdots&&\vdots\\s_t&\boldsymbol{A}_{t1}&\boldsymbol{A}_{t2}&\cdots&\boldsymbol{A}_{tl}\end{matrix},\quad\boldsymbol{B}=\begin{matrix}&m_1&m_2&\cdots&m_r\\n_1&\boldsymbol{B}_{11}&\boldsymbol{B}_{12}&\cdots&\boldsymbol{B}_{l1}\\n_1&\boldsymbol{B}_{21}&\boldsymbol{B}_{22}&\cdots&\boldsymbol{B}_{l2}\\\vdots&\vdots&\vdots&&\vdots\\n_l&\boldsymbol{B}_{l1}&\boldsymbol{B}_{l2}&\cdots&\boldsymbol{B}_{lr}\end{matrix},$$

其中每个 $\boldsymbol{A}_{ij}$是 $\boldsymbol{A}$ 的 $s_i\times n_j$ 子块,每个 $\boldsymbol{B}_{jk}$是 $\boldsymbol{B}$ 的 $n_j\times m_k$ 子块. 于是有

$$\boldsymbol{C}=\boldsymbol{AB}=\begin{matrix}&m_1&m_2&\cdots&m_r\\s_1&\boldsymbol{C}_{11}&\boldsymbol{C}_{12}&\cdots&\boldsymbol{C}_{1r}\\s_1&\boldsymbol{C}_{21}&\boldsymbol{C}_{22}&\cdots&\boldsymbol{C}_{2r}\\\vdots&\vdots&\vdots&&\vdots\\s_t&\boldsymbol{C}_{t1}&\boldsymbol{C}_{t2}&\cdots&\boldsymbol{C}_{tr}\end{matrix},$$

其中 $\boldsymbol{C}_{pq}=\boldsymbol{A}_{p1}\boldsymbol{B}_{1q}+\boldsymbol{A}_{p2}\boldsymbol{B}_{2q}+\cdots+\boldsymbol{A}_{pl}\boldsymbol{B}_{lq},(p=1,2,\cdots,t;q=1,2,\cdots,r)$.

值得注意的是,在进行分块矩阵的乘法运算时,对矩阵 $\boldsymbol{A}$ 的列的分法必须与对矩阵 $\boldsymbol{B}$ 的

行的分法一致.

3)分块矩阵的转置

设 $\boldsymbol{A}$ 的分块矩阵为

$$\boldsymbol{A}=\begin{pmatrix}\boldsymbol{A}_{11} & \cdots & \boldsymbol{A}_{1r}\\ \vdots & & \vdots\\ \boldsymbol{A}_{s1} & \cdots & \boldsymbol{A}_{sr}\end{pmatrix},$$

则 $\boldsymbol{A}$ 的转置矩阵为

$$\boldsymbol{A}^{\mathrm{T}}=\begin{pmatrix}\boldsymbol{A}_{11}^{\mathrm{T}} & \cdots & \boldsymbol{A}_{s1}^{\mathrm{T}}\\ \vdots & & \vdots\\ \boldsymbol{A}_{1r}^{\mathrm{T}} & \cdots & \boldsymbol{A}_{sr}^{\mathrm{T}}\end{pmatrix}.$$

【例 2.29】 已知

$$\boldsymbol{A}=\begin{pmatrix}1 & 0 & 1 & 3\\ 0 & 1 & 2 & 4\\ 0 & 0 & -1 & 0\\ 0 & 0 & 0 & -1\end{pmatrix},\boldsymbol{B}=\begin{pmatrix}1 & 2 & 0 & 0\\ 2 & 0 & 0 & 0\\ 6 & -2 & 1 & 0\\ 0 & 3 & 0 & 1\end{pmatrix},$$

用矩阵的分块计算 $\boldsymbol{A}+\boldsymbol{B}$.

解 $\boldsymbol{A}+\boldsymbol{B}=\left(\begin{array}{cc:cc}1 & 0 & 1 & 3\\ 0 & 1 & 2 & 4\\ \hdashline 0 & 0 & -1 & 0\\ 0 & 0 & 0 & -1\end{array}\right)+\left(\begin{array}{cc:cc}1 & 2 & 0 & 0\\ 2 & 0 & 0 & 0\\ \hdashline 6 & -2 & 1 & 0\\ 0 & 3 & 0 & 1\end{array}\right)$

$$=\begin{pmatrix}\boldsymbol{E} & \boldsymbol{A}_1\\ \boldsymbol{O} & -\boldsymbol{E}\end{pmatrix}+\begin{pmatrix}\boldsymbol{B}_1 & \boldsymbol{O}\\ \boldsymbol{B}_2 & \boldsymbol{E}\end{pmatrix}=\begin{pmatrix}\boldsymbol{E}+\boldsymbol{B}_1 & \boldsymbol{A}_1\\ \boldsymbol{B}_2 & -\boldsymbol{E}+\boldsymbol{E}\end{pmatrix}$$

$$=\begin{pmatrix}\boldsymbol{E}+\boldsymbol{B}_1 & \boldsymbol{A}_1\\ \boldsymbol{B}_2 & \boldsymbol{O}\end{pmatrix}=\begin{pmatrix}2 & 2 & 1 & 3\\ 2 & 1 & 2 & 4\\ 6 & -2 & 0 & 0\\ 0 & 3 & 0 & 0\end{pmatrix}.$$

【例 2.30】 已知

$$\boldsymbol{A}=\begin{pmatrix}1 & 0 & -2 & 0\\ 0 & 1 & 0 & -2\\ 0 & 0 & 5 & 3\end{pmatrix},\boldsymbol{B}=\begin{pmatrix}3 & 0 & -2\\ 1 & 2 & 0\\ 0 & 1 & 0\\ 0 & 0 & 1\end{pmatrix},$$

用分块矩阵计算 $\boldsymbol{AB}$.

解 1 $\boldsymbol{AB}=\left(\begin{array}{cc:cc}1 & 0 & -2 & 0\\ 0 & 1 & 0 & -2\\ \hdashline 0 & 0 & 5 & 3\end{array}\right)\left(\begin{array}{cc:c}3 & 0 & -2\\ 1 & 2 & 0\\ \hdashline 0 & 1 & 0\\ 0 & 0 & 1\end{array}\right)$

$$=\begin{pmatrix}\boldsymbol{E} & -2\boldsymbol{E}\\ 0 & \boldsymbol{A}_1\end{pmatrix}\begin{pmatrix}\boldsymbol{B}_1 & \boldsymbol{B}_2\\ \boldsymbol{B}_3 & \boldsymbol{B}_4\end{pmatrix}=\begin{pmatrix}\boldsymbol{B}_1-2\boldsymbol{B}_3 & \boldsymbol{B}_2-2\boldsymbol{B}_4\\ \boldsymbol{A}_1\boldsymbol{B}_3 & \boldsymbol{A}_1\boldsymbol{B}_4\end{pmatrix},$$

$$\boldsymbol{B}_1-2\boldsymbol{B}_3=\begin{pmatrix}3&0\\1&2\end{pmatrix}-2\begin{pmatrix}0&1\\0&0\end{pmatrix}=\begin{pmatrix}3&-2\\1&2\end{pmatrix},\boldsymbol{B}_2-2\boldsymbol{B}_4=\begin{pmatrix}-2\\0\end{pmatrix}-2\begin{pmatrix}0\\1\end{pmatrix}=\begin{pmatrix}-2\\-2\end{pmatrix},$$

$$\boldsymbol{A}_1\boldsymbol{B}_3=(5\quad 3)\begin{pmatrix}0&1\\0&0\end{pmatrix}=(0\quad 5),\boldsymbol{A}_1\boldsymbol{B}_4=(5\quad 3)\begin{pmatrix}0\\1\end{pmatrix}=(3).$$

所以 $\boldsymbol{AB}=\begin{pmatrix}3&-3&-2\\1&2&-2\\0&5&3\end{pmatrix}$.

解 2 $\boldsymbol{AB}=\left(\begin{array}{cc:cc}1&0&-2&0\\0&1&0&-2\\\hdashline 0&0&5&3\end{array}\right)\left(\begin{array}{c:cc}3&0&-2\\1&2&0\\\hdashline 0&1&0\\0&0&1\end{array}\right)$

$$=\begin{pmatrix}\boldsymbol{E}&-2\boldsymbol{E}\\\boldsymbol{O}&\boldsymbol{A}_1\end{pmatrix}\begin{pmatrix}\boldsymbol{B}_1&\boldsymbol{B}_2\\\boldsymbol{O}&\boldsymbol{E}\end{pmatrix}=\begin{pmatrix}\boldsymbol{B}_1&\boldsymbol{B}_2-2\boldsymbol{E}\\\boldsymbol{O}&\boldsymbol{A}_1\end{pmatrix},$$

故 $\boldsymbol{AB}=\begin{pmatrix}3&-3&-2\\1&2&-2\\0&5&3\end{pmatrix}$.

从【例 2.30】中可以看出,不同的分块方法使得求解过程的繁杂程度不一样,一般情况下,尽可能地把特殊的零子块和单位子块分出来,这样可以简化子块的求解.

下面介绍一种应用起来十分方便的分块矩阵.

2.6.3 准对角矩阵

形如 $\begin{pmatrix}\boldsymbol{A}_1&\boldsymbol{O}&\cdots&\boldsymbol{O}\\\boldsymbol{O}&\boldsymbol{A}_2&\cdots&\boldsymbol{O}\\\vdots&\vdots&&\vdots\\\boldsymbol{O}&\boldsymbol{O}&\cdots&\boldsymbol{A}_s\end{pmatrix}$ 的分块矩阵,称为**分块对角矩阵**或**准对角矩阵**. 当主对角上各子块均为对角矩阵时,分块对角矩阵 $\begin{pmatrix}\boldsymbol{A}_1&\boldsymbol{O}&\cdots&\boldsymbol{O}\\\boldsymbol{O}&\boldsymbol{A}_2&\cdots&\boldsymbol{O}\\\vdots&\vdots&&\vdots\\\boldsymbol{O}&\boldsymbol{O}&\cdots&\boldsymbol{A}_s\end{pmatrix}$ 才是对角矩阵.

设 $\boldsymbol{A},\boldsymbol{B}$ 都是准对角矩阵,即

$$\boldsymbol{A}=\begin{pmatrix}\boldsymbol{A}_1&&&\\&\boldsymbol{A}_2&&\\&&\ddots&\\&&&\boldsymbol{A}_s\end{pmatrix},\boldsymbol{B}=\begin{pmatrix}\boldsymbol{B}_1&&&\\&\boldsymbol{B}_2&&\\&&\ddots&\\&&&\boldsymbol{B}_s\end{pmatrix}.(\text{未写出的子块都是零矩阵})$$

其中 $\boldsymbol{A}_i$ 与 $\boldsymbol{B}_i$ 是同阶子块,则有如下运算性质(假设运算都是可行的):

(1) $\boldsymbol{A}\pm\boldsymbol{B}=\begin{pmatrix}\boldsymbol{A}_1\pm\boldsymbol{B}_1 & & & \\ & \boldsymbol{A}_2\pm\boldsymbol{B}_2 & & \\ & & \ddots & \\ & & & \boldsymbol{A}_s\pm\boldsymbol{B}_s\end{pmatrix}$;

(2) $k\boldsymbol{A}=\begin{pmatrix}k\boldsymbol{A}_1 & & & \\ & k\boldsymbol{A}_2 & & \\ & & \ddots & \\ & & & k\boldsymbol{A}_s\end{pmatrix}$;

(3) $\boldsymbol{A}\boldsymbol{B}=\begin{pmatrix}\boldsymbol{A}_1\boldsymbol{B}_1 & & & \\ & \boldsymbol{A}_2\boldsymbol{B}_2 & & \\ & & \ddots & \\ & & & \boldsymbol{A}_s\boldsymbol{B}_s\end{pmatrix}$;

(4) $\boldsymbol{A}^m=\begin{pmatrix}\boldsymbol{A}_1^m & & & \\ & \boldsymbol{A}_2^m & & \\ & & \ddots & \\ & & & \boldsymbol{A}_s^m\end{pmatrix}$(其中 m 为正整数);

(5) $\boldsymbol{A}^{\mathrm{T}}=\begin{pmatrix}\boldsymbol{A}_1^{\mathrm{T}} & & & \\ & \boldsymbol{A}_2^{\mathrm{T}} & & \\ & & \ddots & \\ & & & \boldsymbol{A}_s^{\mathrm{T}}\end{pmatrix}$;

(6) $|\boldsymbol{A}|=|\boldsymbol{A}_1||\boldsymbol{A}_2|\cdots|\boldsymbol{A}_s|$;

(7) $\boldsymbol{A}$ 可逆的充分必要条件是 $\boldsymbol{A}_i(i=1,2,\cdots,s)$ 可逆,且有

$$\boldsymbol{A}^{-1}=\begin{pmatrix}\boldsymbol{A}_1^{-1} & & & \\ & \boldsymbol{A}_2^{-1} & & \\ & & \ddots & \\ & & & \boldsymbol{A}_s^{-1}\end{pmatrix}.$$

【例 2.31】 求矩阵

$$\boldsymbol{A}=\begin{pmatrix}3 & 0 & 0 & 0 & 0\\ 0 & 0 & 1 & 0 & 0\\ 0 & 2 & 5 & 0 & 0\\ 0 & 0 & 0 & 1 & 0\\ 0 & 0 & 0 & 0 & 1\end{pmatrix}$$

的逆矩阵 $\boldsymbol{A}^{-1}$.

解 将 $\boldsymbol{A}$ 分块如下:

$$A=\left(\begin{array}{c:cc:cc}3&0&0&0&0\\ \hdashline 0&0&1&0&0\\0&2&5&0&0\\ \hdashline 0&0&0&1&0\\0&0&0&0&1\end{array}\right)=\begin{pmatrix}A_1&&\\&A_2&\\&&E_2\end{pmatrix},$$

其中

$$A_1=(3),A_2=\begin{pmatrix}0&1\\2&5\end{pmatrix},E_2=\begin{pmatrix}1&0\\0&1\end{pmatrix},$$

由于

$$A_1^{-1}=\left(\frac{1}{3}\right),A_2^{-1}=-\frac{1}{2}\begin{pmatrix}5&-1\\-2&0\end{pmatrix}=\begin{pmatrix}-\frac{5}{2}&\frac{1}{2}\\1&0\end{pmatrix},E_2^{-1}=E_2,$$

因此

$$A^{-1}=\begin{pmatrix}A_1^{-1}&&\\&A_2^{-1}&\\&&E_2^{-1}\end{pmatrix}=\left(\begin{array}{c:cc:cc}\frac{1}{3}&0&0&0&0\\ \hdashline 0&-\frac{5}{2}&\frac{1}{2}&0&0\\0&1&0&0&0\\ \hdashline 0&0&0&1&0\\0&0&0&0&1\end{array}\right).$$

特别地，当分块矩阵 $A=\begin{pmatrix}O&\cdots&O&A_1\\O&\cdots&A_2&O\\\vdots&&\vdots&\vdots\\A_r&O&\cdots&O\end{pmatrix}$，其中 $A_i(i=1,2,\cdots,r)$ 均为方阵. A 可逆的充分必要条件是 $A_i(i=1,2,\cdots,r)$ 可逆，且

$$A^{-1}=\begin{pmatrix}O&\cdots&O&A_r^{-1}\\O&\cdots&A_{r-1}^{-1}&O\\\vdots&&\vdots&\vdots\\A_1^{-1}&\cdots&O&O\end{pmatrix}.$$

对于线性方程组

$$\begin{cases}a_{11}x_1+a_{12}x_2+\cdots+a_{1n}x_n=b_1,\\a_{21}x_1+a_{22}x_2+\cdots+a_{2n}x_n=b_2,\\\qquad\vdots\\a_{m1}x_1+a_{m2}x_2+\cdots+a_{mn}x_n=b_m.\end{cases}\tag{2.4}$$

记 $A=\begin{pmatrix}a_{11}&a_{12}&\cdots&a_{1n}\\a_{21}&a_{22}&\cdots&a_{2n}\\\vdots&\vdots&&\vdots\\a_{m1}&a_{m2}&\cdots&a_{mn}\end{pmatrix},X=\begin{pmatrix}x_1\\x_2\\\vdots\\x_n\end{pmatrix},b=\begin{pmatrix}b_1\\b_2\\\vdots\\b_m\end{pmatrix},B=\begin{pmatrix}a_{11}&a_{12}&\cdots&a_{1n}&b_1\\a_{21}&a_{22}&\cdots&a_{2n}&b_2\\\vdots&\vdots&&\vdots&\vdots\\a_{m1}&a_{m2}&\cdots&a_{mn}&b_m\end{pmatrix}$

其中，矩阵 A 称为**系数矩阵**，X 称为**未知量矩阵**，b 称为**常数项矩阵**，B 称为**增广矩阵**.

分块矩阵的记法有 $\boldsymbol{B}=(\boldsymbol{A}\vdots\boldsymbol{b})$ 或 $\boldsymbol{B}=(\boldsymbol{A},\boldsymbol{b})$.

利用矩阵的乘法,方程组(2.4)可记为

$$\boldsymbol{A}\boldsymbol{X}=\boldsymbol{b} \tag{2.5}$$

方程组(2.5)以 $\boldsymbol{X}$ 向量为未知量,它的解称为方程组(2.4)的**解向量**.

如果把系数矩阵 $\boldsymbol{A}$ 按行分块成 m 块,得

$$\boldsymbol{A}=\begin{pmatrix} a_{11} & a_{12} & \cdots & a_{1n} \\ a_{21} & a_{22} & \cdots & a_{2n} \\ \vdots & \vdots & & \vdots \\ a_{m1} & a_{m2} & \cdots & a_{mn} \end{pmatrix}=\begin{pmatrix} \boldsymbol{\alpha}_1^{\mathrm{T}} \\ \boldsymbol{\alpha}_2^{\mathrm{T}} \\ \vdots \\ \boldsymbol{\alpha}_m^{\mathrm{T}} \end{pmatrix}$$

其中,$\boldsymbol{\alpha}_i^{\mathrm{T}}=(a_{i1},a_{i2},\cdots,a_{in}),i=1,2,\cdots,m$.

方程组(2.5)可记为

$$\begin{pmatrix} \boldsymbol{\alpha}_1^{\mathrm{T}} \\ \boldsymbol{\alpha}_2^{\mathrm{T}} \\ \vdots \\ \boldsymbol{\alpha}_m^{\mathrm{T}} \end{pmatrix}\boldsymbol{X}=\begin{pmatrix} b_1 \\ b_2 \\ \vdots \\ b_m \end{pmatrix},\text{或}\begin{cases} \boldsymbol{\alpha}_1^{\mathrm{T}}\boldsymbol{X}=b_1 \\ \boldsymbol{\alpha}_2^{\mathrm{T}}\boldsymbol{X}=b_2 \\ \vdots \\ \boldsymbol{\alpha}_m^{\mathrm{T}}\boldsymbol{X}=b_m \end{cases} \tag{2.6}$$

如果把系数矩阵 $\boldsymbol{A}$ 按行分块成 n 块,则与 $\boldsymbol{A}$ 相乘的 $\boldsymbol{X}$ 应对应地按行分成 n 块,从而

$$\boldsymbol{A}=\begin{pmatrix} a_{11} & a_{12} & \cdots & a_{1n} \\ a_{21} & a_{22} & \cdots & a_{2n} \\ \vdots & \vdots & & \vdots \\ a_{m1} & a_{m2} & \cdots & a_{mn} \end{pmatrix}=(\boldsymbol{\alpha}_1,\boldsymbol{\alpha}_2,\cdots,\boldsymbol{\alpha}_n).$$

其中,$\boldsymbol{\alpha}_j=(a_{1j},a_{2j},\cdots,a_{mj})^{\mathrm{T}},j=1,2,\cdots,n$.

方程组(2.5)可记为

$$(\boldsymbol{\alpha}_1,\boldsymbol{\alpha}_2,\cdots,\boldsymbol{\alpha}_n)\begin{pmatrix} x_1 \\ x_2 \\ \vdots \\ x_n \end{pmatrix}=\boldsymbol{b},$$

即

$$\boldsymbol{\alpha}_1x_1+\boldsymbol{\alpha}_2x_2+\cdots+\boldsymbol{\alpha}_nx_n=\boldsymbol{b}. \tag{2.7}$$

方程组(2.5)至方程组(2.7)是线性方程组(2.4)的各种变形. 今后,它们与方程组(2.4)将混同使用而不加区分,并都称为线性方程组或线性方程. 解与解向量也不加区别.

习题 2.6

1. 设 $\boldsymbol{A}=\begin{pmatrix} 0 & 0 & 1 & 0 \\ 0 & 0 & 0 & 1 \\ 5 & 4 & 0 & 0 \end{pmatrix},\boldsymbol{B}=\begin{pmatrix} 1 & 1 \\ 0 & 1 \\ 1 & 0 \\ -1 & 1 \end{pmatrix}$,求 $\boldsymbol{AB}$.

2. 用矩阵分块的方法求下列矩阵的逆矩阵.

(1) $\begin{pmatrix} 0 & 1 & 0 \\ 2 & 0 & 0 \\ 0 & 0 & 3 \end{pmatrix}$;　　(2) $\begin{pmatrix} 1 & 2 & 0 & 0 & 0 \\ 2 & 5 & 0 & 0 & 0 \\ 0 & 0 & 3 & 0 & 0 \\ 0 & 0 & 0 & 1 & 0 \\ 0 & 0 & 0 & 0 & 1 \end{pmatrix}$.

2.7 Matlab 辅助计算

矩阵是 Matlab 最基本的运算对象之一,矩阵的运算包括矩阵的加法、减法、数乘、乘法、求逆、转置,以及求行列式、求矩阵的秩等,见表 2.6.

表 2.6

运　算	功　能	命令形式
矩阵的加法和减法	同型矩阵相加(减)	$\boldsymbol{A}\pm\boldsymbol{B}$
数乘	数与矩阵相乘	$k*\boldsymbol{A}$,k 为常数
矩阵与矩阵相乘	两个矩阵相乘(要求第一个矩阵的列数与第二个矩阵的行数相等)	$\boldsymbol{A}*\boldsymbol{B}$
矩阵的乘幂	方阵的 n 次幂	$\boldsymbol{A}$^n
矩阵求逆	求方阵的逆	inv($\boldsymbol{A}$)或 $\boldsymbol{A}$^(-1)
矩阵的转置	求矩阵的转置	$\boldsymbol{A}'$
矩阵求秩	求矩阵的秩	rank($\boldsymbol{A}$)
矩阵行列式	求方阵行列式的值	det($\boldsymbol{A}$)
矩阵行变换化简	求矩阵的行最简形	rref($\boldsymbol{A}$)

【例 2.32】 已知矩阵

$$\boldsymbol{A}=\begin{bmatrix} 1 & 2 & 3 \\ 4 & 5 & 6 \\ 7 & 8 & 9 \end{bmatrix},\boldsymbol{B}=\begin{bmatrix} 1 & 0 & 0 \\ 2 & 2 & 0 \\ 3 & 3 & 3 \end{bmatrix}.$$

求 $\boldsymbol{A}+\boldsymbol{B}$,$\boldsymbol{A}-\boldsymbol{B}$,$5\boldsymbol{A}$,$\boldsymbol{AB}$,$\boldsymbol{B}^{\mathrm{T}}$.

解 Matlab 命令为

```
>>A=[1 2 3; 4 5 6; 7 8 9];B=[1 0 0; 2 2 0; 3 3 3];
>>A+B
ans =
     2     2     3
     6     7     6
    10    11    12
```

```
>>A-B
ans =
     0   2   3
     2   3   6
     4   5   6
>>5*A
ans =
     5  10  15
    20  25  30
    35  40  45
>>A*B
ans =
    14  13   9
    32  28  18
    50  43  27
>>B'
ans =
     1   2   3
     0   2   3
     0   0   3
```

【例 2. 33】 已知矩阵

$$B=\begin{bmatrix}3 & 0 & -2 & 1\\2 & 1 & 0 & 1\\6 & 3 & 2 & 5\\0 & -1 & -1 & 2\end{bmatrix}.$$

求$|B|$,B^{-1}.

解 Matlab 命令为

```
>>B=[3 0 -2 1; 2 1 0 1; 6 3 2 5; 0 -1 -1 2];
B =
     3   0  -2   1
     2   1   0   1
     6   3   2   5
     0  -1  -1   2
>>det(B)
ans =
    12
>>B^(-1)
ans =
```

$$\begin{matrix} \frac{2}{3} & -\frac{7}{4} & \frac{5}{12} & -\frac{1}{2} \\ -1 & \frac{15}{4} & -\frac{3}{4} & \frac{1}{2} \\ \frac{1}{3} & -\frac{9}{4} & \frac{7}{12} & -\frac{1}{2} \\ -\frac{1}{3} & \frac{3}{4} & -\frac{1}{12} & \frac{1}{2} \end{matrix}$$

【例 2.34】　已知矩阵

$$\boldsymbol{A}=\begin{bmatrix} 4 & 1 & 2 & 4 \\ 1 & 2 & 0 & 0 \\ 8 & 5 & 2 & 1 \\ 0 & 1 & 1 & 7 \end{bmatrix}.$$

求矩阵 $\boldsymbol{A}$ 的秩和行最简形.

解　Matlab 命令为：

```
>>A=[4 1 2 4; 1 2 0 0; 8 5 2 1; 0 1 1 7]
A=
    4  1  2  4
    1  2  0  0
    8  5  2  1
    0  1  1  7
>>rank(A)
ans=
    4
>>rref(A)
ans=
    1  0  0  0
    0  1  0  0
    0  0  1  0
    0  0  0  1
```

总习题 2

一、填空题

1. 设 $\boldsymbol{A}=\begin{pmatrix} 1 & 2 & 1 & 2 \\ 2 & 1 & 2 & 1 \\ 1 & 2 & 3 & 4 \end{pmatrix}$，$\boldsymbol{B}=\begin{pmatrix} 4 & 3 & 2 & 1 \\ -2 & 1 & -2 & 1 \\ 0 & -1 & 0 & -1 \end{pmatrix}$，则 $3\boldsymbol{A}-\boldsymbol{B}=$__________，$2\boldsymbol{A}+3\boldsymbol{B}=$__________.

2. 设 $\boldsymbol{A}=\begin{pmatrix} 1 & -1 & 1 \\ 0 & 1 & 1 \\ 1 & 2 & 3 \end{pmatrix}$，$\boldsymbol{B}=\begin{pmatrix} 1 & 2 & 1 \\ -7 & 4 & 0 \\ 3 & -1 & 1 \end{pmatrix}$，则 $\boldsymbol{AB}-\boldsymbol{BA}=$__________，$(\boldsymbol{A}+3\boldsymbol{B})^{\mathrm{T}}=$

__________.

3. 设$f(x)=2x-3$,$\boldsymbol{A}=\begin{pmatrix}1&-2&0\\3&1&5\\-1&0&2\end{pmatrix}$,则$f(\boldsymbol{A})=$__________.

4. 设矩阵$\boldsymbol{A}=\begin{pmatrix}1&2&3\\a&4&b\\2&3&5\end{pmatrix}$,$\boldsymbol{B}=\begin{pmatrix}1&2&2\\2&4&3\\3&3&5\end{pmatrix}$,且$\boldsymbol{A}^{\mathrm{T}}=\boldsymbol{B}$,则$a=$__________,$b=$__________.

5. 已知n阶方阵$\boldsymbol{A}$满足$\boldsymbol{A}^2-3\boldsymbol{A}+2\boldsymbol{E}=\boldsymbol{O}$,则$\boldsymbol{A}^{-1}=$__________.

6. 设$\boldsymbol{A}$为n阶方阵,且$\boldsymbol{A}^2+3\boldsymbol{A}+3\boldsymbol{E}=\boldsymbol{O}$,则$\boldsymbol{A}^{-1}=$__________,$(\boldsymbol{A}+\boldsymbol{E})^{-1}=$__________.

7. 设矩阵$\boldsymbol{B}=\begin{pmatrix}-1&5&3&-2\\4&1&-2&9\\0&3&4&-5\\2&0&-1&4\end{pmatrix}$,则$R(\boldsymbol{B})=$__________.

8. 设矩阵$\boldsymbol{A}^*$为n阶方阵$\boldsymbol{A}$的伴随矩阵,则$\left||\boldsymbol{A}^*|\boldsymbol{A}\right|=$__________.

9. 设矩阵$\boldsymbol{A}=\begin{pmatrix}2&1\\-1&2\end{pmatrix}$,$\boldsymbol{E}$为2阶单位阵,矩阵$\boldsymbol{B}$满足$\boldsymbol{BA}=\boldsymbol{B}+2\boldsymbol{E}$,则$|\boldsymbol{B}|=$__________.

10. 已知矩阵$\boldsymbol{A}=\begin{pmatrix}k&1&1&1\\1&k&1&1\\1&1&k&1\\1&1&1&k\end{pmatrix}$的秩为3,则$k=$__________.

二、选择题

1. 设$\boldsymbol{A}$为n阶对称矩阵,$\boldsymbol{B}$为n阶反对称矩阵,则下列矩阵是反对称矩阵的是(　　).

A. $\boldsymbol{AB}+\boldsymbol{BA}$　　B. $\boldsymbol{B}^2$　　C. $\boldsymbol{AB}$　　D. $\boldsymbol{BA}$

2. 若矩阵$\boldsymbol{A}$和矩阵$\boldsymbol{B}$可交换,则下列等式错误的是(　　).

A. $(\boldsymbol{AB})^{\mathrm{T}}=\boldsymbol{A}^{\mathrm{T}}\boldsymbol{B}^{\mathrm{T}}$　　B. $(\boldsymbol{A}+\boldsymbol{B})(\boldsymbol{A}-\boldsymbol{B})=\boldsymbol{A}^2-\boldsymbol{B}^2$

C. $(\boldsymbol{A}+\boldsymbol{B})^2=\boldsymbol{A}^2+\boldsymbol{B}^2$　　D. $(\boldsymbol{AB})^2=\boldsymbol{A}^2\boldsymbol{B}^2$

3. 设$\boldsymbol{A}$,$\boldsymbol{B}$为同阶方阵,则下列各项正确的是(　　).

A. 若$\boldsymbol{AB}=\boldsymbol{O}$,则$\boldsymbol{A}=\boldsymbol{O}$或$\boldsymbol{B}=\boldsymbol{O}$　　B. 若$|\boldsymbol{AB}|=0$,则$|\boldsymbol{A}|=0$或$|\boldsymbol{B}|=0$

C. $(\boldsymbol{A}+\boldsymbol{B})(\boldsymbol{A}-\boldsymbol{B})=\boldsymbol{A}^2-\boldsymbol{B}^2$　　D. $|\boldsymbol{AB}|=|\boldsymbol{A}|+|\boldsymbol{B}|$

4. 已知矩阵$\boldsymbol{A}=\begin{pmatrix}3&0\\-2&1\end{pmatrix}$,$\boldsymbol{B}=\begin{pmatrix}-2&1\\2&2\end{pmatrix}$,如果矩阵$\boldsymbol{X}$满足等式$2\boldsymbol{A}-3\boldsymbol{X}=\boldsymbol{B}$,则$|3\boldsymbol{X}|=$(　　).

A. 2　　B. −2　　C. 6　　D. −6

5. 如果已知矩阵$\boldsymbol{A}_{m\times n}$,$\boldsymbol{B}_{n\times m}(m\neq n)$,则下列(　　)运算的结果为$n$阶方阵.

A. $\boldsymbol{AB}$　　B. $\boldsymbol{BA}$　　C. $(\boldsymbol{BA})^{\mathrm{T}}$　　D. $\boldsymbol{A}^{\mathrm{T}}\boldsymbol{B}^{\mathrm{T}}$

6. 设$\boldsymbol{A}$,$\boldsymbol{B}$,$\boldsymbol{C}$均为n阶方阵,则下列(　　)不成立.

A. $(\boldsymbol{A}+\boldsymbol{B})+\boldsymbol{C}=(\boldsymbol{C}+\boldsymbol{B})+\boldsymbol{A}$　　B. $(\boldsymbol{A}+\boldsymbol{B})\boldsymbol{X}=\boldsymbol{AX}+\boldsymbol{BX}$

C. $(\boldsymbol{AB})\boldsymbol{C}=\boldsymbol{A}(\boldsymbol{BC})$　　D. $(\boldsymbol{AB})\boldsymbol{C}=(\boldsymbol{AC})\boldsymbol{B}$

7. $\boldsymbol{A}$,$\boldsymbol{B}$均为n阶方阵,当(　　)时,$(\boldsymbol{A}+\boldsymbol{B})(\boldsymbol{A}-\boldsymbol{B})=\boldsymbol{A}^2+\boldsymbol{B}^2$不成立.

A. $\boldsymbol{A}=\boldsymbol{E}$　　B. $\boldsymbol{B}=\boldsymbol{O}$　　C. $\boldsymbol{A}=\boldsymbol{B}$　　D. $\boldsymbol{AB}=\boldsymbol{BA}$

8. 若 $\boldsymbol{A}$ 是(　　),则 $\boldsymbol{A}$ 为方阵不成立.

A. n 阶方阵的转置矩阵　　B. 可逆矩阵

C. 对称矩阵　　D. 线性方程组的系数矩阵

9. 若 $\boldsymbol{A}$ 是(　　),则必有 $\boldsymbol{A}^{\mathrm{T}}=\boldsymbol{A}$.

A. 对称矩阵　　B. 三角矩阵　　C. 对角矩阵　　D. 可逆矩阵

10. 设 $\boldsymbol{A}$ 是任一 $n(n\geqslant3)$ 阶方阵,常数 k 满足 $k\neq0$ 且 $k\neq\pm1$,则 $(k\boldsymbol{A})^*$ 等于(　　).

A. $k\boldsymbol{A}^*$　　B. $k^{n-1}\boldsymbol{A}^*$　　C. $k^n\boldsymbol{A}^*$　　D. $k^{-1}\boldsymbol{A}^*$

11. $\boldsymbol{A},\boldsymbol{B},\boldsymbol{C}$ 为同阶矩阵,且 $\boldsymbol{A}$ 可逆,下列(　　)成立.

A. 若 $\boldsymbol{AB}=\boldsymbol{AC}$,则 $\boldsymbol{B}=\boldsymbol{C}$　　B. 若 $\boldsymbol{AB}=\boldsymbol{CB}$,则 $\boldsymbol{A}=\boldsymbol{C}$

C. 若 $\boldsymbol{AB}=\boldsymbol{O}$,则 $\boldsymbol{B}=\boldsymbol{O}$　　D. 若 $\boldsymbol{BC}=\boldsymbol{O}$,则 $\boldsymbol{B}=\boldsymbol{O}$

12. 设 $\boldsymbol{A}$ 为非奇异对称矩阵,则(　　)仍为对称矩阵.

A. $\boldsymbol{A}^{\mathrm{T}}$　　B. $\boldsymbol{A}^{-1}$　　C. $3\boldsymbol{A}$　　D. $\boldsymbol{AA}^{\mathrm{T}}$

13. 设 $\boldsymbol{A},\boldsymbol{B},\boldsymbol{A}+\boldsymbol{B}$ 均为 n 阶可逆矩阵,则 $(\boldsymbol{A}^{-1}+\boldsymbol{B}^{-1})^{-1}$ 等于(　　).

A. $(\boldsymbol{A}+\boldsymbol{B})^{-1}$　　B. $\boldsymbol{A}+\boldsymbol{B}$　　C. $\boldsymbol{A}(\boldsymbol{A}+\boldsymbol{B})^{-1}\boldsymbol{B}$　　D. $\boldsymbol{A}^{-1}+\boldsymbol{B}^{-1}$

14. 下列矩阵(　　)不是初等矩阵.

A. $\begin{pmatrix}0&0&1\\0&1&0\\1&0&0\end{pmatrix}$　　B. $\begin{pmatrix}1&0&0\\0&\frac{1}{2}&0\\0&0&1\end{pmatrix}$　　C. $\begin{pmatrix}1&0&0\\0&0&1\\0&1&0\end{pmatrix}$　　D. $\begin{pmatrix}1&0&0\\0&1&-5\\0&0&1\end{pmatrix}$

15. 已知 $\boldsymbol{A}=\begin{pmatrix}1&0&2\\0&1&3\\2&3&1\end{pmatrix}$,则(　　).

A. $\boldsymbol{A}$ 为可逆矩阵　　B. $\boldsymbol{AA}^{\mathrm{T}}$为对称矩阵

C. $\boldsymbol{A}^{\mathrm{T}}=\boldsymbol{A}$　　D. $\begin{pmatrix}0&0&1\\0&1&0\\1&0&0\end{pmatrix}\boldsymbol{A}=\begin{pmatrix}2&3&1\\0&1&3\\1&0&2\end{pmatrix}$

16. 当 $\boldsymbol{A}=$(　　)时,$\boldsymbol{A}\begin{pmatrix}a_{11}&a_{12}&a_{13}\\a_{21}&a_{22}&a_{23}\\a_{31}&a_{32}&a_{33}\end{pmatrix}=\begin{pmatrix}a_{11}-3a_{31}&a_{12}-3a_{32}&a_{13}-3a_{33}\\a_{21}&a_{22}&a_{23}\\a_{31}&a_{32}&a_{33}\end{pmatrix}$.

A. $\begin{pmatrix}1&0&0\\0&1&0\\-3&0&1\end{pmatrix}$　　B. $\begin{pmatrix}1&0&-3\\0&1&0\\0&0&1\end{pmatrix}$　　C. $\begin{pmatrix}0&0&-3\\0&1&0\\1&0&1\end{pmatrix}$　　D. $\begin{pmatrix}1&0&0\\0&1&0\\0&-3&1\end{pmatrix}$

三、解答题

1. 设 $\boldsymbol{A}=\begin{pmatrix}1&0\\2&1\end{pmatrix}$,试求出所有与 $\boldsymbol{A}$ 可交换的矩阵.

2. 计算 $\begin{pmatrix}1&1\\0&1\end{pmatrix}^n$,其中 n 为正整数.

3. 设 $A=\begin{pmatrix}-1 & 1 & 1 & -1\\ 1 & -1 & -1 & 1\\ 1 & -1 & -1 & 1\\ -1 & 1 & 1 & -1\end{pmatrix}$,求 A^6.

4. 甲、乙、丙 3 位顾客一起到一家水果超市购买水果,已知该超市目前的相关商品的进价和售价,见表 2.7.

表 2.7

品　种	苹　果	香　蕉	哈密瓜
进价/(元·kg^{-1})	4	6	8
售价/(元·kg^{-1})	6	9	12

3 位顾客在该次购物中购得相关食品的数量分别见表 2.8.

表 2.8

品　种	甲	乙	丙
苹果/kg	0	1	1
香蕉/kg	1	0	1
哈密瓜/kg	1	1	0

(1)按上述表格的行列次序分别写出该超市销售商品的进售货矩阵 A 和 3 位顾客的购物矩阵 B;

(2)利用你所学的矩阵知识,计算该次购物中 3 位顾客各花费了多少元?

(3)计算在该次购物中超市共盈利了多少元?

5. 设 $A=\begin{pmatrix}2 & 3 & 4\\ 0 & 1 & 2\\ 0 & 0 & -3\end{pmatrix}$,$B=\begin{pmatrix}1 & 10 & -5\\ 0 & 2 & 3\\ 0 & 0 & 4\end{pmatrix}$,求 $|AB|$,$|A+B|$,$|A|+|B|$,$|3A|$.

6. 举例说明下列命题是错误的.

(1)若 $A^2=O$, 则 $A=O$;　　(2) 若 $A^2=A$, 则 $A=O$ 或 $A=E$;

(3)若 $AX=AY,A\neq O$, 则 $X=Y$.

7. 设

$$A=\begin{pmatrix}5 & 2 & 0 & 0\\ 2 & 1 & 0 & 0\\ 0 & 0 & 7 & 3\\ 0 & 0 & 5 & 2\end{pmatrix},B=\begin{pmatrix}3 & 2 & 0 & 0\\ 4 & 5 & 0 & 0\\ 0 & 0 & 4 & 1\\ 0 & 0 & 6 & 2\end{pmatrix}.$$

求(1)AB;(2)BA;(3)A^{-1};(4) $|A|^k$(k 为正整数).

8. 已知 3 阶方阵 A 的逆矩阵 $A^{-1}=\begin{pmatrix}1 & 1 & 1\\ 1 & 2 & 1\\ 1 & 1 & 3\end{pmatrix}$,求 $(A^*)^{-1}$.

9. 已知3阶方阵$\boldsymbol{A}=\begin{pmatrix}1&0&0\\0&\frac{1}{2}&\frac{3}{2}\\0&1&\frac{5}{2}\end{pmatrix}$,求$((\boldsymbol{A}^*)^{\mathrm{T}})^{-1}$.

10. 已知3阶方阵$\boldsymbol{A}=\begin{pmatrix}1&1&1\\1&2&1\\1&1&3\end{pmatrix}$,求$((\boldsymbol{A}^*)^{-1})^{\mathrm{T}}$.

11. 设$\boldsymbol{A}=\begin{pmatrix}1&2&0\\0&1&2\\0&0&1\end{pmatrix}$,$n$为正整数,求$\boldsymbol{A}^n$.

12. 设矩阵$\boldsymbol{A}=\begin{pmatrix}1&2&-2\\4&t&3\\3&-1&1\end{pmatrix}$,矩阵$\boldsymbol{B}$为3阶非零方阵,且$\boldsymbol{AB}=\boldsymbol{O}$,求$t$.

13. 设$\boldsymbol{A}$为4×3矩阵,且$R(\boldsymbol{A})=2$,而$\boldsymbol{B}=\begin{pmatrix}1&0&2\\0&2&0\\-1&0&3\end{pmatrix}$,求$R(\boldsymbol{AB})$.

四、证明题

1. 设$\boldsymbol{A}$与$\boldsymbol{B}$是两个n阶对称矩阵. 证明当且仅当$\boldsymbol{A}$与$\boldsymbol{B}$可交换时,$\boldsymbol{AB}$是对称矩阵.

2. 设A为s阶矩阵,$\boldsymbol{B}$为$s\times n$矩阵,且$R(\boldsymbol{B})=s$. 试证

(1)若$\boldsymbol{AB}=\boldsymbol{O}$,则$\boldsymbol{A}=\boldsymbol{O}$;

(2)若$\boldsymbol{AB}=\boldsymbol{B}$,则$\boldsymbol{A}=\boldsymbol{E}$.

3. 设$\boldsymbol{A}$为$s\times n$矩阵,证明存在一个非零的$n\times m$矩阵$\boldsymbol{B}$使得$\boldsymbol{AB}=\boldsymbol{O}$的充分必要条件是$R(\boldsymbol{A})<n$.

4. 已知$\boldsymbol{A},\boldsymbol{B}$为3阶矩阵,满足$2\boldsymbol{A}^{-1}\boldsymbol{B}=\boldsymbol{B}-4\boldsymbol{E}$. 证明:$\boldsymbol{A}-2\boldsymbol{E}$可逆.

5. 设$\boldsymbol{A}$为n阶矩阵,$\boldsymbol{A}\neq\boldsymbol{O}$且存在正整数$k\geqslant2$,使$\boldsymbol{A}^k=0$. 求证:$\boldsymbol{E}-\boldsymbol{A}$可逆且$(\boldsymbol{E}-\boldsymbol{A})^{-1}=\boldsymbol{E}+\boldsymbol{A}+\boldsymbol{A}^2+\cdots+\boldsymbol{A}^{k-1}$.

6. 若$\boldsymbol{A}$为一个n阶矩阵,且$\boldsymbol{A}^2=\boldsymbol{E}$. 证明$R(\boldsymbol{A}+\boldsymbol{E})+R(\boldsymbol{A}-\boldsymbol{E})=\boldsymbol{n}$.

7. 若n阶矩阵$\boldsymbol{A}$满足$\boldsymbol{A}^2-2\boldsymbol{A}-4\boldsymbol{E}=\boldsymbol{O}$,试证$\boldsymbol{A}+\boldsymbol{E}$和$\boldsymbol{A}-3\boldsymbol{E}$均可逆,且互逆.

8. 设$\boldsymbol{A}^*$是n阶矩阵$\boldsymbol{A}$的伴随矩阵($n\geqslant2$),证明:$R(\boldsymbol{A}^*)=\begin{cases}n,R(\boldsymbol{A})=n,\\1,R(\boldsymbol{A})=n-1,\\0,R(\boldsymbol{A})<n-1.\end{cases}$

第 3 章 向量组的线性相关性

n 维向量理论是线性代数的基础理论之一,也是研究线性代数的主要工具之一. 本章主要研究 n 维向量之间的线性关系及有关结论.

3.1 n 维向量

在现实生活中,许多对象仅用一个数不能确切地描述它们,需要用一组有序数来描述. 例如,空间的一个球体,就可用 4 个有序数 (x,y,z,R) 来描述球心位置和半径 R;研究三高病人,需要经常测量病人的血压 x_1、血糖 x_2 和血脂 x_3,可用 (x_1,x_2,x_3) 来表示某病人的各项指标,这种客观事物在数量上的抽象就成为向量. 实际上,这一点在解析几何中已见过,如 $\boldsymbol{\alpha}=(1,2)$, $\boldsymbol{\beta}=(1,2,-1)$ 分别为平面 Oxy 及空间 $Oxyz$ 中的向量. 下面推广到 n 维向量的情形.

3.1.1 n 维向量

1) n 维向量的概念

定义 3.1 n 个实数 $a_1,a_2,\cdots,a_n$ 组成的有序数组 $(a_1,a_2,\cdots,a_n)$ 称为 n **维向量**,简称**向量**. 其中 a_i 为向量的第 i 个分量. n 维向量一般用斜体 $\boldsymbol{\alpha},\boldsymbol{\beta},\boldsymbol{\gamma}$ 等表示. 记为

$$\boldsymbol{\alpha}=(a_1,a_2,\cdots,a_n)\text{,也记作 }\boldsymbol{\alpha}=\begin{pmatrix}a_1\\a_2\\\vdots\\a_n\end{pmatrix}=(a_1,a_2,\cdots,a_n)^{\mathrm{T}}.$$

n 维向量写成一行,称为**行向量**,也就是行矩阵. n 维向量写成一列,称为**列向量**,也就是列矩阵. 例如,

$$(1,0,1),(a_1,a_2,\cdots,a_n),\begin{pmatrix}0\\0\\1\\2\end{pmatrix},\begin{pmatrix}x_1\\x_2\\\vdots\\x_n\end{pmatrix}$$

分别称为3维行向量、n 维行向量、4维列向量、n 维列向量. 如不作特别说明,本书中的向量主要指行向量,且为了书写方便,有时以行向量的转置表示列向量.

分量全为实数的向量称为**实向量**,分量全为复数的向量称为**复向量**. 本书只讨论实向量.

2)向量与矩阵的关系

设矩阵 $\boldsymbol{A}=\begin{pmatrix} a_{11} & a_{12} & \cdots & a_{1n} \\ a_{21} & a_{22} & \cdots & a_{2n} \\ \vdots & \vdots & & \vdots \\ a_{m1} & a_{m2} & \cdots & a_{mn} \end{pmatrix}$,若记 $\boldsymbol{\alpha}_j=\begin{pmatrix} a_{1j} \\ a_{2j} \\ \vdots \\ a_{mj} \end{pmatrix}$,则 $\boldsymbol{A}=(\boldsymbol{\alpha}_1 \quad \boldsymbol{\alpha}_2 \quad \cdots \quad \boldsymbol{\alpha}_n)$;若记 $\boldsymbol{\beta}_i=(a_{i1} \quad a_{i2} \quad \cdots \quad a_{in})$,则 $\boldsymbol{A}=\begin{pmatrix} \boldsymbol{\beta}_1 \\ \boldsymbol{\beta}_2 \\ \vdots \\ \boldsymbol{\beta}_m \end{pmatrix}$,由此说明矩阵可以用行向量表示,也可以用列向量表示.

3)向量的相等

设 $\boldsymbol{\alpha}=(a_1,a_2,\cdots,a_n)$,$\boldsymbol{\beta}=(b_1,b_2,\cdots,b_n)$都是 n 维向量,当且仅当它们各个对应的分量都相等,即 $a_i=b_i$ 时,$i=1,2,\cdots,n$,称向量 $\boldsymbol{\alpha}$ 与 $\boldsymbol{\beta}$ **相等**.

分量全为0的向量称为零向量,记为 $\mathbf{0}=(0,0,\cdots,0)$. 注意维数不相同的零向量是不相等的.

4)负向量

向量$(-a_1,-a_2,\cdots,-a_n)$称为向量 $\boldsymbol{\alpha}=(a_1,a_2,\cdots,a_n)$的**负向量**,记作 $-\boldsymbol{\alpha}$.

3.1.2 向量的线性运算

1)向量的加法

定义3.2 设 $\boldsymbol{\alpha}=(a_1,a_2,\cdots,a_n)$,$\boldsymbol{\beta}=(b_1,b_2,\cdots,b_n)$,则$(a_1+b_1,a_2+b_2,\cdots,a_n+b_n)$称为**向量 $\boldsymbol{\alpha}$ 与 $\boldsymbol{\beta}$ 的和**,记作

$$\boldsymbol{\alpha}+\boldsymbol{\beta}=(a_1+b_1,a_2+b_2,\cdots,a_n+b_n).$$

由负向量即可定义**向量的减法**:

$$\boldsymbol{\alpha}-\boldsymbol{\beta}=\boldsymbol{\alpha}+(-\boldsymbol{\beta})=(a_1-b_1,a_2-b_2,\cdots,a_n-b_n).$$

2)向量的数乘

定义3.3 设 $\boldsymbol{\alpha}=(a_1,a_2,\cdots,a_n)$是 n 维向量,λ 为实数,则向量$(\lambda a_1,\lambda a_2,\cdots,\lambda a_n)$称为**数 λ 与向量 $\boldsymbol{\alpha}$ 的乘积**,记作 $\lambda\boldsymbol{\alpha}$,即

$$\lambda\boldsymbol{\alpha}=(\lambda a_1,\lambda a_2,\cdots,\lambda a_n).$$

向量加法及向量数乘两种运算结合起来称为**向量的线性运算**. 在经济活动中有广泛的应用.

【例3.1】 某工厂两天生产的产量(单位:t)按产品顺序用向量表示,第一天为 $\boldsymbol{\alpha}_1=(15,20,17,8)^{\mathrm{T}}$,第二天为 $\boldsymbol{\alpha}_2=(16,22,18,9)^{\mathrm{T}}$,则两天生产的各产品的产量和为

$$\boldsymbol{\alpha}_1+\boldsymbol{\alpha}_2=(16,22,18,9)^{\mathrm{T}}+(16,22,18,9)^{\mathrm{T}}=(31,42,35,17)^{\mathrm{T}}.$$

【例3.2】 某工厂生产Ⅰ,Ⅱ,Ⅲ,Ⅳ 4种不同型号的产品,其计划年产量(单位:台)按产品型号顺序用向量表示为 $\boldsymbol{\alpha}=(120,156,84,372)^{\mathrm{T}}$,则平均月产量为

$$\frac{1}{12}\boldsymbol{\alpha}=\left(\frac{120}{12},\frac{156}{12},\frac{84}{12},\frac{372}{12}\right)^{\mathrm{T}}=(10,13,7,31)^{\mathrm{T}}.$$

3)向量的线性运算满足下列运算规律

①$\boldsymbol{\alpha}+\boldsymbol{\beta}=\boldsymbol{\beta}+\boldsymbol{\alpha}$;

②$(\boldsymbol{\alpha}+\boldsymbol{\beta})+\boldsymbol{\gamma}=\boldsymbol{\alpha}+(\boldsymbol{\beta}+\boldsymbol{\gamma})$;

③$\boldsymbol{\alpha}+\boldsymbol{0}=\boldsymbol{\alpha}$;

④$1\cdot\boldsymbol{\alpha}=\boldsymbol{\alpha}$;

⑤$\boldsymbol{\alpha}+(-\boldsymbol{\alpha})=\boldsymbol{0}$;

⑥$k(l\boldsymbol{\alpha})=(kl)\boldsymbol{\alpha}$;

⑦$k(\boldsymbol{\alpha}+\boldsymbol{\beta})=k\boldsymbol{\alpha}+k\boldsymbol{\beta}$;

⑧$(k+l)\boldsymbol{\alpha}=k\boldsymbol{\alpha}+l\boldsymbol{\alpha}$.

其中,$\boldsymbol{\alpha},\boldsymbol{\beta},\boldsymbol{\gamma}$ 都是 n 维向量,k,l 为常数.

习题 3.1

1. 设 $\boldsymbol{\alpha}_1=(1,-1,1)^{\mathrm{T}},\boldsymbol{\alpha}_2=(-1,1,1)^{\mathrm{T}},\boldsymbol{\alpha}_3=(1,1,-1)^{\mathrm{T}}$. 求

(1)$2\boldsymbol{\alpha}_1-3\boldsymbol{\alpha}_2+4\boldsymbol{\alpha}_3$;(2)$\boldsymbol{\alpha}_1+4\boldsymbol{\alpha}_2-7\boldsymbol{\alpha}_3$.

2. 若 $3\boldsymbol{x}+\begin{pmatrix}0\\1\\1\\1\end{pmatrix}=\begin{pmatrix}2\\1\\0\\1\end{pmatrix}+5\boldsymbol{x}$,求未知向量 $\boldsymbol{x}$.

3. 设 $3(\boldsymbol{\alpha}_1-\boldsymbol{\alpha})+2(\boldsymbol{\alpha}_2+\boldsymbol{\alpha})=5(\boldsymbol{\alpha}_3+\boldsymbol{\alpha})$,其中 $\boldsymbol{\alpha}_1=(2,5,1)^{\mathrm{T}},\boldsymbol{\alpha}_2=(10,1,5)^{\mathrm{T}},\boldsymbol{\alpha}_3=(4,1,-1)^{\mathrm{T}}$,求 $\boldsymbol{\alpha}$.

3.2 向量组的线性相关性

本节利用向量的线性运算研究向量间的线性关系. 先介绍向量组和线性组合的概念,再介绍向量组的线性相关和线性无关的概念,最后介绍利用矩阵的秩来判定向量组的线性相关性.

3.2.1 向量组和线性组合

1)向量组

定义 3.4 同维数的向量组成的集合称为**向量组**.

例如,$\boldsymbol{\alpha}_1=(1,0,0),\boldsymbol{\alpha}_2=(0,1,0),\boldsymbol{\alpha}_3=(0,0,1),\boldsymbol{\alpha}_4=(1,2,1)$是一个 3 维向量组.

2)线性组合

定义 3.5 给定向量组 $\boldsymbol{A}:\boldsymbol{\alpha}_1,\boldsymbol{\alpha}_2,\cdots,\boldsymbol{\alpha}_m$,对于任何一组实数 $k_1,k_2,\cdots,k_m$,表达式

$$k_1\boldsymbol{\alpha}_1+k_2\boldsymbol{\alpha}_2+\cdots+k_m\boldsymbol{\alpha}_m$$

称为向量组 $\boldsymbol{A}$ 的一个**线性组合**,其中 $k_1,k_2,\cdots,k_m$ 称为这个线性组合的系数.

给定向量组 $\boldsymbol{A}$: $\boldsymbol{\alpha}_1,\boldsymbol{\alpha}_2,\cdots,\boldsymbol{\alpha}_m$ 和向量 $\boldsymbol{\beta}$,如果存在一组数 $k_1,k_2,\cdots,k_m$,使得

$$\boldsymbol{\beta}=k_1\boldsymbol{\alpha}_1+k_2\boldsymbol{\alpha}_2+\cdots+k_m\boldsymbol{\alpha}_m,$$

则称向量$\boldsymbol{\beta}$是向量$\boldsymbol{\alpha}_1,\boldsymbol{\alpha}_2,\cdots,\boldsymbol{\alpha}_m$的线性组合,或者说$\boldsymbol{\beta}$能由向量组$\boldsymbol{A}$线性表示.

例如,$\boldsymbol{\alpha}_1=(1,0,0),\boldsymbol{\alpha}_2=(0,1,0),\boldsymbol{\beta}=(2,1,0)$,显然有$\boldsymbol{\beta}=2\boldsymbol{\alpha}_1+\boldsymbol{\alpha}_2$,则$\boldsymbol{\beta}$是向量$\boldsymbol{\alpha}_1,\boldsymbol{\alpha}_2$的线性组合,或$\boldsymbol{\beta}$能由向量$\boldsymbol{\alpha}_1,\boldsymbol{\alpha}_2$线性表示.

3.2.2　向量组的线性相关性

1)线性相关和线性无关的概念

定义3.6　设有向量组$\boldsymbol{A}:\boldsymbol{\alpha}_1,\boldsymbol{\alpha}_2,\cdots,\boldsymbol{\alpha}_m$,如果存在不全为零的数$k_1,k_2,\cdots,k_m$,使

$$k_1\boldsymbol{\alpha}_1+k_2\boldsymbol{\alpha}_2+\cdots+k_m\boldsymbol{\alpha}_m=\boldsymbol{0}. \tag{3.1}$$

则称向量组$\boldsymbol{\alpha}_1,\boldsymbol{\alpha}_2,\cdots,\boldsymbol{\alpha}_m$**线性相关**. 否则,称向量组$\boldsymbol{\alpha}_1,\boldsymbol{\alpha}_2,\cdots,\boldsymbol{\alpha}_m$**线性无关**. 也就是说,当且仅当$k_1=k_2=\cdots=k_m=0$时,式(3.1)才成立,则称向量组$\boldsymbol{\alpha}_1,\boldsymbol{\alpha}_2,\cdots,\boldsymbol{\alpha}_m$线性无关.

例如,向量组$\boldsymbol{\alpha}_1=(1,0,0),\boldsymbol{\alpha}_2=(0,1,0),\boldsymbol{\alpha}_3=(0,0,1),\boldsymbol{\alpha}_4=(1,1,1)$,因为$\boldsymbol{\alpha}_1+\boldsymbol{\alpha}_2+\boldsymbol{\alpha}_3-\boldsymbol{\alpha}_4=0$,即存在一组不全为0的数$1,1,1,-1$,使式(3.1)成立,所以向量组$\boldsymbol{\alpha}_1,\boldsymbol{\alpha}_2,\boldsymbol{\alpha}_3,\boldsymbol{\alpha}_4$线性相关. 又因为要使$k_1\boldsymbol{\alpha}_1+k_2\boldsymbol{\alpha}_2+k_3\boldsymbol{\alpha}_3=\boldsymbol{0}$成立,当且仅当$k_1=k_2=k_3=0$,所以向量组$\boldsymbol{\alpha}_1,\boldsymbol{\alpha}_2,\boldsymbol{\alpha}_3$线性无关.

2)线性相关的等价定义

说向量组$\boldsymbol{\alpha}_1,\boldsymbol{\alpha}_2,\cdots,\boldsymbol{\alpha}_m$线性相关,通常是指$m\geqslant 2$的情形. 但定义3.6也适用于$m=1$的情形. 当$m=1$时,向量组只含一个向量$\boldsymbol{\alpha}_1$;当$\boldsymbol{\alpha}_1=\boldsymbol{0}$时,向量组线性相关;当$\boldsymbol{\alpha}_1\neq\boldsymbol{0}$时,向量组线性无关;当$m=2$时,向量组含两个向量$\boldsymbol{\alpha}_1,\boldsymbol{\alpha}_2$,它们线性相关的充要条件是$\boldsymbol{\alpha}_1,\boldsymbol{\alpha}_2$的分量对应成比例,其几何意义是两个向量共线. 3个向量线性相关的几何意义是3个向量共面.

定义3.7　如果向量组$\boldsymbol{A}:\boldsymbol{\alpha}_1,\boldsymbol{\alpha}_2,\cdots,\boldsymbol{\alpha}_m$中至少有一个向量可由其余$m-1$个向量线性表示,则称向量组$\boldsymbol{A}$**线性相关**.

这是因为如果向量组$\boldsymbol{A}$线性相关,由定义3.6必存在一组不全为0的数$k_1,k_2,\cdots,k_m$,使得

$$k_1\boldsymbol{\alpha}_1+k_2\boldsymbol{\alpha}_2+\cdots+k_m\boldsymbol{\alpha}_m=\boldsymbol{0}$$

不妨设$k_1\neq 0$,则有$\boldsymbol{\alpha}_1=\left(-\dfrac{k_2}{k_1}\right)\boldsymbol{\alpha}_2+\left(-\dfrac{k_3}{k_1}\right)\boldsymbol{\alpha}_3+\cdots+\left(-\dfrac{k_m}{k_1}\right)\boldsymbol{\alpha}_m$,即$\boldsymbol{\alpha}_1$能由其余向量线性表示.

如果向量组$\boldsymbol{A}$中有某个向量能由其余$m-1$个向量线性表示,不妨设$\boldsymbol{\alpha}_m$能由$\boldsymbol{\alpha}_1,\boldsymbol{\alpha}_2,\cdots,\boldsymbol{\alpha}_{m-1}$线性表示,即$\boldsymbol{\alpha}_m=k_1\boldsymbol{\alpha}_1+k_2\boldsymbol{\alpha}_2+\cdots+k_{m-1}\boldsymbol{\alpha}_{m-1}$,因此存在一组不全为零的数$k_1,k_2,\cdots,k_{m-1}$,使$k_1\boldsymbol{\alpha}_1+k_2\boldsymbol{\alpha}_2+\cdots+k_{m-1}\boldsymbol{\alpha}_{m-1}-\boldsymbol{\alpha}_m=0$成立,所以向量组$\boldsymbol{A}$线性相关.

归纳总结

向量组的线性相关与线性无关的概念也可用于线性方程组. 当方程组中有某个方程是其余方程的线性组合时,这个方程就是多余的,这时称方程组(各个方程)是线性相关的;当方程组中没有多余的方程时,就称方程组(各个方程)线性无关.

3)线性相关的判定定理

定理3.1　向量组$\boldsymbol{A}:\boldsymbol{\alpha}_1,\boldsymbol{\alpha}_2,\cdots,\boldsymbol{\alpha}_m$[其中,$\boldsymbol{\alpha}_i=(a_{i1},a_{i2},\cdots,a_{in}),i=1,2,\cdots,m$]线性相关的充要条件是矩阵$\boldsymbol{A}$的秩$R(\boldsymbol{A})<m$;向量组$\boldsymbol{A}$线性无关的充要条件是$R(\boldsymbol{A})=m$,其中矩阵

$$A=\begin{pmatrix}\boldsymbol{\alpha}_1\\\boldsymbol{\alpha}_2\\\vdots\\\boldsymbol{\alpha}_m\end{pmatrix}=\begin{pmatrix}a_{11}&a_{12}&\cdots&a_{1n}\\a_{21}&a_{22}&\cdots&a_{2n}\\\vdots&\vdots&&\vdots\\a_{m1}&a_{m2}&\cdots&a_{mn}\end{pmatrix}.$$

证 先证必要性. 设向量组 $\boldsymbol{A}:\boldsymbol{\alpha}_1,\boldsymbol{\alpha}_2,\cdots,\boldsymbol{\alpha}_m$ 线性相关,由定义3.7知必有某个向量,不妨设 $\boldsymbol{\alpha}_m$ 可由其余 $m-1$ 个向量线性表示,即

$$\boldsymbol{\alpha}_m=k_1\boldsymbol{\alpha}_1+k_2\boldsymbol{\alpha}_2+\cdots+k_{m-1}\boldsymbol{\alpha}_{m-1},$$

写成分量形式为

$$\boldsymbol{\alpha}_{mj}=k_1\boldsymbol{\alpha}_{1j}+k_2\boldsymbol{\alpha}_{2j}+\cdots+k_{m-1}\boldsymbol{\alpha}_{m-1,j},(\text{其中 } j=1,2,\cdots,n) \tag{3.2}$$

对矩阵 $\boldsymbol{A}$ 作初等行变换,用 $-k_1,-k_2,\cdots,-k_{m-1}$ 分别乘以矩阵 $\boldsymbol{A}$ 的第 $1,2,\cdots,m-1$ 行后都加到第 m 行上去,根据式(3.2)有

$$A=\begin{pmatrix}\boldsymbol{\alpha}_1\\\vdots\\\boldsymbol{\alpha}_{m-1}\\\boldsymbol{\alpha}_m\end{pmatrix}=\begin{pmatrix}a_{11}&a_{12}&\cdots&a_{1n}\\\vdots&\vdots&&\vdots\\a_{m-1,1}&a_{m-1,2}&\cdots&a_{m-1,n}\\a_{m1}&a_{m2}&\cdots&a_{mn}\end{pmatrix}\to\begin{pmatrix}a_{11}&a_{12}&\cdots&a_{1n}\\\vdots&\vdots&&\vdots\\a_{m-1,1}&a_{m-1,2}&\cdots&a_{m-1,n}\\0&0&\cdots&0\end{pmatrix}.$$

可知矩阵 $R(\boldsymbol{A})<m$.

再证充分性. 由于 $R(\boldsymbol{A})<m$,可知 $\boldsymbol{A}$ 中至少有一行全部被化为0,又由必要性证明知,$\boldsymbol{\alpha}_1,\boldsymbol{\alpha}_2,\cdots,\boldsymbol{\alpha}_m$ 中至少有一个向量可由其余 $m-1$ 个向量线性表示,因此得向量组 $\boldsymbol{A}:\boldsymbol{\alpha}_1,\boldsymbol{\alpha}_2,\cdots,\boldsymbol{\alpha}_m$ 线性相关.

此命题的逆否命题为向量组 $\boldsymbol{A}$ 线性无关的充要条件是 $R(\boldsymbol{A})\geqslant m$,又因为 $R(\boldsymbol{A})\leqslant m$,即得向量组 $\boldsymbol{A}$ 线性无关的充要条件是 $R(\boldsymbol{A})=m$.

【例3.3】 已知 $\boldsymbol{\alpha}_1=(1,1,1),\boldsymbol{\alpha}_2=(0,2,5),\boldsymbol{\alpha}_3=(2,4,7)$,讨论向量组 $\boldsymbol{\alpha}_1,\boldsymbol{\alpha}_2,\boldsymbol{\alpha}_3$ 及向量组 $\boldsymbol{\alpha}_1,\boldsymbol{\alpha}_2$ 的线性相关性.

解 对矩阵 $\boldsymbol{A}=\begin{pmatrix}\boldsymbol{\alpha}_1\\\boldsymbol{\alpha}_2\\\boldsymbol{\alpha}_3\end{pmatrix}$ 施行初等行变换变成阶梯形矩阵,即可同时看出矩阵 $\begin{pmatrix}\boldsymbol{\alpha}_1\\\boldsymbol{\alpha}_2\\\boldsymbol{\alpha}_3\end{pmatrix}$ 和矩阵 $\begin{pmatrix}\boldsymbol{\alpha}_1\\\boldsymbol{\alpha}_2\end{pmatrix}$ 的秩.

$$\begin{pmatrix}\boldsymbol{\alpha}_1\\\boldsymbol{\alpha}_2\\\boldsymbol{\alpha}_3\end{pmatrix}=\begin{pmatrix}1&1&1\\0&2&5\\2&4&7\end{pmatrix}\xrightarrow{r_3-2r_1}\begin{pmatrix}1&1&1\\0&2&5\\0&2&5\end{pmatrix}\xrightarrow{r_3-r_2}\begin{pmatrix}1&1&1\\0&2&5\\0&0&0\end{pmatrix}.$$

可见矩阵 $\boldsymbol{A}$ 的秩为2,矩阵 $\begin{pmatrix}\boldsymbol{\alpha}_1\\\boldsymbol{\alpha}_2\end{pmatrix}$ 的秩也为2. 由定理3.1知,向量组 $\boldsymbol{\alpha}_1,\boldsymbol{\alpha}_2,\boldsymbol{\alpha}_3$ 线性相关,向量组 $\boldsymbol{\alpha}_1,\boldsymbol{\alpha}_2$ 线性无关.

由定理3.1知,n 个 n 维向量线性无关的充要条件是 $R(\boldsymbol{A})=n$,即 $\boldsymbol{A}$ 是满秩矩阵,从而 $|\boldsymbol{A}|\neq 0$,由此得到下面的推论.

推论 任意 n 个 n 维向量线性无关的充要条件是由它们构成的方阵的行列式不等于零.

定理 3.2　(1)如果向量组 $\boldsymbol{A}:\boldsymbol{\alpha}_1,\boldsymbol{\alpha}_2,\cdots,\boldsymbol{\alpha}_m$ 线性相关,则向量组 $\boldsymbol{B}:\boldsymbol{\alpha}_1,\boldsymbol{\alpha}_2,\cdots,\boldsymbol{\alpha}_m,\boldsymbol{\alpha}_{m+1}$ 也线性相关;如果向量组 $\boldsymbol{B}$ 线性无关,则向量组 $\boldsymbol{A}$ 也线性无关.

(2)如果向量组 $\boldsymbol{A}:\boldsymbol{\alpha}_1,\boldsymbol{\alpha}_2,\cdots,\boldsymbol{\alpha}_m$ 线性无关,而向量组 $\boldsymbol{B}:\boldsymbol{\alpha}_1,\boldsymbol{\alpha}_2,\cdots,\boldsymbol{\alpha}_m,\boldsymbol{\beta}$ 线性相关,则 $\boldsymbol{\beta}$ 可由向量组 $\boldsymbol{A}$ 线性表示,且表示法唯一.

(3)当 $m>n$ 时,m 个 n 维向量必线性相关.

(4)如果 m 个 r 维向量 $\boldsymbol{\alpha}_i=(a_{i1},a_{i2},\cdots,a_{ir}),i=1,2,\cdots,m$ 线性无关,则对应的 m 个 $r+1$ 维向量 $\boldsymbol{\beta}_i=(a_{i1},a_{i2},\cdots,a_{ir},a_{i,r+1})$ 也线性无关.

证　(1)记

$$\boldsymbol{A}=\begin{pmatrix}\boldsymbol{\alpha}_1\\\boldsymbol{\alpha}_2\\\vdots\\\boldsymbol{\alpha}_m\end{pmatrix},\boldsymbol{B}=\begin{pmatrix}\boldsymbol{\alpha}_1\\\boldsymbol{\alpha}_2\\\vdots\\\boldsymbol{\alpha}_m\\\boldsymbol{\alpha}_{m+1}\end{pmatrix}$$

有 $R(\boldsymbol{B})\leqslant R(\boldsymbol{A})+1$. 因为向量组 $\boldsymbol{A}$ 线性相关,由定理 3.1 知,$R(\boldsymbol{A})<m$,从而 $R(\boldsymbol{B})\leqslant R(\boldsymbol{A})+1<m+1$,因此,向量组 $\boldsymbol{B}$ 线性相关. 结论(1)又可叙述为:一个向量组若有线性相关的部分组,则整个向量组线性相关. 特别地,含有零向量的向量组必线性相关. 一个向量组若线性无关,则它的任何部分组也线性无关.

(2)由向量组 $\boldsymbol{B}:\boldsymbol{\alpha}_1,\boldsymbol{\alpha}_2,\cdots,\boldsymbol{\alpha}_m,\boldsymbol{\beta}$ 线性相关知,存在一组不全为零的数 $k_1,k_2,\cdots,k_m,k$,使得

$$k_1\boldsymbol{\alpha}_1+k_2\boldsymbol{\alpha}_2+\cdots+k_m\boldsymbol{\alpha}_m+k\boldsymbol{\beta}=\boldsymbol{0}\tag{3.3}$$

若 $k=0$,则式(3.3)变为

$$k_1\boldsymbol{\alpha}_1+k_2\boldsymbol{\alpha}_2+\cdots+k_m\boldsymbol{\alpha}_m=\boldsymbol{0}$$

由向量组 $\boldsymbol{A}:\boldsymbol{\alpha}_1,\boldsymbol{\alpha}_2,\cdots,\boldsymbol{\alpha}_m$ 线性无关知,必有 $k_1=k_2=\cdots=k_m=0$,这与式(3.3)中的系数不全为零矛盾,故必有 $k\neq0$,则 $\boldsymbol{\beta}=\left(-\frac{k_1}{k}\right)\boldsymbol{\alpha}_1+\left(-\frac{k_2}{k}\right)\boldsymbol{\alpha}_2+\cdots+\left(-\frac{k_m}{k}\right)\boldsymbol{\alpha}_m$,即 $\boldsymbol{\beta}$ 可由向量组 $\boldsymbol{A}$ 线性表示.

下证表示法唯一. 假设

$$\boldsymbol{\beta}=k_1\boldsymbol{\alpha}_1+k_2\boldsymbol{\alpha}_2+\cdots+k_m\boldsymbol{\alpha}_m,$$
$$\boldsymbol{\beta}=l_1\boldsymbol{\alpha}_1+l_2\boldsymbol{\alpha}_2+\cdots+l_m\boldsymbol{\alpha}_m.$$

两式相减得

$$(k_1-l_1)\boldsymbol{\alpha}_1+(k_2-l_2)\boldsymbol{\alpha}_2+\cdots+(k_m-l_m)\boldsymbol{\alpha}_m=\boldsymbol{0}.$$

由向量组 $\boldsymbol{A}:\boldsymbol{\alpha}_1,\boldsymbol{\alpha}_2,\cdots,\boldsymbol{\alpha}_m$ 线性无关得,$k_i-l_i=0$,故 $k_i=l_i,i=1,2,\cdots,m$. 得证.

(3)m 个 n 维向量 $\boldsymbol{\alpha}_1,\boldsymbol{\alpha}_2,\cdots,\boldsymbol{\alpha}_m$ 构成矩阵 $\boldsymbol{A}_{m\times n}=\begin{pmatrix}\boldsymbol{\alpha}_1\\\boldsymbol{\alpha}_2\\\vdots\\\boldsymbol{\alpha}_m\end{pmatrix}$,有 $R(\boldsymbol{A})\leqslant n$. 当 $n<m$ 时,有 $R(\boldsymbol{A})<m$,故向量组 $\boldsymbol{\alpha}_1,\boldsymbol{\alpha}_2,\cdots,\boldsymbol{\alpha}_m$ 线性相关.

(4)记 $\boldsymbol{A}_{m\times r}=\begin{pmatrix}\boldsymbol{\alpha}_1\\\boldsymbol{\alpha}_2\\\vdots\\\boldsymbol{\alpha}_m\end{pmatrix}$,$\boldsymbol{B}_{m\times(r+1)}=\begin{pmatrix}\boldsymbol{\beta}_1\\\boldsymbol{\beta}_2\\\vdots\\\boldsymbol{\beta}_m\end{pmatrix}$,有 $R(\boldsymbol{A})\leqslant R(\boldsymbol{B})$,因为向量组 $\boldsymbol{\alpha}_1,\boldsymbol{\alpha}_2,\cdots,\boldsymbol{\alpha}_m$ 线性无关,所以 $R(\boldsymbol{A})=m$,从而 $m=R(\boldsymbol{A})\leqslant R(\boldsymbol{B})\leqslant m$,故 $R(\boldsymbol{B})=m$,得向量组 $\boldsymbol{\beta}_1,\boldsymbol{\beta}_2,\cdots,\boldsymbol{\beta}_m$ 线性无关.

【例 3.4】 已知向量组 $\boldsymbol{\alpha}_1,\boldsymbol{\alpha}_2,\boldsymbol{\alpha}_3$ 线性无关,$\boldsymbol{\beta}_1=\boldsymbol{\alpha}_1+\boldsymbol{\alpha}_2,\boldsymbol{\beta}_2=\boldsymbol{\alpha}_2+\boldsymbol{\alpha}_3,\boldsymbol{\beta}_3=\boldsymbol{\alpha}_3+\boldsymbol{\alpha}_1$,试证向量组 $\boldsymbol{\beta}_1,\boldsymbol{\beta}_2,\boldsymbol{\beta}_3$ 线性无关.

证 1 设有 3 个数 k_1,k_2,k_3 使 $k_1\boldsymbol{\beta}_1+k_2\boldsymbol{\beta}_2+k_3\boldsymbol{\beta}_3=0$,即

$$k_1(\boldsymbol{\alpha}_1+\boldsymbol{\alpha}_2)+k_2(\boldsymbol{\alpha}_2+\boldsymbol{\alpha}_3)+k_3(\boldsymbol{\alpha}_3+\boldsymbol{\alpha}_1)=0,$$

即

$$(k_1+k_3)\boldsymbol{\alpha}_1+(k_1+k_2)\boldsymbol{\alpha}_2+(k_2+k_3)\boldsymbol{\alpha}_3=0.$$

因为向量组 $\boldsymbol{\alpha}_1,\boldsymbol{\alpha}_2,\boldsymbol{\alpha}_3$ 线性无关,所以

$$\begin{cases}k_1+k_3=0\\k_1+k_2=0\\k_2+k_3=0\end{cases},$$

由于此方程组的系数行列式 $D=\begin{vmatrix}1&0&1\\1&1&0\\0&1&1\end{vmatrix}=2\neq0$,由第 1 章定理 1.4 知,此方程组只有零解,故 $k_1=k_2=k_3=0$. 所以向量组 $\boldsymbol{\beta}_1,\boldsymbol{\beta}_2,\boldsymbol{\beta}_3$ 线性无关.

证 2 利用矩阵的乘法,向量 $\boldsymbol{\beta}_1,\boldsymbol{\beta}_2,\boldsymbol{\beta}_3$ 可写成如下等式

$$\begin{pmatrix}\boldsymbol{\beta}_1\\\boldsymbol{\beta}_2\\\boldsymbol{\beta}_3\end{pmatrix}=\begin{pmatrix}1&1&0\\0&1&1\\1&0&1\end{pmatrix}\begin{pmatrix}\boldsymbol{\alpha}_1\\\boldsymbol{\alpha}_2\\\boldsymbol{\alpha}_3\end{pmatrix}$$

记作 $\boldsymbol{B}=\boldsymbol{KA}$,因为 $|\boldsymbol{K}|=2\neq0$,由第 2 章定理 2.7 的推论知,矩阵 $\boldsymbol{A}$ 和 $\boldsymbol{B}$ 等价,从而 $R(\boldsymbol{B})=R(\boldsymbol{A})=3$,所以向量组 $\boldsymbol{\beta}_1,\boldsymbol{\beta}_2,\boldsymbol{\beta}_3$ 线性无关.

习题 3.2

1. 试将 $\boldsymbol{\beta}$ 表示成 $\boldsymbol{\alpha}_1,\boldsymbol{\alpha}_2,\boldsymbol{\alpha}_3$ 的线性组合,其中 $\boldsymbol{\beta}=(0,0,1)^{\mathrm{T}},\boldsymbol{\alpha}_1=(1,1,1)^{\mathrm{T}},\boldsymbol{\alpha}_2=(2,1,3)^{\mathrm{T}}$.

2. 设 $\boldsymbol{\alpha}_1=(a,3,2)^{\mathrm{T}},\boldsymbol{\alpha}_2=(2,-1,3)^{\mathrm{T}},\boldsymbol{\alpha}_3=(3,2,1)^{\mathrm{T}}$,若 $\boldsymbol{\alpha}_1,\boldsymbol{\alpha}_2,\boldsymbol{\alpha}_3$ 线性相关,求 a.

3. 判断下列向量组的线性相关性.

(1) $\boldsymbol{\alpha}_1=(3,2,1)^{\mathrm{T}},\boldsymbol{\alpha}_2=(-3,5,1)^{\mathrm{T}},\boldsymbol{\alpha}_3=(6,1,3)^{\mathrm{T}}$;

(2) $\boldsymbol{\alpha}_1=(1,1,3,1)^{\mathrm{T}},\boldsymbol{\alpha}_2=(4,1,-3,2)^{\mathrm{T}},\boldsymbol{\alpha}_3=(1,0,1,2)^{\mathrm{T}}$;

(3) $\boldsymbol{\alpha}_1=(1,1,-2,1),\boldsymbol{\alpha}_2=(0,-1,3,4),\boldsymbol{\alpha}_3=(5,2,1,3),\boldsymbol{\alpha}_4=(4,-1,9,10)$.

4. 设向量组 $\boldsymbol{\alpha}_1,\boldsymbol{\alpha}_2,\boldsymbol{\alpha}_3$ 与 $\boldsymbol{\alpha}_1,\boldsymbol{\alpha}_2,\boldsymbol{\alpha}_3,\boldsymbol{\alpha}_4$ 均线性无关,向量组 $\boldsymbol{\alpha}_1,\boldsymbol{\alpha}_2,\boldsymbol{\alpha}_3,\boldsymbol{\alpha}_5$ 线性相关,证明向量组 $\boldsymbol{\alpha}_1,\boldsymbol{\alpha}_2,\boldsymbol{\alpha}_3,\boldsymbol{\alpha}_4+\boldsymbol{\alpha}_5$ 线性无关.

3.3　向量组的秩

3.3.1　向量组的极大线性无关组

1) 向量组的等价及其性质

定义 3.8　设有两个向量组

(i) $\boldsymbol{\alpha}_1,\boldsymbol{\alpha}_2,\cdots,\boldsymbol{\alpha}_s$;

(ii) $\boldsymbol{\beta}_1,\boldsymbol{\beta}_2,\cdots,\boldsymbol{\beta}_t$.

若向量组(i)中每个向量都可由向量组(ii)线性表示,则称向量组(i)可由向量组(ii)线性表示;如果向量组(i)和(ii)可以相互线性表示,则称向量组(i)与(ii)等价.

向量组的等价具有下列性质:

(1) **自反性**:向量组与它自身等价.

(2) **对称性**:如果向量组(i)与(ii)等价,则向量组(ii)与(i)也等价.

(3) **传递性**:如果向量组(i)与(ii)等价,向量组(ii)与(iii)等价,则向量组(i)与(iii)等价.

2) 极大线性无关组的概念

定义 3.9　设有向量组 $\boldsymbol{A}:\boldsymbol{\alpha}_1,\boldsymbol{\alpha}_2,\cdots,\boldsymbol{\alpha}_m$,如果在 $\boldsymbol{A}$ 中能选出 r 个向量 $\boldsymbol{\alpha}_1,\boldsymbol{\alpha}_2,\cdots,\boldsymbol{\alpha}_r$ 满足:

(1) 部分向量组 $\boldsymbol{A}_0:\boldsymbol{\alpha}_1,\boldsymbol{\alpha}_2,\cdots,\boldsymbol{\alpha}_r$ 线性无关;

(2) 向量组 $\boldsymbol{A}$ 可由向量组 $\boldsymbol{A}_0$ 线性表示,则称向量组 $\boldsymbol{A}_0$ 是向量组 $\boldsymbol{A}$ 的一个**极大线性无关组**.

由定义知,一个线性无关向量组的极大线性无关组就是向量组本身.

【例 3.5】　求向量组 $\boldsymbol{\alpha}_1=(2,1,0),\boldsymbol{\alpha}_2=(1,0,1),\boldsymbol{\alpha}_3=(3,1,1)$ 的极大线性无关组.

解　因为 $\boldsymbol{\alpha}_1$ 与 $\boldsymbol{\alpha}_2$ 的对应分量不成比例,所以 $\boldsymbol{\alpha}_1$ 与 $\boldsymbol{\alpha}_2$ 线性无关. 又因为

$$\boldsymbol{\alpha}_1=1\cdot\boldsymbol{\alpha}_1+0\cdot\boldsymbol{\alpha}_2,\boldsymbol{\alpha}_2=0\cdot\boldsymbol{\alpha}_1+1\cdot\boldsymbol{\alpha}_2,\boldsymbol{\alpha}_3=1\cdot\boldsymbol{\alpha}_1+1\cdot\boldsymbol{\alpha}_2,$$

所以 $\boldsymbol{\alpha}_1,\boldsymbol{\alpha}_2,\boldsymbol{\alpha}_3$ 可由 $\boldsymbol{\alpha}_1,\boldsymbol{\alpha}_2$ 线性表示. 故 $\boldsymbol{\alpha}_1,\boldsymbol{\alpha}_2$ 是向量组 $\boldsymbol{\alpha}_1,\boldsymbol{\alpha}_2,\boldsymbol{\alpha}_3$ 的一个极大线性无关组.

可以验证 $\boldsymbol{\alpha}_1,\boldsymbol{\alpha}_3$ 和 $\boldsymbol{\alpha}_2,\boldsymbol{\alpha}_3$ 都是向量组 $\boldsymbol{\alpha}_1,\boldsymbol{\alpha}_2,\boldsymbol{\alpha}_3$ 的极大线性无关组. 由此可知一个向量组的极大线性无关组不是唯一的.

定义 3.10(极大线性无关组的等价定义)

设向量组 $\boldsymbol{A}_0:\boldsymbol{\alpha}_1,\boldsymbol{\alpha}_2,\cdots,\boldsymbol{\alpha}_r$ 是向量组 $\boldsymbol{A}:\boldsymbol{\alpha}_1,\boldsymbol{\alpha}_2,\cdots,\boldsymbol{\alpha}_m$ 的一个部分组,且满足:

(1) 向量组 $\boldsymbol{A}_0$ 线性无关;

(2) 向量组 $\boldsymbol{A}$ 中任意 $r+1$ 个向量(如果有的话)都线性相关;

则称向量组 $\boldsymbol{A}_0$ 是向量组 $\boldsymbol{A}$ 的一个**极大线性无关组**.

归纳总结

(1) 一个向量组与它的极大线性无关组等价.

(2) 一个向量组的任意两个极大线性无关组等价.

这样就产生了一个问题:一个向量组的任意两个极大线性无关组所含向量的个数是否相等? 下面就解决这个问题.

3)极大线性无关组的相关定理

定理 3.3　设向量组 $\boldsymbol{\alpha}_1,\boldsymbol{\alpha}_2,\cdots,\boldsymbol{\alpha}_s$ 线性无关,且可由向量组 $\boldsymbol{\beta}_1,\boldsymbol{\beta}_2,\cdots,\boldsymbol{\beta}_t$ 线性表示,则$s\leqslant t$.

证　设 $\boldsymbol{\alpha}_i=(a_{i1},a_{i2},\cdots,a_{in}),i=1,2,\cdots,s,\boldsymbol{\beta}_i=(b_{i1},b_{i2},\cdots,b_{in}),i=1,2,\cdots,t.$

因为向量组 $\boldsymbol{\alpha}_1,\boldsymbol{\alpha}_2,\cdots,\boldsymbol{\alpha}_s$ 可由向量组 $\boldsymbol{\beta}_1,\boldsymbol{\beta}_2,\cdots,\boldsymbol{\beta}_t$ 线性表示,设

$$\boldsymbol{\alpha}_i=k_{i1}\boldsymbol{\beta}_1+k_{i2}\boldsymbol{\beta}_2+\cdots+k_{it}\boldsymbol{\beta}_t,i=1,2,\cdots,s.$$

$$\boldsymbol{A}=\begin{pmatrix}\boldsymbol{\alpha}_1\\\boldsymbol{\alpha}_2\\\vdots\\\boldsymbol{\alpha}_s\end{pmatrix},\boldsymbol{C}=\begin{pmatrix}\boldsymbol{\beta}_1\\\boldsymbol{\beta}_2\\\vdots\\\boldsymbol{\beta}_t\\\boldsymbol{\alpha}_1\\\vdots\\\boldsymbol{\alpha}_s\end{pmatrix}.$$

对矩阵 $\boldsymbol{C}$ 作初等行变换,以 $-k_{i1},-k_{i2},\cdots,-k_{it}$分别乘以矩阵 $\boldsymbol{C}$ 的第 $i(i=1,2,\cdots,t)$行后加到第 $t+i(i=1,2,\cdots,s)$行上,得

$$\boldsymbol{C}=\begin{pmatrix}\boldsymbol{\beta}_1\\\boldsymbol{\beta}_2\\\vdots\\\boldsymbol{\beta}_t\\\boldsymbol{\alpha}_1\\\vdots\\\boldsymbol{\alpha}_s\end{pmatrix}=\begin{pmatrix}b_{11}&b_{12}&\cdots&b_{1n}\\b_{21}&b_{22}&\cdots&b_{2n}\\\vdots&\vdots&&\vdots\\b_{t1}&b_{t2}&\cdots&b_{tn}\\a_{11}&a_{12}&\cdots&a_{1n}\\\vdots&\vdots&&\vdots\\a_{s1}&a_{s1}&\cdots&a_{sn}\end{pmatrix}\to\begin{pmatrix}b_{11}&b_{12}&\cdots&b_{1n}\\b_{21}&b_{22}&\cdots&b_{2n}\\\vdots&\vdots&&\vdots\\b_{t1}&b_{t2}&\cdots&b_{tn}\\0&0&\cdots&0\\\vdots&\vdots&&\vdots\\0&0&\cdots&0\end{pmatrix}.$$

于是 $s=R(\boldsymbol{A})\leqslant R(\boldsymbol{C})\leqslant t.$

由定理3.3 的逆否命题得:

推论 1　若向量组 $\boldsymbol{\alpha}_1,\boldsymbol{\alpha}_2,\cdots,\boldsymbol{\alpha}_s$ 可由向量组$\boldsymbol{\beta}_1,\boldsymbol{\beta}_2,\cdots,\boldsymbol{\beta}_t$ 线性表示,且 $s>t$,则向量组 $\boldsymbol{\alpha}_1,\boldsymbol{\alpha}_2,\cdots,\boldsymbol{\alpha}_s$ 线性相关.

因为一个向量组的任意两个极大线性无关组等价,由定理3.3 知.

推论 2　一个向量组的任意两个极大线性无关组所含的向量个数相等.

3.3.2　向量组的秩及其求法

由定理3.3 的推论2 知,虽然一个向量组的极大线性无关组是不唯一的,但是它们所含的向量个数却是相同的,这个相同的数是向量组的一个重要的数字参数,称它为向量组的秩.

1)向量组的秩的概念

定义 3.11　向量组 $\boldsymbol{\alpha}_1,\boldsymbol{\alpha}_2,\cdots,\boldsymbol{\alpha}_m$ 的极大线性无关组中所含向量个数称为该**向量组的秩**,记为 $R(\boldsymbol{\alpha}_1,\boldsymbol{\alpha}_2,\cdots,\boldsymbol{\alpha}_m)$. 仅含零向量的向量组的秩规定为0.

如【例 3.3】中，向量组 $\boldsymbol{\alpha}_1,\boldsymbol{\alpha}_2,\boldsymbol{\alpha}_3$ 的秩为 2.

一个 $m \times n$ 矩阵可看成一个由 m 个 n 维行向量组成的行向量组，也可看成一个由 n 个 m 维列向量组成的列向量组；反之，一个向量组也可以组成一个矩阵. 因此有下面的定义.

定义 3.12　矩阵的行向量组的秩称为**矩阵的行秩**；矩阵的列向量组的秩称为**矩阵的列秩**.

定理 3.4　矩阵的行秩等于矩阵的列秩，并且都等于矩阵的秩.

证　设 $\boldsymbol{A}_{m\times n}=(\boldsymbol{\beta}_1,\boldsymbol{\beta}_2,\cdots,\boldsymbol{\beta}_n)$，$R(\boldsymbol{A})=r$，要证列向量组 $\boldsymbol{\beta}_1,\boldsymbol{\beta}_2,\cdots,\boldsymbol{\beta}_n$ 的秩也是 r，只要证明在列向量组 $\boldsymbol{\beta}_1,\boldsymbol{\beta}_2,\cdots,\boldsymbol{\beta}_n$ 中存在 r 个列向量线性无关，而其余的列向量可以由它线性表示.

不失一般性，可假设矩阵 $\boldsymbol{A}$ 的左上角的一个 r 阶子式

$$\boldsymbol{D}_r=\begin{vmatrix} a_{11} & a_{12} & \cdots & a_{1r} \\ a_{21} & a_{22} & \cdots & a_{2r} \\ \vdots & \vdots & & \vdots \\ a_{r1} & a_{r2} & \cdots & a_{rr} \end{vmatrix}\neq 0$$

否则的话，适当调换列向量的前后次序以及调换列向量分量的次序就可做到这一点，而这样的调换不影响列向量组的秩和矩阵的秩.

记

$$\boldsymbol{\beta}_1'=\begin{pmatrix} a_{11} \\ a_{21} \\ \vdots \\ a_{r1} \end{pmatrix},\boldsymbol{\beta}_2'=\begin{pmatrix} a_{12} \\ a_{22} \\ \vdots \\ a_{r2} \end{pmatrix},\cdots,\boldsymbol{\beta}_r'=\begin{pmatrix} a_{1r} \\ a_{2r} \\ \vdots \\ a_{rr} \end{pmatrix},$$

由定理 3.1 的推论知，向量组 $\boldsymbol{\beta}_1',\boldsymbol{\beta}_2',\cdots,\boldsymbol{\beta}_r'$ 线性无关，又由定理 3.2(4) 知向量组 $\boldsymbol{\beta}_1,\boldsymbol{\beta}_2,\cdots,\boldsymbol{\beta}_r$ 也线性无关.

考虑列向量组 $\boldsymbol{\beta}_1,\boldsymbol{\beta}_2,\cdots,\boldsymbol{\beta}_r,\boldsymbol{\beta}_j$，$j=r+1,\cdots,n$，令 $B=(\boldsymbol{\beta}_1,\boldsymbol{\beta}_2,\cdots,\boldsymbol{\beta}_r,\boldsymbol{\beta}_j)$，因为 $R(\boldsymbol{B})\leqslant R(\boldsymbol{A})=r$，由定理 3.1 知，向量组 $\boldsymbol{\beta}_1,\boldsymbol{\beta}_2,\cdots,\boldsymbol{\beta}_r,\boldsymbol{\beta}_j$ 线性相关，从而 $\boldsymbol{\beta}_j(j=r+1,\cdots,n)$ 可由向量组 $\boldsymbol{\beta}_1,\boldsymbol{\beta}_2,\cdots,\boldsymbol{\beta}_r$ 线性表示. 由于 $\boldsymbol{\beta}_1,\boldsymbol{\beta}_2,\cdots,\boldsymbol{\beta}_r$ 是向量组 $\boldsymbol{\beta}_1,\boldsymbol{\beta}_2,\cdots,\boldsymbol{\beta}_n$ 的一个极大线性无关组. 因此可得 $R(\boldsymbol{\beta}_1,\boldsymbol{\beta}_2,\cdots,\boldsymbol{\beta}_n)=R(\boldsymbol{A})$. 同理可证矩阵的行向量组的秩也等于 r.

2) 向量组的秩的求法

定理 3.4 实际上给出了一个求向量组的秩的方法，即将向量组排成一个矩阵，然后用第 2 章介绍的求矩阵的秩的方法求出矩阵的秩，即得向量组的秩.

【例 3.6】　求向量组 $\boldsymbol{\alpha}_1=(1,-1,0,1)$，$\boldsymbol{\alpha}_2=(2,3,0,2)$，$\boldsymbol{\alpha}_3=(0,1,2,1)$，$\boldsymbol{\alpha}_4=(-3,3,0,-3)$，$\boldsymbol{\alpha}_5=(2,1,3,4)$ 的秩.

解 1　以 $\boldsymbol{\alpha}_1,\boldsymbol{\alpha}_2,\cdots,\boldsymbol{\alpha}_5$ 为行向量组得到矩阵 $\boldsymbol{A}$，并将矩阵 $\boldsymbol{A}$ 化成阶梯形矩阵

$$\boldsymbol{A}=\begin{pmatrix} \boldsymbol{\alpha}_1 \\ \boldsymbol{\alpha}_2 \\ \boldsymbol{\alpha}_3 \\ \boldsymbol{\alpha}_4 \\ \boldsymbol{\alpha}_5 \end{pmatrix}=\begin{pmatrix} 1 & -1 & 0 & 1 \\ 2 & 3 & 0 & 2 \\ 0 & 1 & 2 & 1 \\ -3 & 3 & 0 & -3 \\ 2 & 1 & 3 & 4 \end{pmatrix}\xrightarrow[r_5-2r_1]{\substack{r_2-2r_1 \\ r_4+3r_1}}\begin{pmatrix} 1 & -1 & 0 & 1 \\ 0 & 5 & 0 & 0 \\ 0 & 1 & 2 & 1 \\ 0 & 0 & 0 & 0 \\ 0 & 3 & 3 & 2 \end{pmatrix}$$

$$\xrightarrow[\substack{r_5 \leftrightarrow r_4 \\ r_4 \leftrightarrow r_3}]{r_3 \leftrightarrow r_2}\begin{pmatrix}1&-1&0&1\\0&1&2&1\\0&3&3&2\\0&5&0&0\\0&0&0&0\end{pmatrix}\xrightarrow[r_4-5r_2]{r_3-3r_2}\begin{pmatrix}1&-1&0&1\\0&1&2&1\\0&0&-3&-1\\0&0&-10&-5\\0&0&0&0\end{pmatrix}\xrightarrow{r_4-\frac{10}{3}r_3}\begin{pmatrix}1&-1&0&1\\0&1&2&1\\0&0&-3&-1\\0&0&0&-\frac{5}{3}\\0&0&0&0\end{pmatrix}$$

得 $R(\boldsymbol{A})=4$,故向量组 $\boldsymbol{\alpha}_1,\boldsymbol{\alpha}_2,\cdots,\boldsymbol{\alpha}_5$ 的秩是 4.

解 2 以 $\boldsymbol{\alpha}_1,\boldsymbol{\alpha}_2,\cdots,\boldsymbol{\alpha}_5$ 为列向量组得到矩阵

$$\boldsymbol{B}=(\boldsymbol{\alpha}_1^{\mathrm{T}},\boldsymbol{\alpha}_2^{\mathrm{T}},\boldsymbol{\alpha}_3^{\mathrm{T}},\boldsymbol{\alpha}_4^{\mathrm{T}},\boldsymbol{\alpha}_5^{\mathrm{T}})=\begin{pmatrix}1&2&0&-3&2\\-1&3&1&3&1\\0&0&2&0&3\\1&2&1&-3&4\end{pmatrix}.$$

则

$$\boldsymbol{B}\rightarrow\begin{pmatrix}1&2&0&-3&2\\0&5&1&0&3\\0&0&2&0&3\\0&0&1&0&2\end{pmatrix}\rightarrow\begin{pmatrix}1&2&0&-3&2\\0&5&1&0&3\\0&0&1&0&2\\0&0&0&0&-1\end{pmatrix},$$

得 $R(\boldsymbol{B})=4$,故向量组 $\boldsymbol{\alpha}_1,\boldsymbol{\alpha}_2,\cdots,\boldsymbol{\alpha}_5$ 的秩是 4.

3.3.3 极大线性无关组的求法

我们知道凡含有非零向量的向量组必有极大线性无关组. 设 $\boldsymbol{\alpha}_1,\boldsymbol{\alpha}_2,\cdots,\boldsymbol{\alpha}_m$ 是含非零向量的向量组. 下面介绍求极大线性无关组常用的方法——**初等变换法**.

第一步, 将向量 $\boldsymbol{\alpha}_1,\boldsymbol{\alpha}_2,\cdots,\boldsymbol{\alpha}_m$ 按列摆放构成矩阵 $\boldsymbol{A}$,对 $\boldsymbol{A}$ 进行初等行变换,将其化为阶梯形矩阵 $\boldsymbol{B}$,从而求出矩阵 $\boldsymbol{A}$ 的秩.

第二步, 设 $R(\boldsymbol{A})=r$,然后在 $\boldsymbol{B}$ 中找一个不为零的 r 阶子式,则位于这个 r 阶子式所在列的矩阵 $\boldsymbol{A}$ 的 r 个列向量一定线性无关,并构成向量组 $\boldsymbol{\alpha}_1,\boldsymbol{\alpha}_2,\cdots,\boldsymbol{\alpha}_m$ 的一个极大线性无关组.

【例 3.7】 求向量组 $\boldsymbol{\alpha}_1=(1,3,-2,1)$,$\boldsymbol{\alpha}_2=(-1,-4,2,-1)$,$\boldsymbol{\alpha}_3=(1,2,-2,1)$,$\boldsymbol{\alpha}_4=(0,1,3,1)$的秩及一个极大线性无关组,并把不属于极大线性无关组的向量用该极大线性无关组线性表示.

解 把向量组作为列向量组构成矩阵 $\boldsymbol{A}$,并对 $\boldsymbol{A}$ 作初等行变换,化成阶梯形矩阵 $\boldsymbol{B}$

$$\boldsymbol{A}=(\boldsymbol{\alpha}_1^{\mathrm{T}},\boldsymbol{\alpha}_2^{\mathrm{T}},\boldsymbol{\alpha}_3^{\mathrm{T}},\boldsymbol{\alpha}_4^{\mathrm{T}})=\begin{pmatrix}1&-1&1&0\\3&-4&2&1\\-2&2&-2&3\\1&-1&1&1\end{pmatrix}.$$

$$\boldsymbol{A}\xrightarrow[r_4-r_1]{\substack{r_2-3r_1\\r_3+2r_1}}\begin{pmatrix}1&-1&1&0\\0&-1&-1&1\\0&0&0&3\\0&0&0&1\end{pmatrix}\xrightarrow[r_3\div 3]{3r_4-r_3}\begin{pmatrix}1&-1&1&0\\0&-1&-1&1\\0&0&0&1\\0&0&0&0\end{pmatrix}=\boldsymbol{B}.$$

故 $R(\boldsymbol{A})=3$,即向量组的秩为 3,又因为 3 阶子式

$$\begin{vmatrix} 1 & -1 & 0 \\ 0 & -1 & 1 \\ 0 & 0 & 1 \end{vmatrix} = -1 \neq 0,$$

因此 $\boldsymbol{\alpha}_1,\boldsymbol{\alpha}_2,\boldsymbol{\alpha}_4$ 是向量组 $\boldsymbol{\alpha}_1,\boldsymbol{\alpha}_2,\boldsymbol{\alpha}_3,\boldsymbol{\alpha}_4$ 的一个极大线性无关组. 不属于极大线性无关组的向量是 $\boldsymbol{\alpha}_3$,将矩阵 $\boldsymbol{B}$ 进一步化成行最简形 $\boldsymbol{I}_A$.

$$\boldsymbol{B} \xrightarrow{r_2 \times (-1)} \begin{pmatrix} 1 & -1 & 1 & 0 \\ 0 & 1 & 1 & -1 \\ 0 & 0 & 0 & 1 \\ 0 & 0 & 0 & 0 \end{pmatrix} \xrightarrow{r_1+r_2} \begin{pmatrix} 1 & 0 & 2 & -1 \\ 0 & 1 & 1 & -1 \\ 0 & 0 & 0 & 1 \\ 0 & 0 & 0 & 0 \end{pmatrix} \xrightarrow[r_2+r_1]{r_1+r_3} \begin{pmatrix} 1 & 0 & 2 & 0 \\ 0 & 1 & 1 & 0 \\ 0 & 0 & 0 & 1 \\ 0 & 0 & 0 & 0 \end{pmatrix} = \boldsymbol{I}_A.$$

从行最简形 $\boldsymbol{I}_A$ 可以看出,$\boldsymbol{\alpha}_3=2\boldsymbol{\alpha}_1+\boldsymbol{\alpha}_2$.

上述方法通常称为“列摆行变换法”,当然也可用“行摆列变换法”求向量组的极大线性无关向量组.

习题 3.3

1. 求下列向量组的秩.

(1)$\boldsymbol{\alpha}_1=(1,4,3),\boldsymbol{\alpha}_2=(2,0,-1),\boldsymbol{\alpha}_3=(-2,3,1)$;

(2)$\boldsymbol{\alpha}_1=(2,3,1,1),\boldsymbol{\alpha}_2=(4,6,2,2),\boldsymbol{\alpha}_3=(0,1,2,1),\boldsymbol{\alpha}_4=(0,-1,-2,-1)$.

2. 求下列向量组的秩及一个极大线性无关组,并把不属于极大线性无关组的向量用该极大线性无关组线性表示.

(1)$\boldsymbol{\alpha}_1=(1,0,1),\boldsymbol{\alpha}_2=(2,0,-1),\boldsymbol{\alpha}_3=(3,3,1),\boldsymbol{\alpha}_4=(0,1,1)$;

(2)$\boldsymbol{\alpha}_1=(2,1,4,3),\boldsymbol{\alpha}_2=(-1,1,-6,6),\boldsymbol{\alpha}_3=(-1,-2,2,-9),\boldsymbol{\alpha}_4=(1,1,-2,7)$,$\boldsymbol{\alpha}_5=(2,4,4,9)$.

3. 设向量组(Ⅰ):$\boldsymbol{\alpha}_1,\boldsymbol{\alpha}_2,\cdots,\boldsymbol{\alpha}_r$ 与向量组(Ⅱ):$\boldsymbol{\alpha}_1,\boldsymbol{\alpha}_2,\cdots,\boldsymbol{\alpha}_r,\boldsymbol{\alpha}_{r+1},\cdots\boldsymbol{\alpha}_s$ 有相同的秩,证明两个向量组等价.

*3.4　向量空间

本节将根据向量间线性运算的性质来研究向量集合的问题,并给出向量空间、子空间、基、维数、坐标等概念.

3.4.1　向量空间的概念

1)向量空间的概念

定义 3.13　设 V 是非空的向量集合,如果对任意的 $\boldsymbol{\alpha},\boldsymbol{\beta}$ 及任意实数 k 都有 $\boldsymbol{\alpha}+\boldsymbol{\beta}\in V$,$k\boldsymbol{\alpha}\in V$,则称向量集合 V 是(实数域上的)**向量空间**.

按定义,要验证集合 V 是一个向量空间,只需验证:(1)V 为非空;(2)V 关于向量加法和数乘是封闭的.

显然全体 n 维向量的集合

$$\mathbf{R}^n = \{(a_1, a_2, \cdots, a_n) \mid a_1, a_2, \cdots, a_n \in \mathbf{R}\}$$

是一个向量空间,称为 ***n* 维向量空间**.

【例 3.8】 集合

$$V_1 = \{(a_1, a_2, \cdots, a_{n-1}, 0) \mid a_1, a_2, \cdots, a_{n-1} \in \mathbf{R}\}$$

是一个向量空间. 这是因为,显然$(0,0,\cdots,0) \in V_1$,因而非空. 又对于任意的$\boldsymbol{\alpha} = (a_1, a_2, \cdots, a_{n-1}, 0) \in V_1$,$\boldsymbol{\beta} = (b_1, b_2, \cdots, b_{n-1}, 0) \in V_1$,有

$\boldsymbol{\alpha} + \boldsymbol{\beta} = (a_1 + b_1, a_2 + b_2, \cdots, a_{n-1} + b_{n-1}, 0) \in V_1$,$k\boldsymbol{\alpha} = (ka_1, ka_2, \cdots, ka_{n-1}, 0) \in V_1$,即 V_1 关于向量加法及数乘是封闭的.

【例 3.9】 集合 $V_2 = \{(x_1, x_2, 1) : x_1, x_2 \in \mathbf{R}\}$ 不是一个向量空间. 这是因为若$(x_1, x_2, 1) \in V_2$,$k(k \neq 1)$是实数,则 $k(x_1, x_2, 1) \notin V_2$,这表示 V_2 关于向量的数乘是不封闭的.

注:由 s 个 n 维向量 $\boldsymbol{\alpha}_1, \boldsymbol{\alpha}_2, \cdots, \boldsymbol{\alpha}_s$ 的线性组合构成的集合

$$V_3 = \{k_1\boldsymbol{\alpha}_1 + k_2\boldsymbol{\alpha}_2 + \cdots + k_s\boldsymbol{\alpha}_s \mid k_1, k_2, \cdots, k_s \in \mathbf{R}\}$$

也是一个向量空间,这个向量空间称为由向量 $\boldsymbol{\alpha}_1, \boldsymbol{\alpha}_2, \cdots, \boldsymbol{\alpha}_s$ 生成的向量空间,记为 $L(\boldsymbol{\alpha}_1, \boldsymbol{\alpha}_2, \cdots, \boldsymbol{\alpha}_s)$.

以上讨论的 $\mathbf{R}^n, V_1, V_3$ 都是由 n 维向量构成的向量空间,但显然 V_1, V_3 都是 $\mathbf{R}^n$ 的子集,因此也称 V_1, V_3 是 $\mathbf{R}^n$ 的**子空间**.

2)子空间的概念

定义 3.14 设 V 是一个向量空间, W 是 V 的非空子集,如果 W 满足:对任意 $\boldsymbol{\alpha}, \boldsymbol{\beta} \in W$,

$$\boldsymbol{\alpha} + \boldsymbol{\beta} \in W, k\boldsymbol{\alpha} \in W, k \text{ 是实数},$$

则称 W 是 V 的一个**子空间**.

3.4.2 向量空间的基与维数

一般来说,向量空间中所含的向量有无穷多个. 为了研究向量空间的内部结构,下面引入向量空间的基与维数.

定义 3.15 在向量空间 V 中,如果存在 m 个向量 $\boldsymbol{\varepsilon}_1, \boldsymbol{\varepsilon}_2, \cdots, \boldsymbol{\varepsilon}_m$ 满足:

(1)$\boldsymbol{\varepsilon}_1, \boldsymbol{\varepsilon}_2, \cdots, \boldsymbol{\varepsilon}_m$ 线性无关;

(2)V 中任一个向量都可由 $\boldsymbol{\varepsilon}_1, \boldsymbol{\varepsilon}_2, \cdots, \boldsymbol{\varepsilon}_m$ 线性表示.

那么就称 $\boldsymbol{\varepsilon}_1, \boldsymbol{\varepsilon}_2, \cdots, \boldsymbol{\varepsilon}_m$ 为向量空间 V 的一组**基**,m 称为向量空间 V 的**维数**.

维数是 m 的向量空间称为 **m 维向量空间**.

注:如果向量空间 V 没有基,那么 V 的维数为 0,0 维向量空间只含一个零向量.

例如,n 维向量组

$$\boldsymbol{e}_1 = (1, 0, \cdots, 0), \boldsymbol{e}_2 = (0, 1, \cdots, 0), \cdots, \boldsymbol{e}_n = (0, 0, \cdots, 1)$$

是 $\mathbf{R}^n$ 的一组基,因此 $\mathbf{R}^n$ 的维数为 n,故称 $\mathbf{R}^n$ 为 n 维向量空间.

又如,向量组$\boldsymbol{e}_1, \boldsymbol{e}_2, \cdots, \boldsymbol{e}_{n-1}$是 V_1 的一组基,因此 V_1 的维数是 $n-1$,V_1 是 $n-1$ 维向量空间. 而 $\boldsymbol{\alpha}_1, \boldsymbol{\alpha}_2, \cdots, \boldsymbol{\alpha}_s$ 的任意一个极大线性无关组都是 V_3 的一组基,且 V_3 的维数等于向量组 $\boldsymbol{\alpha}_1, \boldsymbol{\alpha}_2, \cdots, \boldsymbol{\alpha}_s$ 的秩.

3.4.3 向量在基下的坐标

根据定义 3.15,若 $\boldsymbol{\varepsilon}_1, \boldsymbol{\varepsilon}_2, \cdots, \boldsymbol{\varepsilon}_m$ 为向量空间 V_m 的一组基,则 V_m 可表示为

$$V_m=\{k_1\boldsymbol{\varepsilon}_1+k_2\boldsymbol{\varepsilon}_2+\cdots+k_m\boldsymbol{\varepsilon}_m \mid k_1,k_2,\cdots,k_m\in\mathbf{R}\}.$$

这就清楚地显示出向量空间 V_m 的结构. 即对 V_m 中的任何向量 $\boldsymbol{\alpha}$ 都有一组实数 $x_1,x_2,\cdots,x_m$ 使 $\boldsymbol{\alpha}=x_1\boldsymbol{\varepsilon}_1+x_2\boldsymbol{\varepsilon}_2+\cdots+x_m\boldsymbol{\varepsilon}_m$,并且由定理3.2(2)知,这组数是唯一的.

反之,任给一组有序数 $x_1,x_2,\cdots,x_m$,总有唯一的向量 $\boldsymbol{\alpha}=x_1\boldsymbol{\varepsilon}_1+x_2\boldsymbol{\varepsilon}_2+\cdots+x_m\boldsymbol{\varepsilon}_m\in V_m$. 这样 V_m 中的向量与有序数组$(x_1,x_2,\cdots,x_m)$之间就建立了一种一一对应的关系,我们可以用这组有序数组来表示向量,于是有下面的定义.

定义3.16　设 $\boldsymbol{\varepsilon}_1,\boldsymbol{\varepsilon}_2,\cdots,\boldsymbol{\varepsilon}_m$ 是向量空间 V_m 的一组基,对于任意向量 $\boldsymbol{\alpha}\in V_m$,有唯一一组有序实数 $x_1,x_2,\cdots,x_m$,使

$$\boldsymbol{\alpha}=x_1\boldsymbol{\varepsilon}_1+x_2\boldsymbol{\varepsilon}_2+\cdots+x_m\boldsymbol{\varepsilon}_m$$

有序数组 $x_1,x_2,\cdots,x_m$ 称为向量 $\boldsymbol{\alpha}$ 在基 $\boldsymbol{\varepsilon}_1,\boldsymbol{\varepsilon}_2,\cdots,\boldsymbol{\varepsilon}_m$ 下的**坐标**,并记作 $\boldsymbol{\alpha}=(x_1,x_2,\cdots,x_m)$.

由于$\boldsymbol{e}_1,\boldsymbol{e}_2,\cdots,\boldsymbol{e}_n$ 是 $\mathbf{R}^n$ 的一组基,$\mathbf{R}^n$ 中任一向量 $\boldsymbol{\alpha}=(a_1,a_2,\cdots,a_n)$在这组基下的坐标就是 $\boldsymbol{\alpha}$ 的各个分量 $a_1,a_2,\cdots,a_n$,因此,向量组$\boldsymbol{e}_1,\boldsymbol{e}_2,\cdots,\boldsymbol{e}_n$ 常被称为 $\mathbf{R}^n$ 的**标准基**或**自然基**.

注: 由于向量空间的基不唯一,因此一个向量在不同基下的坐标也不一样,所以提到向量坐标时,必须指明是在哪一组基下的坐标.

【例3.10】　求向量 $\boldsymbol{\alpha}=(1,-2,1)$在 $\mathbf{R}^3$ 的一组基 $\boldsymbol{\alpha}_1=(-3,1,-2)$,$\boldsymbol{\alpha}_2=(1,-1,1)$,$\boldsymbol{\alpha}_3=(2,3,-1)$下的坐标.

解　设(x_1,x_2,x_3)为 $\boldsymbol{\alpha}$ 在基 $\boldsymbol{\alpha}_1,\boldsymbol{\alpha}_2,\boldsymbol{\alpha}_3$ 下的坐标,则

$$\boldsymbol{\alpha}=x_1\boldsymbol{\alpha}_1+x_2\boldsymbol{\alpha}_2+x_3\boldsymbol{\alpha}_3,$$

记 $\boldsymbol{A}=(\boldsymbol{\alpha}_1^{\mathrm{T}},\boldsymbol{\alpha}_2^{\mathrm{T}},\boldsymbol{\alpha}_3^{\mathrm{T}})$,$\boldsymbol{X}=(x_1,x_2,x_3)^{\mathrm{T}}$,上式可化为矩阵方程 $\boldsymbol{\alpha}^{\mathrm{T}}=\boldsymbol{AX}$,用初等变换法解此矩阵方程,即

$$(\boldsymbol{A}\vdots\boldsymbol{\alpha}^{\mathrm{T}})=\left(\begin{array}{ccc:c}-3&1&2&1\\1&-1&3&-2\\-2&1&-1&1\end{array}\right)\to\cdots\to\left(\begin{array}{ccc:c}1&0&0&3\\0&1&0&8\\0&0&1&1\end{array}\right)$$

故 $\boldsymbol{\alpha}$ 在基 $\boldsymbol{\alpha}_1,\boldsymbol{\alpha}_2,\boldsymbol{\alpha}_3$ 下的坐标为(3,8,1).

习题3.4

1. 设$V_1=\{(x_1,x_2,\cdots,x_m)\mid x_1,x_2,\cdots,x_m\in\mathbf{R}$ 满足 $x_1+x_2=\cdots+x_m=0\}$,
$V_2=\{(x_1,x_2,\cdots,x_m)\mid x_1,x_2,\cdots,x_m\in\mathbf{R}$ 满足 $x_1+x_2=\cdots+x_m=1\}$,
问 V_1,V_2 是不是向量空间? 为什么?

2. 验证 $\boldsymbol{\alpha}_1=(1,-1,0)$,$\boldsymbol{\alpha}_2=(2,1,3)$,$\boldsymbol{\alpha}_3=(3,1,2)$是 $\mathbf{R}^3$ 的一组基,并把$\boldsymbol{\beta}=(5,0,7)$用这组基线性表示.

3.5　Matlab 辅助计算

首先将给定的向量组按列排列成一个矩阵,然后调用 rref 函数求得其行阶梯形,根据这个结果,可以判定其线性相关性,进而判定其极大无关组并将其他向量线性表示.

【例3.11】 设有向量组

$$\boldsymbol{v}_1=\begin{pmatrix}3\\-2\\2\\-1\end{pmatrix},\boldsymbol{v}_2=\begin{pmatrix}2\\-6\\4\\0\end{pmatrix},\boldsymbol{v}_3=\begin{pmatrix}4\\8\\-4\\-3\end{pmatrix},\boldsymbol{v}_4=\begin{pmatrix}1\\10\\-6\\-2\end{pmatrix},\boldsymbol{v}_5=\begin{pmatrix}1\\-1\\8\\5\end{pmatrix},\boldsymbol{v}_6=\begin{pmatrix}6\\-2\\4\\8\end{pmatrix},$$

判定向量组$\boldsymbol{v}_1,\boldsymbol{v}_2,\boldsymbol{v}_3,\boldsymbol{v}_4,\boldsymbol{v}_5,\boldsymbol{v}_6$的线性相关性，求其极大无关组，并将其他向量用极大无关组线性表示.

解 考查向量组$\boldsymbol{v}_1,\boldsymbol{v}_2,\boldsymbol{v}_3,\boldsymbol{v}_4,\boldsymbol{v}_5,\boldsymbol{v}_6$：

$$>>ST=\begin{bmatrix}3&2&4&1&1&6\\-2&-6&8&10&-1&-2\\2&4&-4&-6&8&4\\-1&0&-3&-2&5&8\end{bmatrix}$$

$>>\mathrm{rref}(ST)$

ans =

$$\begin{matrix}1&0&0&-1&0&-\dfrac{664}{7}\\0&1&0&0&0&\dfrac{535}{7}\\0&0&1&1&0&\dfrac{236}{7}\\0&0&0&0&1&\dfrac{20}{7}\end{matrix}$$

不难看出，其秩为4，而向量个数为6，所以向量组ST线性相关. 从其行最简形中不难发现最大线性无关组可取$\boldsymbol{v}_1,\boldsymbol{v}_2,\boldsymbol{v}_3,\boldsymbol{v}_5$，且$\boldsymbol{v}_4,\boldsymbol{v}_6$可由$\boldsymbol{v}_1,\boldsymbol{v}_2,\boldsymbol{v}_3,\boldsymbol{v}_5$线性表示，表示式分别为：

$$\boldsymbol{v}_4=-\boldsymbol{v}_1+0\boldsymbol{v}_2+1\boldsymbol{v}_3+0\boldsymbol{v}_5,\boldsymbol{v}_6=-\frac{664}{7}\boldsymbol{v}_1+\frac{535}{7}\boldsymbol{v}_2+\frac{236}{7}\boldsymbol{v}_3+\frac{20}{7}\boldsymbol{v}_5.$$

总习题3

一、填空题

1. 若向量$\boldsymbol{\alpha}_1,\boldsymbol{\alpha}_2,\boldsymbol{\alpha}_3$满足$\boldsymbol{\alpha}_1-2\boldsymbol{\alpha}_2+\boldsymbol{\alpha}_3=\boldsymbol{0}$，则$\boldsymbol{\alpha}_1,\boldsymbol{\alpha}_2,\boldsymbol{\alpha}_3$是线性____________关的.
2. 已知向量组$\boldsymbol{\alpha}_1=(a,2,1),\boldsymbol{\alpha}_2=(2,a,0),\boldsymbol{\alpha}_3=(1,-1,1)$线性相关，则$a=$________.
3. 若向量$\boldsymbol{\alpha}_1=(1,2,-1),\boldsymbol{\alpha}_2=(2,-3,1),\boldsymbol{\beta}=(4,1,-4)$，则$\boldsymbol{\beta}$可由$\boldsymbol{\alpha}_1,\boldsymbol{\alpha}_2$线性表示为____________.
4. 设$\boldsymbol{\alpha}_1=(1,1,1),\boldsymbol{\alpha}_2=(a,0,b),\boldsymbol{\alpha}_3=(1,3,2)$线性相关，则$a,b$满足____________.
5. 设$\boldsymbol{\alpha}_1,\boldsymbol{\alpha}_2,\boldsymbol{\alpha}_3$线性无关，则$\boldsymbol{\alpha}_1+\boldsymbol{\alpha}_2,\boldsymbol{\alpha}_2-\boldsymbol{\alpha}_1,\boldsymbol{\alpha}_2+\boldsymbol{\alpha}_3$线性____________.

二、选择题

1. 若向量组$\boldsymbol{\alpha}_1,\boldsymbol{\alpha}_2,\cdots,\boldsymbol{\alpha}_m$线性相关，则向量组中(　　)向量可以被该向量组中其余向量线性表示.

   A. 至多有一个　　B. 至少有一个　　C. 没有一个　　D. 任何一个
2. 设向量组$\boldsymbol{\alpha}_1,\boldsymbol{\alpha}_2,\cdots,\boldsymbol{\alpha}_r$是向量组$\boldsymbol{\alpha}_1,\boldsymbol{\alpha}_2,\cdots,\boldsymbol{\alpha}_m$的一个极大线性无关组，则向量组$\boldsymbol{\alpha}_1$,

$\boldsymbol{\alpha}_2,\cdots,\boldsymbol{\alpha}_m$ 的秩为(　　).

A. r　　B. m　　C. $m-r$　　D. 0

3. 设 A 为 n 阶方阵,$R(\boldsymbol{A})=r<n$,则 $\boldsymbol{A}$ 的行向量中(　　).

A. 必有 r 个行向量线性无关

B. 任意 r 个行向量线性无关

C. 任意 r 个行向量构成极大无关组

D. 任一行都可由其他 r 个行向量线性表示

4. 向量组 $\boldsymbol{\alpha}_1,\boldsymbol{\alpha}_2,\cdots,\boldsymbol{\alpha}_m$ 的秩不为零的充要条件是(　　).

A. $\boldsymbol{\alpha}_1,\boldsymbol{\alpha}_2,\cdots,\boldsymbol{\alpha}_m$ 中没有相关的部分组

B. $\boldsymbol{\alpha}_1,\boldsymbol{\alpha}_2,\cdots,\boldsymbol{\alpha}_m$ 全是非零向量

C. $\boldsymbol{\alpha}_1,\boldsymbol{\alpha}_2,\cdots,\boldsymbol{\alpha}_m$ 线性无关

D. $\boldsymbol{\alpha}_1,\boldsymbol{\alpha}_2,\cdots,\boldsymbol{\alpha}_m$ 中有一个线性无关的部分组

5. 设 $\boldsymbol{A}$ 为 n 阶方阵且 $|\boldsymbol{A}|=0$,则 $\boldsymbol{A}$ 的列向量中(　　).

A. 必有一个向量为零向量　　B. 必有两个向量对应分量成比例

C. 必有一个向量是其余向量的线性组合　　D. 任一向量是其余向量的线性组合

三、解答题

1. 判断下列向量组的线性相关性.

(1)$\boldsymbol{\alpha}_1=(1,2),\boldsymbol{\alpha}_2=(1,1),\boldsymbol{\alpha}_3=(3,2)$;

(2)$\boldsymbol{\alpha}_1=(1,3,1),\boldsymbol{\alpha}_2=(2,0,1),\boldsymbol{\alpha}_3=(6,1,3)$;

(3)$\boldsymbol{\alpha}_1=(1,1,-2,1),\boldsymbol{\alpha}_2=(0,-1,3,4),\boldsymbol{\alpha}_3=(5,2,1,3),\boldsymbol{\alpha}_4=(4,-1,9,10)$;

(4)$\boldsymbol{\alpha}_1=(1,1,3,1),\boldsymbol{\alpha}_2=(4,1,3,2),\boldsymbol{\alpha}_3=(1,0,1,2),\boldsymbol{\alpha}_4=(2,0,4,7),\boldsymbol{\alpha}_5=(1,7,3,4)$,
$\boldsymbol{\alpha}_6=(7,6,3,1)$.

2. 求下列向量组的秩和一个极大线性无关组.

(1)$\boldsymbol{\alpha}_1=(1,2,1,3),\boldsymbol{\alpha}_2=(4,-1,-5,-6),\boldsymbol{\alpha}_3=(1,-3,-4,-7)$;

(2)$\boldsymbol{\alpha}_1=(0,4,10,1),\boldsymbol{\alpha}_2=(4,8,18,7),\boldsymbol{\alpha}_3=(10,18,40,17),\boldsymbol{\alpha}_4=(1,7,13,3)$;

(3)$\boldsymbol{\alpha}_1=(-1,0,1,0,0),\boldsymbol{\alpha}_2=(1,1,1,1,0),\boldsymbol{\alpha}_3=(0,1,2,1,0)$;

(4)$\boldsymbol{\alpha}_1=(1,0,-2,1,1),\boldsymbol{\alpha}_2=(2,-1,1,1,4),\boldsymbol{\alpha}_3=(3,2,1,1,3),\boldsymbol{\alpha}_4=(4,0,9,1,2)$.

3. 已知向量组 $\boldsymbol{\alpha}_1=(1,4,3),\boldsymbol{\alpha}_2=(2,t,-1),\boldsymbol{\alpha}_3=(-2,3,1)$线性无关,求 t.

四、证明题

1. 设向量组(Ⅰ):$\boldsymbol{\alpha}_1,\boldsymbol{\alpha}_2,\cdots,\boldsymbol{\alpha}_r$ 与向量组(Ⅱ):$\boldsymbol{\alpha}_1,\boldsymbol{\alpha}_2,\cdots,\boldsymbol{\alpha}_r,\boldsymbol{\alpha}_{r+1},\cdots,\boldsymbol{\alpha}_s$ 有相同的秩,证明两个向量组等价.

2. 设 $\boldsymbol{\beta}_1=\boldsymbol{\alpha}_1+\boldsymbol{\alpha}_2,\boldsymbol{\beta}_2=\boldsymbol{\alpha}_2+\boldsymbol{\alpha}_3,\boldsymbol{\beta}_3=\boldsymbol{\alpha}_3+\boldsymbol{\alpha}_4,\boldsymbol{\beta}_4=\boldsymbol{\alpha}_4+\boldsymbol{\alpha}_1$,证明向量组 $\boldsymbol{\beta}_1,\boldsymbol{\beta}_2,\boldsymbol{\beta}_3,\boldsymbol{\beta}_4$ 线性相关.

3. 设向量组 $\boldsymbol{\alpha}_1,\boldsymbol{\alpha}_2,\cdots,\boldsymbol{\alpha}_t$ 是齐次线性方程组 $\boldsymbol{A}x=\boldsymbol{0}$ 的一个基础解系,向量 $\boldsymbol{\beta}$ 不是方程组 $\boldsymbol{A}x=\boldsymbol{0}$ 的解,即 $A\boldsymbol{\beta}\neq\boldsymbol{0}$,试证明:向量 $\boldsymbol{\beta},\boldsymbol{\beta}+\boldsymbol{\alpha}_1,\boldsymbol{\beta}+\boldsymbol{\alpha}_2,\cdots,\boldsymbol{\beta}+\boldsymbol{\alpha}_t$ 线性无关.

第 4 章 线性方程组

解线性方程组是线性代数最主要的任务之一，在科学技术与经济管理等领域中，线性方程组都有着广泛的应用. 第 1 章的矩阵理论，为研究线性方程组在什么条件下有解，以及在有解时如何求解提供了一个有利的工具. 在本章中，将借助矩阵这个工具对一般线性方程组解的存在性及解的结构问题进行讨论.

4.1 消元法

解线性方程组最常用的方法就是高斯消元法，其本质就是通过消元，将方程组化为易于求解的同解方程组.

【例 4.1】 求解线性方程组
$$\begin{cases} x_1 - x_2 + 2x_3 = 1, \\ 3x_1 + x_2 + 2x_3 = 3, \\ x_1 - 2x_2 + x_3 = -1, \\ 2x_1 - 2x_2 - 3x_3 = -5. \end{cases}$$

解法 1 将方程组中第一个方程乘以 -3 加到第二个方程上，乘以 -1 加到第三个方程上，乘以 -2 加到第四个方程上，得到与原方程组同解的线性方程组
$$\begin{cases} x_1 - x_2 + 2x_3 = 1, \\ 4x_2 - 4x_3 = 0, \\ -x_2 - x_3 = -2, \\ -7x_3 = -7. \end{cases}$$
此方程组中第二个方程两端同乘 $\frac{1}{4}$，第三个方程两端同乘 -1，第四个方程两端同乘 $-\frac{1}{7}$，得到与原方程组同解的方程组

$$\begin{cases} x_1 - x_2 + 2x_3 = 1, \\ \qquad x_2 - \ x_3 = 0, \\ \qquad x_2 + \ x_3 = 2, \\ \qquad\qquad x_3 = 1. \end{cases}$$

将方程组中第二个方程乘以 -1 加到第三个方程,得

$$\begin{cases} x_1 - x_2 + 2x_3 = 1, \\ \qquad x_2 - \ x_3 = 0, \\ \qquad\quad 2x_3 = 2, \\ \qquad\qquad x_3 = 1. \end{cases}$$

将方程组中第四个方程乘以 -2 加到第三个方程,得到与原方程组同解的阶梯形方程组

$$\begin{cases} x_1 - x_2 + 2x_3 = 1, \\ \qquad x_2 - \ x_3 = 0, \\ \qquad\qquad x_3 = 1. \end{cases}$$

由该方程组最后一个方程得到 $x_3 = 1$,将其回代得 $x_2 = 1, x_1 = 0$.

因此,所求方程组的解为

$$\begin{cases} x_1 = 0, \\ x_2 = 1, \\ x_3 = 1. \end{cases}$$

分析上述求解过程可以看出,用消元法解线性方程组就是对方程组反复实施以下 3 种变换:

①交换两个方程的位置;

②用一非零的常数 k 乘以某个方程;

③将一个方程的 k 倍加到另一个方程上.

以上 3 种变换称为**线性方程组的初等变换**,也称为同解变换.

定理 4.1　初等变换把一个线性方程组变为一个与之同解的线性方程组.

由上述消元法可知,线性方程组有没有解,具有什么样的解,完全取决于它的系数和常数项. 所以,我们讨论线性方程组时,其实主要是在研究其系数与常数项.

设一般线性方程组

$$\begin{cases} a_{11}x_1 + a_{12}x_2 + \cdots + a_{1n}x_n = b_1, \\ a_{21}x_1 + a_{22}x_2 + \cdots + a_{2n}x_n = b_2, \\ \qquad\qquad \vdots \\ a_{m1}x_1 + a_{m2}x_2 + \cdots + a_{mn}x_n = b_m. \end{cases} \tag{4.1}$$

若记

$$\boldsymbol{A} = \begin{pmatrix} a_{11} & a_{12} & \cdots & a_{1n} \\ a_{21} & a_{22} & \cdots & a_{2n} \\ \vdots & \vdots & & \vdots \\ & a_{m2} & \cdots & a_{mn} \end{pmatrix}, \boldsymbol{X} = \begin{pmatrix} x_1 \\ x_2 \\ \vdots \\ x_n \end{pmatrix}, \boldsymbol{b} = \begin{pmatrix} b_1 \\ b_2 \\ \vdots \\ b_m \end{pmatrix}$$

则方程组(4.1)可写成矩阵形式

$$\boldsymbol{AX}=\boldsymbol{b}$$

其中,$\boldsymbol{A}$,$\boldsymbol{X}$,$\boldsymbol{b}$ 分别称为线性方程组(4.1)的系数矩阵、未知量矩阵及常数项矩阵.

记线性方程组(4.1)增广矩阵为

$$\widetilde{\boldsymbol{A}}=(\boldsymbol{A}\vdots\boldsymbol{b})=\begin{bmatrix}a_{11} & a_{12} & \cdots & a_{1n} & b_1\\ a_{21} & a_{22} & \cdots & a_{2n} & b_2\\ \vdots & \vdots & & \vdots & \vdots\\ a_{m1} & a_{m2} & \cdots & a_{mn} & b_m\end{bmatrix}.$$

当常数项 $b_1=b_2=\cdots=b_n=0$ 时,称线性方程组(4.1)为**齐次线性方程组**;否则,称线性方程组(4.1)为**非齐次线性方程组**.

显然,线性方程组(4.1)的一个解可以用列向量的形式表示,即 $\boldsymbol{X}=(k_1,k_2,\cdots,k_n)^{\mathrm{T}}$,也可称为一个解向量. 若线性方程组(4.1)有无穷多个解,其所有解的集合称为方程组的通解或一般解.

显然,用消元法求解线性方程组,实际上只对方程组的系数和常数项进行运算,未知量并未参与运算,对线性方程组施行的初等变换对应着对其增广矩阵施行相应的初等行变换. 化简线性方程组的过程相当于用初等行变换化简它的增广矩阵.

解法 2　下面用矩阵的初等行变换来求解【例 4.1】中的方程组,其过程与方程组的消元过程一一对应.

$$\widetilde{\boldsymbol{A}}=\begin{pmatrix}1 & -1 & 2 & 1\\ 3 & 1 & 2 & 3\\ 1 & -2 & 1 & -1\\ 2 & -2 & -3 & -5\end{pmatrix}\xrightarrow[r_4-2r_1]{\substack{r_2-3r_1\\ r_3-r_1}}\begin{pmatrix}1 & -1 & 2 & 1\\ 0 & 4 & -4 & 0\\ 0 & -1 & -1 & -2\\ 0 & 0 & -7 & -7\end{pmatrix}\xrightarrow[r_4\times\left(-\frac{1}{7}\right)]{\substack{r_2\times\frac{1}{4}\\ r_3\times(-1)}}\begin{pmatrix}1 & -1 & 2 & 1\\ 0 & 1 & -1 & 0\\ 0 & 1 & 1 & 2\\ 0 & 0 & 1 & 1\end{pmatrix}$$

$$\xrightarrow{r_3-r_2}\begin{pmatrix}1 & -1 & 2 & 1\\ 0 & 1 & -1 & 0\\ 0 & 0 & 2 & 2\\ 0 & 0 & 1 & 1\end{pmatrix}\xrightarrow[r_3\leftrightarrow r_4]{r_3-2r_4}\begin{pmatrix}1 & -1 & 2 & 1\\ 0 & 1 & -1 & 0\\ 0 & 0 & 1 & 1\\ 0 & 0 & 0 & 0\end{pmatrix}=\boldsymbol{C}.$$

矩阵 $\boldsymbol{C}$ 对应【例 4.1】消元法得到的阶梯形方程组.

$$\begin{cases}x_1-x_2+2x_3=1,\\ \qquad\ \ x_2-x_3=0,\\ \qquad\qquad\ \ x_3=1.\end{cases}$$

因此,原方程组的解为

$$\begin{cases}x_1=0,\\ x_2=1,\\ x_3=1.\end{cases}$$

解法 3　对本例,还可以利用矩阵的初等行变换继续化简线性方程组对应的行阶梯形矩阵 $\boldsymbol{C}$:

$$C=\begin{pmatrix}1&-1&2&1\\0&1&-1&0\\0&0&1&1\\0&0&0&0\end{pmatrix}\xrightarrow[r_1-2r_3]{r_2+r_3}\begin{pmatrix}1&-1&0&-1\\0&1&0&1\\0&0&1&1\\0&0&0&0\end{pmatrix}\xrightarrow{r_1+r_2}\begin{pmatrix}1&0&0&0\\0&1&0&1\\0&0&1&1\\0&0&0&0\end{pmatrix}$$

由最后一个行最简型矩阵,可以一目了然地看出,原方程组等价于

$$\begin{cases}x_1=0,\\x_2=1,\\x_3=1.\end{cases}$$

从求解过程可以看出,利用矩阵的初等行变换法比利用消元法简便得多.

【例4.2】 求解线性方程组$\begin{cases}\frac{1}{2}x_1+\frac{1}{3}x_2+x_3=1,\\x_1+\frac{5}{3}x_2+3x_3=3,\\2x_1+\frac{4}{3}x_2+5x_3=2.\end{cases}$

解 增广矩阵为

$$\widetilde{A}=\begin{pmatrix}\frac{1}{2}&\frac{1}{3}&1&1\\1&\frac{5}{3}&3&3\\2&\frac{4}{3}&5&2\end{pmatrix}\xrightarrow{r_1\leftrightarrow r_2}\begin{pmatrix}1&\frac{5}{3}&3&3\\\frac{1}{2}&\frac{1}{3}&1&1\\2&\frac{4}{3}&5&2\end{pmatrix}\xrightarrow{r_2+r_1\left(-\frac{1}{2}\right)}$$

$$\begin{pmatrix}1&\frac{5}{3}&3&3\\0&-\frac{1}{2}&-\frac{1}{2}&-\frac{1}{2}\\2&\frac{4}{3}&5&2\end{pmatrix}\xrightarrow{r_3+r_1(-2)}\begin{pmatrix}1&\frac{5}{3}&3&3\\0&-\frac{1}{2}&-\frac{1}{2}&-\frac{1}{2}\\0&-2&-1&-4\end{pmatrix}\xrightarrow{r_2\times(-2)}$$

$$\begin{pmatrix}1&\frac{5}{3}&3&3\\0&1&1&1\\0&-2&-1&-4\end{pmatrix}\xrightarrow{r_3+r_2(2)}\begin{pmatrix}1&\frac{5}{3}&3&3\\0&1&1&1\\0&0&1&-2\end{pmatrix}\xrightarrow[r_1+r_3(-3)]{r_2+r_3(-1)}$$

$$\begin{pmatrix}1&\frac{5}{3}&0&9\\0&1&0&3\\0&0&1&-2\end{pmatrix}\xrightarrow{r_1+r_2\left(-\frac{5}{3}\right)}\begin{pmatrix}1&0&0&4\\0&1&0&3\\0&0&1&-2\end{pmatrix}.$$

所以,方程组的解为

$$\begin{cases}x_1=4,\\x_2=3,\\x_3=-2.\end{cases}$$

习题 4.1

用消元法求解下列线性方程组.

(1) $\begin{cases}x_1+2x_2+2x_3=2,\\2x_1+5x_2+2x_3=4,\\x_1+2x_2+4x_3=6.\end{cases}$　　(2) $\begin{cases}x_1+3x_2-2x_3=5,\\x_1+2x_2-5x_3=12,\\2x_1+x_2+x_3=5.\end{cases}$

4.2 线性方程组有解的判别定理

考虑线性方程组(4.1),当 $b_1=b_2=\cdots=b_n=0$ 时的**齐次线性方程组**,即

$$\begin{cases}a_{11}x_1+a_{12}x_2+\cdots+a_{1n}x_n=0,\\a_{21}x_1+a_{22}x_2+\cdots+a_{2n}x_n=0,\\\quad\vdots\\a_{m1}x_1+a_{m2}x_2+\cdots+a_{mn}x_n=0.\end{cases}\tag{4.2}$$

其矩阵形式为:

$$\boldsymbol{AX}=\boldsymbol{0}.$$

显然,$x_1=x_2=\cdots=x_n=0$ 是齐次线性方程组(4.2)的一个解,称其为零解.

除零解外,齐次线性方程组(4.2)是否具有其他非零解?该如何判断?若有,如何写出其所有解?

4.2.1 齐次线性方程组有非零解的判别定理

将方程组(4.2)写成向量形式

$$x_1\boldsymbol{a}_1+x_2\boldsymbol{a}_2+\cdots+x_n\boldsymbol{a}_n=\boldsymbol{0},$$

其中

$$\boldsymbol{a}_j=(a_{1j},a_{2j},\cdots,a_{mj})^{\mathrm{T}},j=1,2,\cdots,n.$$

如果方程组(4.2)有非零解

$$\boldsymbol{X}=\begin{pmatrix}c_1\\c_2\\\vdots\\c_n\end{pmatrix},$$

则存在一组不全为 0 的常数 $c_1,c_2,\cdots,c_n$,使得

$$c_1\boldsymbol{a}_1+c_2\boldsymbol{a}_2+\cdots+c_n\boldsymbol{a}_n=\boldsymbol{0},$$

此时,向量组 $\boldsymbol{a}_1,\boldsymbol{a}_2,\cdots,\boldsymbol{a}_n$ 线性相关,即方程组(4.2)系数矩阵 $\boldsymbol{A}$ 的列向量组线性相关.则方程组(4.2)有非零解的充要条件是向量组 $\boldsymbol{a}_1,\boldsymbol{a}_2,\cdots,\boldsymbol{a}_n$ 线性相关.

定理 4.2　齐次线性方程组(4.2)有非零解的充要条件是系数矩阵的秩 $R(\boldsymbol{A})<n$.

由定理 4.2 容易得到下面的几个推论:

推论 1　齐次线性方程组(4.2)只有零解的充分必要条件是系数矩阵的秩 $R(\boldsymbol{A})=n$.

推论2　当 $m=n$ 时，齐次线性方程组(4.2)只有零解(有非零解)的充要条件是系数行列式 $|\boldsymbol{A}|\neq 0$ ($|\boldsymbol{A}|=0$).

4.2.2　齐次线性方程组解的性质

齐次线性方程组(4.2)的解具有如下性质：

性质1　若 $\boldsymbol{\xi}_1,\boldsymbol{\xi}_2$ 是齐次线性方程组(4.2)的解，则 $\boldsymbol{\xi}_1+\boldsymbol{\xi}_2$ 也是齐次线性方程组(4.2)的解.

证　因为 $\boldsymbol{\xi}_1,\boldsymbol{\xi}_2$ 是齐次线性方程组(4.2)的解，得

$$\boldsymbol{A}\boldsymbol{\xi}_1=\boldsymbol{0},\boldsymbol{A}\boldsymbol{\xi}_2=\boldsymbol{0}$$

则

$$\boldsymbol{A}(\boldsymbol{\xi}_1+\boldsymbol{\xi}_2)=\boldsymbol{A}\boldsymbol{\xi}_1+\boldsymbol{A}\boldsymbol{\xi}_2=\boldsymbol{0}+\boldsymbol{0}=\boldsymbol{0}.$$

所以，$\boldsymbol{\xi}_1+\boldsymbol{\xi}_2$ 也是齐次线性方程组(4.2)的解.

性质2　若 $\boldsymbol{\xi}$ 是齐次线性方程组(4.2)的解，k 为任意实数，则 $k\boldsymbol{\xi}$ 也是齐次线性方程组(4.2)的解.

证　因为 $\boldsymbol{\xi}$ 是齐次线性方程组(4.2)的解，即 $\boldsymbol{A}\boldsymbol{\xi}=\boldsymbol{0}$，得

$$\boldsymbol{A}(k\boldsymbol{\xi})=k\boldsymbol{A}\boldsymbol{\xi}=k\boldsymbol{0}=\boldsymbol{0}.$$

所以，$k\boldsymbol{\xi}$ 也是齐次线性方程组(4.2)的解.

推论　若 $\boldsymbol{\xi}_1,\boldsymbol{\xi}_2,\cdots,\boldsymbol{\xi}_r$ 是齐次线性方程组(4.2)的 r 个解，$k_1,k_2,\cdots,k_r$ 为任意实数，则 $k_1\boldsymbol{\xi}_1+k_2\boldsymbol{\xi}_2+\cdots+k_r\boldsymbol{\xi}_r$ 也是齐次线性方程组(4.2)的解.

这说明，齐次线性方程组解的线性组合仍是该方程组的解. 因此，齐次线性方程组若有一个非零解，则它就有无穷多个解，所有的解恰好构成一个向量空间，称为解的空间. 若能求出这个解空间的一个基，就能用它来表示齐次线性方程组的全部解.

4.2.3　齐次线性方程组解的结构

定义4.1　设 $\boldsymbol{\xi}_1,\boldsymbol{\xi}_2,\cdots,\boldsymbol{\xi}_r$ 是齐次线性方程组(4.2)的 r 个解向量，如果

(1) $\boldsymbol{\xi}_1,\boldsymbol{\xi}_2,\cdots,\boldsymbol{\xi}_r$ 线性无关；

(2) 齐次线性方程组(4.2)的任意一个解向量都能由 $\boldsymbol{\xi}_1,\boldsymbol{\xi}_2,\cdots,\boldsymbol{\xi}_r$ 线性表示，则称 $\boldsymbol{\xi}_1,\boldsymbol{\xi}_2,\cdots,\boldsymbol{\xi}_r$ 是齐次线性方程组(4.2)的**基础解系**.

相应地，$\boldsymbol{\xi}_1,\boldsymbol{\xi}_2,\cdots,\boldsymbol{\xi}_r$ 的线性组合 $k_1\boldsymbol{\xi}_1+k_2\boldsymbol{\xi}_2+\cdots+k_r\boldsymbol{\xi}_r$ 称为方程组(4.2)的**通解**或**一般解**. 其中，$k_1,k_2,\cdots,k_r$ 为任意实数.

显然，基础解系可看成解向量组的一个极大线性无关组，也就是解空间的一个基. 显然，齐次线性方程组的基础解系不是唯一的.

定理4.3　齐次线性方程组(4.2)若有非零解，则它一定有基础解系，且基础解系中所含解向量的个数为 $n-r$，其中，r 是齐次线性方程组(4.2)系数矩阵的秩.

证　齐次线性方程组(4.2)的系数矩阵为

$$\boldsymbol{A}=\begin{pmatrix} a_{11} & a_{12} & \cdots & a_{1n} \\ a_{21} & a_{22} & \cdots & a_{2n} \\ \vdots & \vdots & & \vdots \\ a_{m1} & a_{m2} & \cdots & a_{mn} \end{pmatrix},\text{且 } R(\boldsymbol{A})=r<n.$$

对系数矩阵 $\boldsymbol{A}$ 施行初等行变换,化为行最简形矩阵,

$$\boldsymbol{A}\xrightarrow{\text{初等行变换}}\begin{pmatrix}1 & 0 & \cdots & 0 & c_{1,r+1} & \cdots & c_{1n}\\ 0 & 1 & \cdots & 0 & c_{2,r+1} & \cdots & c_{2n}\\ \vdots & \vdots & \vdots & \vdots & \vdots & & \vdots\\ 0 & 0 & \cdots & 1 & c_{r,r+1} & \cdots & c_{rn}\\ 0 & 0 & \cdots & 0 & 0 & \cdots & 0\\ \vdots & \vdots & \vdots & \vdots & \vdots & & \vdots\\ 0 & 0 & \cdots & 0 & 0 & \cdots & 0\end{pmatrix}.$$

即齐次线性方程组(4.2)与下面的方程组同解

$$\begin{cases}x_1+c_{1,+1}x_{r+1}+\cdots+c_{1n}x_n=0,\\ x_2+c_{2,+1}x_{r+1}+\cdots+c_{2n}x_n=0,\\ \qquad\vdots\\ x_r+c_{r,c+1}x_{r+1}+\cdots+c_{rn}x_n=0.\end{cases}$$

视 $x_{r+1},x_{r+2},\cdots,x_n$ 为 $n-r$ 个自由未知量,上式变形为

$$\begin{cases}x_1=-c_{1,r+1}x_{r+1}-\cdots-c_{1n}x_n,\\ x_2=-c_{2,r+1}x_{r+1}-\cdots-c_{2n}x_n,\\ \qquad\vdots\\ x_r=-c_{r,r+1}x_{r+1}-\cdots-c_{rn}x_n.\end{cases}\tag{4.3}$$

分别取

$$\begin{pmatrix}x_{r+1}\\ x_{r+2}\\ \vdots\\ x_n\end{pmatrix}=\begin{pmatrix}1\\ 0\\ \vdots\\ 0\end{pmatrix},\begin{pmatrix}0\\ 1\\ \vdots\\ 0\end{pmatrix},\cdots,\begin{pmatrix}0\\ 0\\ \vdots\\ 1\end{pmatrix},$$

由方程组(4.3)知,依次可得

$$\begin{pmatrix}x_1\\ x_2\\ \vdots\\ x_r\end{pmatrix}=\begin{pmatrix}-c_{1,r+1}\\ -c_{2,r+1}\\ \vdots\\ -c_{r,r+1}\end{pmatrix},\begin{pmatrix}-c_{1,r+2}\\ -c_{2,r+2}\\ \vdots\\ -c_{r,r+2}\end{pmatrix},\cdots,\begin{pmatrix}-c_{1n}\\ -c_{2n}\\ \vdots\\ -c_{rn}\end{pmatrix}.$$

这样可得方程组(4.2)的 $n-r$ 个解向量.

$$\boldsymbol{\xi}_1=\begin{pmatrix}-c_{1,r+1}\\ -c_{2,r+1}\\ \vdots\\ -c_{r,r+1}\\ 1\\ 0\\ \vdots\\ 0\end{pmatrix},\boldsymbol{\xi}_2=\begin{pmatrix}-c_{1,r+2}\\ -c_{2,r+2}\\ \vdots\\ -c_{r,r+2}\\ 0\\ 1\\ \vdots\\ 0\end{pmatrix},\cdots,\boldsymbol{\xi}_{n-r}=\begin{pmatrix}-c_{1n}\\ -c_{2n}\\ \vdots\\ -c_{rn}\\ 0\\ 0\\ \vdots\\ 1\end{pmatrix}.$$

下面证明 $\boldsymbol{\xi}_1,\boldsymbol{\xi}_2,\cdots,\boldsymbol{\xi}_{n-r}$ 构成方程组(4.2)的一个基础解系.

首先,由于

$$\begin{pmatrix}1\\0\\\vdots\\0\end{pmatrix},\begin{pmatrix}0\\1\\\vdots\\0\end{pmatrix},\cdots,\begin{pmatrix}0\\0\\\vdots\\1\end{pmatrix}$$

线性无关,则知 $\boldsymbol{n-r}$ 个 $\boldsymbol{n}$ 维向量 $\boldsymbol{\xi}_1,\boldsymbol{\xi}_2,\cdots,\boldsymbol{\xi}_{n-r}$ 也线性无关.

其次,证明方程组(4.2)的任一解都可由 $\boldsymbol{\xi}_1,\boldsymbol{\xi}_2,\cdots,\boldsymbol{\xi}_{n-r}$ 线性表示. 设任一解

$$\boldsymbol{\xi}=(\lambda_1,\lambda_2,\cdots,\lambda_r,\lambda_{r+1},\cdots,\lambda_n)^{\mathrm{T}}.$$

作向量

$$\boldsymbol{\eta}=\lambda_{r+1}\boldsymbol{\xi}_1+\lambda_{r+2}\boldsymbol{\xi}_2+\cdots+\lambda_n\boldsymbol{\xi}_{n-r}.$$

由于 $\boldsymbol{\xi}_1,\boldsymbol{\xi}_2,\cdots,\boldsymbol{\xi}_{n-r}$ 是方程组(4.2)的解,则 $\boldsymbol{\eta}$ 也是方程组(4.2)的解. 比较 $\boldsymbol{\eta}$ 与 $\boldsymbol{\xi}$ 可知它们后面的 $n-r$ 个分量对应相等,又因它们都满足方程组(4.1),从而知它们前面的 r 个分量也对应相等,因此 $\boldsymbol{\eta}=\boldsymbol{\xi}$,即

$$\boldsymbol{\xi}=\lambda_{r+1}\boldsymbol{\xi}_1+\lambda_{r+2}\boldsymbol{\xi}_2+\cdots+\lambda_n\boldsymbol{\xi}_{n-r}.$$

这样就证明了 $\boldsymbol{\xi}_1,\boldsymbol{\xi}_2,\cdots,\boldsymbol{\xi}_{n-r}$ 是方程组(4.2)的一个基础解系,从而知解空间的维数为 $n-r$.

事实上,定理的证明过程提供了求解齐次线性方程组基础解系的一种方法.

推论(齐次线性方程组解的结构定理)　若齐次线性方程组(4.2)有非零解,则它的通解就是基础解系的线性组合.

设 $\boldsymbol{\xi}_1,\boldsymbol{\xi}_2,\cdots,\boldsymbol{\xi}_{n-r}$ 是齐次线性方程组(4.2)的一个基础解系,则其通解可表示为

$$\boldsymbol{x}=k_1\boldsymbol{\xi}_1+k_2\boldsymbol{\xi}_2+\cdots+k_{n-r}\boldsymbol{\xi}_{n-r},$$

其中,$k_1,k_2,\cdots,k_{n-r}$ 为任意常数.

【例 4.3】　求齐次线性方程组

$$\begin{cases}x_1-x_2+x_3=0,\\3x_1+2x_2+x_3=0,\\2x_1+3x_2=0.\end{cases}$$

的基础解系与通解.

解

$$\widetilde{\boldsymbol{A}}=(\boldsymbol{Ab})=\begin{pmatrix}1&-1&1&0\\3&2&1&0\\2&3&0&0\end{pmatrix}\xrightarrow[r_3-2r_1]{r_2-3r_1}\begin{pmatrix}1&-1&1&0\\0&5&-2&0\\0&5&-2&0\end{pmatrix}$$

$$\xrightarrow{r_3-r_2}\begin{pmatrix}1&-1&1&0\\0&5&-2&0\\0&0&0&0\end{pmatrix}\xrightarrow[r_1+r_2]{r_2\times\frac{1}{5}}\begin{pmatrix}1&0&\frac{3}{5}&0\\0&0&-\frac{2}{5}&0\\0&0&0&0\end{pmatrix}.$$

因为 $R(\boldsymbol{A})=2<3$,所以方程组有非零解. 其对应的同解方程组为

$$\begin{cases} x_1 + \dfrac{3}{5}x_3 = 0, \\ x_2 - \dfrac{2}{5}x_3 = 0. \end{cases}$$

改写为

$$\begin{cases} x_1 = -\dfrac{3}{5}x_3, \\ x_2 = \dfrac{2}{5}x_3. \end{cases}$$

把 x_3 看成自由未知量,令 $x_3 = 5$,得

$$\begin{pmatrix} x_1 \\ x_2 \end{pmatrix} = \begin{pmatrix} -3 \\ 2 \end{pmatrix}.$$

基础解系为

$$\boldsymbol{\xi} = \begin{pmatrix} x_1 \\ x_2 \\ x_3 \end{pmatrix} = \begin{pmatrix} -3 \\ 2 \\ 5 \end{pmatrix}.$$

由此,得方程组的通解

$$\boldsymbol{X} = k\boldsymbol{\xi}, (k \text{ 为任意常数}).$$

对齐次线性方程组增广矩阵$\widetilde{\boldsymbol{A}} = (\boldsymbol{A}\boldsymbol{b})$施行初等行变换的过程中,由于常数项 $b = 0$,增广矩阵最后一列始终不变,因此,对于齐次线性方程组可以只考虑其系数矩阵 $\boldsymbol{A}$.

【例 4.4】 求方程组

$$\begin{cases} x_1 - x_2 + x_3 - x_4 = 0, \\ x_1 - x_2 - x_3 + x_4 = 0, \\ x_1 - x_2 - 2x_3 + 2x_4 = 0. \end{cases}$$

的基础解系及通解.

解 对系数矩阵 $\boldsymbol{A}$ 作初等行变换,化为行最简形矩阵

$$\boldsymbol{A} = \begin{pmatrix} 1 & -1 & 1 & -1 \\ 1 & -1 & -1 & 1 \\ 1 & -1 & -2 & 2 \end{pmatrix} \to \begin{pmatrix} 1 & -1 & 1 & -1 \\ 0 & 0 & -2 & 2 \\ 0 & 0 & -3 & 3 \end{pmatrix} \to \begin{pmatrix} 1 & -1 & 1 & -1 \\ 0 & 0 & -1 & 1 \\ 0 & 0 & -1 & 1 \end{pmatrix} \to$$

$$\begin{pmatrix} 1 & -1 & 1 & -1 \\ 0 & 0 & -1 & 1 \\ 0 & 0 & 0 & 0 \end{pmatrix} \to \begin{pmatrix} 1 & -1 & 0 & 0 \\ 0 & 0 & 1 & -1 \\ 0 & 0 & 0 & 0 \end{pmatrix}.$$

由此可知,$R(\boldsymbol{A}) = 2 < 4$,所以方程组有非零解. 其对应的同解方程组为

$$\begin{cases} x_1 - x_2 = 0, \\ x_3 - x_4 = 0. \end{cases}$$

取 x_2, x_4 为自由未知量,令

$$\begin{pmatrix} x_2 \\ x_4 \end{pmatrix} = \begin{pmatrix} 1 \\ 0 \end{pmatrix}, \begin{pmatrix} 0 \\ 1 \end{pmatrix},$$

得

$$\begin{pmatrix} x_1 \\ x_3 \end{pmatrix} = \begin{pmatrix} 1 \\ 0 \end{pmatrix}, \begin{pmatrix} 0 \\ 1 \end{pmatrix}.$$

从而得方程组的一个基础解系

$$\boldsymbol{\xi}_1 = \begin{pmatrix} 1 \\ 1 \\ 0 \\ 0 \end{pmatrix}, \boldsymbol{\xi}_2 = \begin{pmatrix} 0 \\ 0 \\ 1 \\ 1 \end{pmatrix}.$$

由此得方程组的通解

$$\boldsymbol{X} = k_1\boldsymbol{\xi}_1 + k_2\boldsymbol{\xi}_2, (k_1, k_2 \text{ 为任意常数})$$

【例4.5】 设$\boldsymbol{\xi}_1,\boldsymbol{\xi}_2,\boldsymbol{\xi}_3$是齐次线性方程组$\boldsymbol{AX}=\boldsymbol{0}$的一个基础解系，$\boldsymbol{\eta}_1=\boldsymbol{\xi}_1+\boldsymbol{\xi}_2+\boldsymbol{\xi}_3$，$\boldsymbol{\eta}_2=\boldsymbol{\xi}_2-\boldsymbol{\xi}_3$，$\boldsymbol{\eta}_3=\boldsymbol{\xi}_2+\boldsymbol{\xi}_3$，判定$\boldsymbol{\eta}_1,\boldsymbol{\eta}_2,\boldsymbol{\eta}_3$是否也是$\boldsymbol{AX}=\boldsymbol{0}$的基础解系.

解　$\boldsymbol{\eta}_1,\boldsymbol{\eta}_2,\boldsymbol{\eta}_3$显然是$\boldsymbol{AX}=\boldsymbol{0}$的解，故只需判定$\boldsymbol{\eta}_1,\boldsymbol{\eta}_2,\boldsymbol{\eta}_3$是否线性无关.

设有x_1,x_2,x_3使

$$x_1\boldsymbol{\eta}_1 + x_2\boldsymbol{\eta}_2 + x_3\boldsymbol{\eta}_3 = \boldsymbol{0}$$

即

$$x_1(\boldsymbol{\xi}_1+\boldsymbol{\xi}_2+\boldsymbol{\xi}_3) + x_2(\boldsymbol{\xi}_2-\boldsymbol{\xi}_3) + x_3(\boldsymbol{\xi}_2+\boldsymbol{\xi}_3) = \boldsymbol{0}.$$

亦即

$$x_1\boldsymbol{\xi}_1 + (x_1+x_2+x_3)\boldsymbol{\xi}_2 + (x_1-x_2+x_3)\boldsymbol{\xi}_3 = \boldsymbol{0}.$$

因为$\boldsymbol{\xi}_1,\boldsymbol{\xi}_2,\boldsymbol{\xi}_3$线性无关，所以

$$\begin{cases} x_1 = 0, \\ x_1 + x_2 + x_3 = 0, \\ x_1 - x_2 + x_3 = 0. \end{cases}$$

因为上面方程组的系数行列式不等于0，则只有零解，所以$\boldsymbol{\eta}_1,\boldsymbol{\eta}_2,\boldsymbol{\eta}_3$线性无关，因而也是方程组$\boldsymbol{AX}=\boldsymbol{0}$的基础解系.

习题4.2

解下列齐次线性方程组.

(1) $\begin{cases} x_1 + 2x_2 + 3x_3 + x_4 = 0, \\ 2x_1 + 4x_2 - x_4 = 0, \\ -x_1 - 2x_2 + 3x_3 + 2x_4 = 0, \\ x_1 + 2x_2 - 9x_3 - 5x_4 = 0. \end{cases}$　　(2) $\begin{cases} x_1 + 3x_2 + 2x_3 = 0, \\ x_1 + 5x_2 + x_3 = 0, \\ 3x_1 + 5x_2 + 8x_3 = 0. \end{cases}$

4.3　非齐次线性方程组

线性方程组(4.1)中，当$\boldsymbol{b}\neq\boldsymbol{0}$时，称其为**非齐次线性方程组**.

$$\begin{cases} a_{11}x_1+a_{12}x_2+\cdots+a_{1n}x_n=b_1, \\ a_{21}x_1+a_{22}x_2+\cdots+a_{2n}x_n=b_2, \\ \qquad\qquad\vdots \\ a_{m1}x_1+a_{m2}x_2+\cdots+a_{mn}x_n=b_m. \end{cases}$$

其矩阵形式为

$$\boldsymbol{AX}=\boldsymbol{b}. \tag{4.4}$$

当 $\boldsymbol{b}=\boldsymbol{0}$ 时,得齐次线性方程组 $\boldsymbol{AX}=\boldsymbol{0}$,称为非齐次线性方程组(4.4)的**导出方程组**,简称**导出组**.

对于非齐次线性方程组(4.4),如何判断它有解?若有解,它有多少解?如何求出所有解?

4.3.1 非齐次线性方程组有解的判别定理

对线性方程组(4.4)的增广矩阵$\widetilde{\boldsymbol{A}}=(\boldsymbol{A}\,\vdots\,\boldsymbol{b})$经初等行变换,化成如下的行最简形矩阵:

$$\widetilde{\boldsymbol{A}}=(\boldsymbol{A}\,\vdots\,\boldsymbol{b})\to\begin{pmatrix} 1 & 0 & \cdots & 0 & c_{11} & \cdots & c_{1,n-r} & d_1 \\ 0 & 1 & \cdots & 0 & c_{21} & \cdots & c_{2,n-r} & d_2 \\ \vdots & \vdots & & \vdots & \vdots & & \vdots & \vdots \\ 0 & 0 & \cdots & 1 & c_{r1} & \cdots & c_{r,n-r} & d_r \\ 0 & 0 & \cdots & 0 & 0 & \cdots & 0 & d_{r+1} \\ 0 & 0 & \cdots & 0 & 0 & \cdots & 0 & 0 \\ \vdots & \vdots & & \vdots & \vdots & & \vdots & \vdots \\ 0 & 0 & \cdots & 0 & 0 & \cdots & 0 & 0 \end{pmatrix}. \tag{4.5}$$

则相应的同解线性方程组为

$$\begin{cases} x_1+c_{11}x_{r+1}+\cdots+c_{1,n-r}x_n=d_1, \\ x_2+c_{21}x_{r+1}+\cdots+c_{2,n-r}x_n=d_2, \\ \qquad\qquad\vdots \\ x_r+c_{r1}x_{r+1}+\cdots+c_{r,n-r}x_n=d_r, \\ \qquad\qquad\qquad\qquad 0=d_{r+1}. \end{cases} \tag{4.6}$$

由方程组(4.6)可直接得到:

(1)如果方程组(4.6)中 $d_{r+1}\neq 0$,即 $R(\boldsymbol{A})\neq R(\widetilde{\boldsymbol{A}})$,则方程组无解.

(2)如果方程组(4.7)中 $d_{r+1}=0$,即 $R(\boldsymbol{A})=R(\widetilde{\boldsymbol{A}})=r$,又有以下两种情况:

①若 $r=n$,则方程组有唯一解

$$x_1=d_1, x_2=d_2, \cdots, x_n=d_n.$$

②若 $r<n$,则将 $x_{r+1}, x_{r+2}, \cdots, x_n$ 作为自由未知量,方程组(4.6)变为

$$\begin{cases} x_1=d_1-c_{11}x_{r+1}-\cdots-c_{1,n-r}x_n, \\ x_2=d_2-c_{21}x_{r+1}-\cdots-c_{2,n-r}x_n, \\ \qquad\qquad\vdots \\ x_r=d_r-c_{r1}x_{r+1}-\cdots-c_{r,n-r}x_n. \end{cases} \tag{4.7}$$

对于$(x_{r+1},x_{r+2},\cdots,x_n)$任取一组值代入方程组(4.7),可得到一组解,从而方程组(4.6)有无穷多个解. 由此可得到如下定理.

定理 4.4　设非齐次线性方程组为 $\boldsymbol{AX}=\boldsymbol{b}$,其中 $\boldsymbol{A}$ 为 $\boldsymbol{m}\times\boldsymbol{n}$ 矩阵,$\widetilde{\boldsymbol{A}}=(\boldsymbol{A}\vdots\boldsymbol{b})$为增广矩阵,则线性方程组有解的充分必要条件是:$R(\boldsymbol{A})=R(\widetilde{\boldsymbol{A}})=r$.

(1)当 $r=n$ 时,方程组有唯一解;

(2)当 $r<n$ 时,方程组有无穷多个解.

【例 4.6】　求解线性方程组

$$\begin{cases}x_1-2x_2+3x_3+2x_4=1,\\3x_1-x_2+5x_3-x_4=-1,\\2x_1+x_2+2x_3-3x_4=3.\end{cases}$$

解　对增广矩阵进行初等行变换,化成行阶梯形矩阵

$$\widetilde{\boldsymbol{A}}=(\boldsymbol{A}\vdots\boldsymbol{b})=\begin{pmatrix}1&-2&3&2&1\\3&-1&5&-1&-1\\2&1&2&-3&3\end{pmatrix}\xrightarrow[r_3-2r_1]{r_2-3r_1}\begin{pmatrix}1&-2&3&2&1\\0&5&-4&-7&-4\\0&5&-4&-7&1\end{pmatrix}$$

$$\xrightarrow{r_3-r_2}\begin{pmatrix}1&-2&3&2&1\\0&5&-4&-7&-4\\0&0&0&0&5\end{pmatrix}.$$

由此可知,$R(\boldsymbol{A})<R(\widetilde{\boldsymbol{A}})$方程组无解.

【例 4.7】　解线性方程组

$$\begin{cases}x_1+x_2-3x_3-x_4=1,\\3x_1-x_2-3x_3+4x_4=4,\\x_1+5x_2-9x_3-8x_4=0.\end{cases}$$

解

$$\widetilde{\boldsymbol{A}}=(\boldsymbol{A}\vdots\boldsymbol{b})=\begin{pmatrix}1&1&-3&-1&1\\3&-1&-3&4&4\\1&5&-9&-8&0\end{pmatrix}\rightarrow\begin{pmatrix}1&1&-3&-1&1\\0&-4&6&7&1\\0&4&-6&-7&-1\end{pmatrix}$$

$$\rightarrow\begin{pmatrix}1&1&-3&-1&1\\0&1&-\frac{3}{2}&-\frac{7}{4}&-\frac{1}{4}\\0&0&0&0&0\end{pmatrix}\rightarrow\begin{pmatrix}1&0&-\frac{3}{2}&\frac{3}{4}&\frac{5}{4}\\0&1&-\frac{3}{2}&-\frac{7}{4}&-\frac{1}{4}\\0&0&0&0&0\end{pmatrix},$$

由上式可知,$R(\boldsymbol{A})=R(\widetilde{\boldsymbol{A}})=3<4$,所以方程组有无穷多个解. 与原方程组同解的方程组为

$$\begin{cases}x_1=\frac{3}{2}x_3-\frac{3}{4}x_4+\frac{5}{4},\\x_2=\frac{3}{2}x_3+\frac{7}{4}x_4-\frac{1}{4},\\x_3=x_3,\\x_4=x_4.\end{cases}$$

取 x_3,x_4 为自由未知量,$x_3=c_1,x_4=c_2$,(c_1,c_2 为任意常数),则得到原方程组的通解为

$$\begin{pmatrix}\boldsymbol{x}_1\\\boldsymbol{x}_2\\\boldsymbol{x}_3\\\boldsymbol{x}_4\end{pmatrix}=c_1\begin{pmatrix}\frac{3}{2}\\\frac{3}{2}\\1\\0\end{pmatrix}+c_2\begin{pmatrix}-\frac{3}{4}\\\frac{7}{4}\\0\\1\end{pmatrix}+\begin{pmatrix}\frac{5}{4}\\-\frac{1}{4}\\0\\0\end{pmatrix},(c_1,c_2\in\mathbf{R}).$$

4.3.2 非齐次线性方程组解的性质

非齐次线性方程组(4.4)的解与它的导出组 $\boldsymbol{AX}=0$ 的解之间有如下性质.

性质 3 如果 $\boldsymbol{\eta}$ 是非齐次线性方程组(4.4)的一个解,$\boldsymbol{\xi}$ 是其对应的导出组的任意一个解,则 $\boldsymbol{\xi}+\boldsymbol{\eta}$ 是非齐次线性方程组(4.4)的一个解.

证 因为

$$\begin{aligned}\boldsymbol{A}(\boldsymbol{\xi}+\boldsymbol{\eta})&=\boldsymbol{A\xi}+\boldsymbol{A\eta}\\&=\mathbf{0}+\boldsymbol{b}=\boldsymbol{b}.\end{aligned}$$

所以,$\boldsymbol{\xi}+\boldsymbol{\eta}$ 是方程组 $\boldsymbol{AX}=\boldsymbol{b}$ 的解.

性质 4 如果 $\boldsymbol{\eta}_1,\boldsymbol{\eta}_2$ 是非齐次线性方程组(4.4)的任意两个解,则 $\boldsymbol{\eta}_1-\boldsymbol{\eta}_2$ 是其导出组的解.

证 因为

$$\begin{aligned}\boldsymbol{A}(\boldsymbol{\eta}_1-\boldsymbol{\eta}_2)&=\boldsymbol{A\eta}_1-\boldsymbol{A\eta}_2\\&=\boldsymbol{b}-\boldsymbol{b}=0.\end{aligned}$$

所以,$\boldsymbol{\eta}_1-\boldsymbol{\eta}_2$ 是 $\boldsymbol{AX}=\mathbf{0}$ 的解.

4.3.3 非齐次线性方程组解的结构

由非齐次线性方程组解的性质可知,$\boldsymbol{AX}=\boldsymbol{b}$ 的任意一个解向量都可表示成 $\boldsymbol{\xi}+\boldsymbol{\eta}^*$ 的形式,其中,$\boldsymbol{\eta}^*$ 是 $\boldsymbol{AX}=\boldsymbol{b}$ 的一个解,$\boldsymbol{\xi}$ 是其对应的导出组 $\boldsymbol{AX}=\mathbf{0}$ 的任意一个解. 因此,当 $\boldsymbol{AX}=\boldsymbol{b}$ 有无穷多解时,可以借助导出组的基础解系来表示非齐次线性方程组的所有解.

定理 4.5(非齐次线性方程组的解的结构定理) 如果非齐次线性方程组(4.4)有解,则其通解为

$$\boldsymbol{\eta}=\boldsymbol{\xi}+\boldsymbol{\eta}^*,$$

其中,$\boldsymbol{\xi}$ 是 $\boldsymbol{AX}=\mathbf{0}$ 的通解,$\boldsymbol{\eta}^*$ 是 $\boldsymbol{AX}=\boldsymbol{b}$ 的一个特解.

证 由于

$$\boldsymbol{A}(\boldsymbol{\xi}+\boldsymbol{\eta}^*)=\boldsymbol{A\xi}+\boldsymbol{A\eta}^*=\mathbf{0}+\boldsymbol{b}=\boldsymbol{b},$$

所以,$\boldsymbol{\xi}+\boldsymbol{\eta}^*$ 是 $\boldsymbol{AX}=\boldsymbol{b}$ 的解. 设 $\boldsymbol{x}^*$ 是 $\boldsymbol{AX}=\boldsymbol{b}$ 的任一个解,则由性质 3 有,$x^*-\boldsymbol{\eta}^*$ 是其导出组的一个解,而

$$x^*=(x^*-\boldsymbol{\eta}^*)+\boldsymbol{\eta}^*,$$

即任一解 x^* 均可表示成 $\boldsymbol{\xi}+\boldsymbol{\eta}^*$ 的形式,因此,$\boldsymbol{\eta}=\boldsymbol{\xi}+\boldsymbol{\eta}^*$ 为 $\boldsymbol{AX}=\boldsymbol{b}$ 的通解.

由此可知,如果非齐次线性方程组 $\boldsymbol{AX}=\boldsymbol{b}$ 有解,则只需求出它的一个特解 $\boldsymbol{\eta}^*$,并求出其导出组 $\boldsymbol{AX}=\mathbf{0}$ 的一个基础解系 $\boldsymbol{\xi}_1,\boldsymbol{\xi}_2,\cdots,\boldsymbol{\xi}_{n-r}$,则非齐次线性方程组 $\boldsymbol{AX}=\boldsymbol{b}$ 的通解可表示为

$X = k_1\boldsymbol{\xi}_1 + k_2\boldsymbol{\xi}_2 + \cdots + k_{n-r}\boldsymbol{\xi}_{n-r} + \boldsymbol{\eta}^*$,其中,$k_1, k_2, \cdots, k_{n-r}$为任意常数.

【例 4.8】　求线性方程组

$$\begin{cases} x_1 + 2x_2 + 4x_3 = 3, \\ 2x_1 + 7x_2 + 2x_3 = 9, \\ 4x_1 + 11x_2 + 10x_3 = 15 \end{cases}$$

的一个特解 $\boldsymbol{\eta}^*$.

解　将方程组的增广矩阵用初等变换化为行最简形

$$\widetilde{\boldsymbol{A}} = (\boldsymbol{A} \vdots \boldsymbol{b}) = \begin{pmatrix} 1 & 2 & 4 & 3 \\ 2 & 1 & -2 & 9 \\ 4 & 11 & 10 & 15 \end{pmatrix} \to \begin{pmatrix} 1 & 2 & 4 & 3 \\ 0 & 3 & -6 & 3 \\ 0 & 3 & -6 & 15 \end{pmatrix} \to \begin{pmatrix} 1 & 2 & 4 & 3 \\ 0 & 1 & -2 & 1 \\ 0 & 0 & 0 & 0 \end{pmatrix}.$$

由于 $R(\boldsymbol{A}) = R(\widetilde{\boldsymbol{A}}) = 2 < 3$,故方程组有解且同解方程组为

$$\begin{cases} x_1 + 2x_2 + 4x_3 = 3, \\ x_2 - 2x_3 = 1. \end{cases}$$

将其变形得

$$\begin{cases} x_1 = 3 - 2x_2 - 4x_3, \\ x_2 = 1 + 2x_3. \end{cases}$$

令自由未知量 $x_3 = 0$,得到方程组的一个特解为

$$\boldsymbol{\eta}^* = \begin{pmatrix} 3 \\ 1 \\ 0 \end{pmatrix}.$$

【例 4.9】　求方程组的通解

$$\begin{cases} x_1 - x_2 - x_3 + x_4 = 0, \\ x_1 - x_2 + x_3 - 3x_4 = 1, \\ x_1 - x_2 - 3x_3 + 5x_4 = 1. \end{cases}$$

解　对增广矩阵进行初等行变换

$$\widetilde{\boldsymbol{A}} = \begin{pmatrix} 1 & -1 & -1 & 1 & 0 \\ 1 & -1 & 1 & -3 & 1 \\ 1 & -1 & -3 & 5 & 1 \end{pmatrix} \to \begin{pmatrix} 1 & -1 & -1 & 1 & 0 \\ 0 & 0 & 2 & -4 & 1 \\ 0 & 0 & -2 & 4 & 1 \end{pmatrix}$$

$$\to \begin{pmatrix} 1 & -1 & -1 & 1 & 0 \\ 0 & 0 & 1 & -2 & \frac{1}{2} \\ 0 & 0 & 0 & 0 & 0 \end{pmatrix} \to \begin{pmatrix} 1 & -1 & 0 & -1 & \frac{1}{2} \\ 0 & 0 & 1 & -2 & \frac{1}{2} \\ 0 & 0 & 0 & 0 & 0 \end{pmatrix}.$$

可见,$R(\boldsymbol{A}) = R(\widetilde{\boldsymbol{A}}) = 2$,故方程组有解,并可得与原方程组同解的方程组

$$\begin{cases} x_1 - x_2 - x_4 = \frac{1}{2}, \\ x_3 - 2x_4 = \frac{1}{2} \end{cases} \text{或} \begin{cases} x_1 = \frac{1}{2} + x_2 + x_4, \\ x_3 = \frac{1}{2} + 2x_4. \end{cases}$$

其中,x_2,x_4 为自由未知量. 令 $x_2=x_4=0$,得方程组的一个特解为

$$\boldsymbol{\eta}^*=\begin{pmatrix}\frac{1}{2}\\0\\\frac{1}{2}\\1\end{pmatrix}.$$

原方程组的导出组为$\begin{cases}x_1=x_2+x_4,\\x_3=2x_4,\end{cases}$选择将 x_2,x_4 作为自由未知量.

令

$$\begin{pmatrix}x_2\\x_4\end{pmatrix}=\begin{pmatrix}1\\0\end{pmatrix},\begin{pmatrix}0\\1\end{pmatrix},$$

得

$$\begin{pmatrix}x_1\\x_3\end{pmatrix}=\begin{pmatrix}1\\0\end{pmatrix},\begin{pmatrix}1\\2\end{pmatrix}.$$

从而得导出组的基础解系为

$$\boldsymbol{\xi}_1=\begin{pmatrix}1\\1\\0\\0\end{pmatrix},\boldsymbol{\xi}_2=\begin{pmatrix}1\\0\\2\\1\end{pmatrix}.$$

由此,原方程组的通解为 $\boldsymbol{X}=\boldsymbol{\eta}^*+k_1\boldsymbol{\xi}_1+k_2\boldsymbol{\xi}_2$,($k_1,k_2$ 为任意常数).

【例 4.10】 k 取何值时,非齐次线性方程组

$$\begin{cases}kx_1+x_2+x_3=5,\\3x_1+2x_2+x_3=13,\\x_2+2x_3=2\end{cases}$$

有唯一解? 无解? 无穷多解? 有无穷多解时求出通解.

解 对增广矩阵进行初等行变换

$$\widetilde{\boldsymbol{A}}=(\boldsymbol{A}\vdots\boldsymbol{b})=\begin{pmatrix}k&1&1&5\\3&2&1&13\\0&1&2&2\end{pmatrix}\rightarrow\begin{pmatrix}k&0&-1&3\\3&0&-3&9\\0&1&2&2\end{pmatrix}$$

$$\rightarrow\begin{pmatrix}0&0&k-1&-3k+3\\3&0&-3&9\\0&1&2&2\end{pmatrix}\rightarrow\begin{pmatrix}3&0&-3&9\\0&1&2&2\\0&0&k-1&-3(k-1)\end{pmatrix}.$$

(1)当 $k-1\neq0$ 时,即 $k\neq1$ 时,$R(\boldsymbol{A})=R(\widetilde{\boldsymbol{A}})=3$ 有唯一解;

(2)当 $k-1=0$ 时,即 $k=1$ 时,$R(\boldsymbol{A})=R(\widetilde{\boldsymbol{A}})=2$,故方程组有无穷多解,通解含有 $n-R(\boldsymbol{A})=3-2=1$ 个任意自由未知量. 此时

$$\widetilde{\boldsymbol{A}}\rightarrow\begin{pmatrix}3&0&-3&9\\0&1&2&2\\0&0&0&0\end{pmatrix}\rightarrow\begin{pmatrix}1&0&-1&3\\0&1&2&2\\0&0&0&0\end{pmatrix}.$$

同解方程组为

$$\begin{cases} x_1 = 3 + x_3, \\ x_2 = 2 - 2x_3. \end{cases}$$

令 $x_3 = 0$，则原方程组的一个特解为

$$\boldsymbol{\eta}^* = \begin{pmatrix} 3 \\ 2 \\ 0 \end{pmatrix},$$

取 x_3 为自由未知量，令 $x_3 = 1$，则其导出组的基础解系为

$$\boldsymbol{\xi} = \begin{pmatrix} 4 \\ 0 \\ 1 \end{pmatrix}.$$

所以，原方程组的通解为

$$\boldsymbol{X} = \boldsymbol{\eta}^* + c\boldsymbol{\xi}, (\text{其中 } c \text{ 为任意常数}).$$

习题 4.3

解下列非齐次线性方程组.

(1) $\begin{cases} x_1 - x_2 + x_3 - x_4 = 0, \\ 2x_1 - x_2 + 3x_3 - 2x_4 = -1, \\ 3x_1 - 2x_2 - x_3 + 2x_4 = 4; \end{cases}$　　(2) $\begin{cases} -x_1 + 2x_2 - x_3 = 1, \\ 2x_1 - x_2 + 3x_3 = -3, \\ x_1 + x_2 + x_3 = 2. \end{cases}$

4.4　用 Matlab 软件求解线性方程组

对于复杂的线性方程组，我们可用 Matlab 语言程序进行求解.

(1) 左除法 $A\backslash B$ 求解矩阵方程 $AX = B$；

(2) 左除法 B/A 求解矩阵方程 $XA = B$.

当 A 为方阵时，$A\backslash B$ 与 inv(A) * B 一致；当 A 不是方阵时，系统自动检测：

①若方程组无解，除法给出最小二乘意义上的近似解；

②若方程有无穷多解，除法将给出一个具有零元素最多的特解；

③若方程有唯一解，除法将给出解.

【例 4.11】　判断下列线性方程组解的情况，如果有唯一解，则求出唯一解.

(1) $\begin{cases} 2x_1 + 3x_2 - x_3 + 5x_4 = 0, \\ 3x_1 + x_2 + 2x_3 - 7x_4 = 0, \\ 4x_1 + x_2 - 3x_3 + 6x_4 = 0, \\ x_1 - 2x_2 + 4x_3 - 7x_4 = 0; \end{cases}$　　(2) $\begin{cases} 3x_1 + 4x_2 - 5x_3 + 7x_4 = 0, \\ 2x_1 - 3x_2 + 3x_3 - 2x_4 = 0, \\ 4x_1 + 11x_2 - 13x_3 + 16x_4 = 0, \\ 7x_1 - 2x_2 + x_3 + 3x_4 = 0; \end{cases}$

(3) $\begin{cases} 4x_1 + 2x_2 - x_3 = 2, \\ 3x_1 - x_2 + 2x_3 = 10, \\ 11x_1 + 3x_2 = 8; \end{cases}$　　(4) $\begin{cases} 2x + y - z + w = 1, \\ 4x + 2y - 2z + w = 2, \\ 2x + y - z - w = 1. \end{cases}$

解 (1)在 Matlab 工作窗口输入程序

```
>>A=[2 3 -1 5;3 1 2 -7;4 1 -3 6;1 -2 4 -7];
  b=[ 0; 0; 0; 0]; [RA,RB,n]=jiepb(A,b)
```

运行后输出结果

请注意:因为 RA = RB = n,所以此方程组有唯一解.

RA =4,RB =4,n =4

在 Matlab 工作窗口输入

```
>>X=A\b,
```

运行后输出结果为 X =(0 0 0 0)′.

(2)在 Matlab 工作窗口输入程序

```
>> A=[3 4 -5 7;2 -3 3 -2;4 11 -13 16;7 -2 1 3];b=[ 0; 0; 0; 0];
        [RA,RB,n]=jiepb(A,b)
```

运行后输出结果

请注意:因为 RA = RB < n,所以此方程组有无穷多个解.

RA =2,RB =2,n =4

(3)在 Matlab 工作窗口输入程序

```
>>A=[4 2 -1;3 -1 2;11 3 0]; b=[2;10;8]; [RA,RB,n]=jiepb(A,B)
```

运行后输出结果

请注意:因为 RA ~= RB,所以此方程组无解.

RA =2,RB =3,n =3

(4)在 Matlab 工作窗口输入程序

```
>>A=[2 1 -1 1;4 2 -2 1;2 1 -1 -1];
b=[1; 2; 1]; [RA,RB,n]=jiepb(A,b)
```

运行后输出结果

请注意:因为 RA = RB < n,所以此方程组有无穷多个解.

RA =2,RB =2,n =3

在 Matlab 工作窗口输入

```
>>X=A\b,
```

运行后输出结果为一特解.

【例 4.12】 解上三角形线性方程组的 Matlab 程序求解

$$\begin{cases}5x_1-x_2+2x_3+3x_4=20,\\ \quad -2x_2+7x_3-4x_4=-7,\\ \quad\quad 6x_3+5x_4=4,\\ \quad\quad\quad 3x_4=6.\end{cases}$$

解 在 Matlab 工作窗口输入程序

```
>>A=[5 -1 2 3;0 -2 7 -4;0 0 6 5;0 0 0 3];
   b=[20; -7; 4;6];
   [RA,RB,n,X]=shangsan(A,b)
```

运行后输出结果

请注意:因为 RA = RB = n,所以此方程组有唯一解.

```
RA =          RB =

     4,            4,

n =

     4,

X =[2.4   -4.0   -1.0   2.0]'
```

总习题4

一、填空题

1. 设 $\boldsymbol{\eta}_s,\boldsymbol{\eta}_1,\boldsymbol{\eta}_2,\cdots,\boldsymbol{\eta}_s$ 是非齐次线性方程组 $\boldsymbol{AX}=\boldsymbol{b}$ 的一组解向量,如果 $c_1\boldsymbol{\eta}_1+c_2\boldsymbol{\eta}_2+\cdots+c_s\boldsymbol{\eta}_s$ 也是该方程组的一个解向量,则 $c_1+c_2+\cdots+c_s=$____________.

2. 设 $\boldsymbol{A},\boldsymbol{B},\boldsymbol{C}$ 均为5阶方阵,$R(\boldsymbol{A})=2$,$R(\boldsymbol{C})=5$,$\boldsymbol{A}=\boldsymbol{BC}$,则方程组 $\boldsymbol{AX}=\boldsymbol{0}$ 的基础解系含____________个解向量.

3. 方程 $2x_1+x_2+3x_3-5x_4=0$ 的基础解系是____________.

4. 设 $\boldsymbol{\eta}_1,\boldsymbol{\eta}_2$ 为三元非齐次线性方程组 $\boldsymbol{AX}=\boldsymbol{b}$ 的两个解,$\boldsymbol{\eta}_1=(-1,0,3)^{\mathrm{T}}$,$\boldsymbol{\eta}_2=(2,-3,1)^{\mathrm{T}}$,则其导出组必有一个非零解为____________.

5. 齐次线性方程组 $\begin{cases}x_1-x_2-x_3+x_4=0\\x_1-x_2+x_3-3x_4=0\\x_1-x_2-3x_3+5x_4=0\end{cases}$ 的基础解系中含____________个解向量.

6. 设 n 阶矩阵 $\boldsymbol{A}$ 的各行元素之和均为零,且 $R(\boldsymbol{A})=n-1$,则方程组 $\boldsymbol{AX}=\boldsymbol{0}$ 的通解为____________.

二、选择题

1. 设 $\begin{pmatrix}1\\0\\2\end{pmatrix}$ 与 $\begin{pmatrix}0\\1\\-1\end{pmatrix}$ 是齐次线性方程组 $\boldsymbol{AX}=\boldsymbol{0}$ 的两个解,则其系数矩阵为(　　).

A. $\begin{pmatrix}2&0&-1\\0&1&1\end{pmatrix}$　B. $\begin{pmatrix}-1&0&2\\0&1&-1\end{pmatrix}$　C. $(-2\quad 1\quad 1)$　D. $\begin{pmatrix}0&1&-1\\4&-2&-2\\0&1&1\end{pmatrix}$

2. 设 $\boldsymbol{A}$ 是 n 阶矩阵且 $R(\boldsymbol{A})=n-1$,$\boldsymbol{\alpha}_1,\boldsymbol{\alpha}_2$ 是 $\boldsymbol{AX}=\boldsymbol{0}$ 的两个不同解向量,则 $\boldsymbol{AX}=\boldsymbol{0}$ 的通解为(　　).

A. $k_1\boldsymbol{\alpha}_1+k_2\boldsymbol{\alpha}_2,k_1,k_2\in\mathbf{R}$　B. $k(\boldsymbol{\alpha}_1+\boldsymbol{\alpha}_2),k\in\mathbf{R}$

C. $k(\boldsymbol{\alpha}_1-\boldsymbol{\alpha}_2),k\in\mathbf{R}$　D. $k\boldsymbol{\alpha}_1$ 或 $k\boldsymbol{\alpha}_2,k\in\mathbf{R}$

3. 当(　　)时,方程组 $\begin{cases}x_2+x_3=1\\x_1+\lambda x_2+x_3=\lambda\\x_1+x_2+\lambda x_3=\lambda^2\end{cases}$ 有无穷多个解.

A. $\lambda=-2$　B. $\lambda=1$

C. $\lambda\neq-1$ 且 $\lambda\neq-2$　D. $\lambda\neq-1$

4. 设有齐次线性方程组 $\boldsymbol{AX}=\boldsymbol{0}$ 和 $\boldsymbol{BX}=\boldsymbol{0}$，其中 $\boldsymbol{A},\boldsymbol{B}$ 均为 $m\times n$ 矩阵，现有4个命题：

①若 $\boldsymbol{AX}=\boldsymbol{0}$ 的解均 $\boldsymbol{BX}=\boldsymbol{0}$ 的解，则 $R(\boldsymbol{B})\leqslant R(\boldsymbol{A})$

②若 $R(\boldsymbol{B})\leqslant R(\boldsymbol{A})$，则 $\boldsymbol{BX}=\boldsymbol{0}$ 的解均是 $\boldsymbol{BX}=\boldsymbol{0}$ 的解

③若 $\boldsymbol{AX}=\boldsymbol{0}$ 与 $\boldsymbol{BX}=\boldsymbol{0}$ 同解，则 $R(\boldsymbol{A})=R(\boldsymbol{B})$

④若 $R(\boldsymbol{A})=R(\boldsymbol{B})$，则 $\boldsymbol{AX}=\boldsymbol{0}$ 与 $\boldsymbol{BX}=\boldsymbol{0}$ 同解

以上命题中正确的是(　　).

A. ①②　　B. ①③　　C. ②④　　D. ③④

5. 对齐次线性方程组 $\boldsymbol{A}_{3\times5}\boldsymbol{X}_{5\times1}=0$，下列结论成立的是(　　).

A. 只有零解　　B. 必有非零解

C. 无解　　D. 解的情况不能确定

6. 设 $\boldsymbol{\alpha}_1,\boldsymbol{\alpha}_2,\boldsymbol{\alpha}_3$ 是非齐次线性方程组 $\boldsymbol{AX}=\boldsymbol{b}$ 的解向量，若 $(\boldsymbol{\alpha}_1+\boldsymbol{\alpha}_2)-k\boldsymbol{\alpha}_3$ 是齐次线性方程组 $\boldsymbol{AX}=\boldsymbol{0}$ 的解向量，则 $k=$(　　).

A. 0　　B. 1　　C. 2　　D. 3

7. 设 $\boldsymbol{A}$ 为 n 阶方阵，且 $R(\boldsymbol{A})=n-1$，$\boldsymbol{\alpha}_1,\boldsymbol{\alpha}_2$ 是 $\boldsymbol{AX}=\boldsymbol{b}$ 的两个不同的解，则 $\boldsymbol{AX}=\boldsymbol{0}$ 的通解为(　　).

A. $k(\boldsymbol{\alpha}_1-\boldsymbol{\alpha}_2)$　　B. $k(\boldsymbol{\alpha}_1+\boldsymbol{\alpha}_2)$　　C. $k\boldsymbol{\alpha}_1$　　D. $k\boldsymbol{\alpha}_2$

8. 对齐次线性方程组 $\begin{cases}4x_1-3x_2+5x_3=0\\3x_1+x_2-2x_3=0\\x_1-4x_2-3x_3=0\end{cases}$ 下列结论成立的是(　　).

A. 只有零解　　B. 必有非零解　　C. 无解　　D. 解的情况不能确定

9. 设非齐次线性方程组 $\boldsymbol{AX}=\boldsymbol{b}$ 所对应的齐次线性方程组 $\boldsymbol{AX}=\boldsymbol{0}$，则下列结论正确的是(　　).

A. 若 $\boldsymbol{AX}=\boldsymbol{0}$ 有唯一解，则 $\boldsymbol{AX}=\boldsymbol{b}$ 必有唯一解

B. 若 $\boldsymbol{AX}=\boldsymbol{0}$ 有唯一解，则 $\boldsymbol{AX}=\boldsymbol{b}$ 必无解

C. 若 $\boldsymbol{AX}=\boldsymbol{0}$ 有无穷多个解，则 $\boldsymbol{AX}=\boldsymbol{b}$ 也有无穷多个解

D. 若 $\boldsymbol{AX}=\boldsymbol{b}$ 有无穷多个解，则 $\boldsymbol{AX}=\boldsymbol{0}$ 也有无穷多个解

三、解答题

1. 求下列齐次线性方程组的基础解系与通解.

(1) $\begin{cases}x_1+x_2-x_3-x_4=0,\\2x_1-5x_2+3x_3+2x_4=0,\\7x_1-7x_2+3x_3+x_4=0;\end{cases}$

(2) $\begin{cases}x_1+x_2+x_3+4x_4-3x_5=0,\\x_1-x_2+3x_3-2x_4-x_5=0,\\2x_1+x_2+3x_3+5x_4-5x_5=0,\\3x_1+x_2+5x_3+6x_4-7x_5=0;\end{cases}$

(3) $\begin{cases}x_1-x_2+x_3=0,\\2x_1+x_2-2x_3+5x_4=0,\\-x_1-x_2+x_3-4x_4=0,\\x_1+x_2+x_3+6x_4=0;\end{cases}$

(4) $\begin{cases}x_1-2x_2+4x_3-7x_4=0,\\2x_1+x_2-2x_3+x_4=0,\\3x_1-x_2+2x_3-4x_4=0.\end{cases}$

2. 求下列非齐次线性方程组的通解.

(1) $\begin{cases} x_1 - 5x_2 + 2x_3 - 3x_4 = 11, \\ -3x_1 + x_2 - 4x_3 + 2x_4 = -5, \\ -x_1 - 9x_2 \qquad - 4x_4 = 17, \\ 5x_1 + 3x_2 + 6x_3 - x_4 = -1; \end{cases}$　(2) $\begin{cases} x_1 + 3x_2 - 5x_3 = -1, \\ 2x_1 + 6x_2 - 3x_3 = 5, \\ x_1 + 3x_2 - 5x_3 = 4; \end{cases}$

(3) $\begin{cases} x_1 \qquad + x_3 - x_4 = -3, \\ 2x_1 - x_2 + 4x_3 - 3x_4 = -4, \\ 3x_1 + x_2 + x_3 - 2x_4 = -11, \\ 7x_1 \qquad + 7x_3 - 3x_4 = 3; \end{cases}$　(4) $\begin{cases} x_1 + x_2 + x_3 + x_4 + x_5 = 7, \\ 3x_1 + 2x_2 + x_3 + x_4 - 3x_5 = -2, \\ x_2 + 2x_3 + 2x_4 + 6x_5 = 23, \\ 5x_1 + 4x_2 + 3x_3 + 3x_4 - x_5 = 12. \end{cases}$

3. 当 λ 取何值时,方程组

$$\begin{cases} x_1 + x_2 + x_3 = 1, \\ 2x_1 + 3x_2 - x_3 = \lambda, \\ 4x_1 + 5x_2 + \lambda^2 x_3 = 3. \end{cases}$$

(1)方程组有唯一解?(2)无解?(3)有无穷多解?并求其通解.

4. 齐次方程组

$$\begin{cases} \lambda x_1 + x_2 + x_3 = 0, \\ x_1 + \lambda x_2 - x_3 = 0, \\ 2x_1 - x_2 + x_3 = 0. \end{cases}$$

当 λ 取何值时,才可能有非零解?并求解.

5. 设 $\boldsymbol{A} = \begin{pmatrix} 1 & 1 & 2 \\ 3 & 3 & 6 \\ 9 & 9 & 18 \end{pmatrix}$,求一秩为 2 的 3 阶方阵 $\boldsymbol{B}$,使 $\boldsymbol{AB} = \boldsymbol{O}$.

6. 求一个齐次线性方程组,使它的基础解系由下列向量组成.

$$\boldsymbol{\xi}_1 = \begin{pmatrix} 1 \\ -2 \\ 0 \\ 3 \\ -1 \end{pmatrix}, \boldsymbol{\xi}_2 = \begin{pmatrix} 2 \\ -3 \\ 2 \\ 5 \\ -3 \end{pmatrix}, \boldsymbol{\xi}_3 = \begin{pmatrix} 1 \\ -2 \\ 1 \\ 2 \\ -2 \end{pmatrix}.$$

7. 写出一个以

$$\boldsymbol{X} = k_1 \begin{pmatrix} 2 \\ -3 \\ 1 \\ 0 \end{pmatrix} + k_2 \begin{pmatrix} -2 \\ 4 \\ 0 \\ 1 \end{pmatrix}, (k_1, k_2 \text{ 为任意常数})$$

为通解的齐次线性方程组.

8. 设向量组

$$\boldsymbol{\alpha}_1 = \begin{pmatrix} 1 \\ 0 \\ 2 \\ 3 \end{pmatrix}, \boldsymbol{\alpha}_2 = \begin{pmatrix} 1 \\ 1 \\ 3 \\ 5 \end{pmatrix}, \boldsymbol{\alpha}_3 = \begin{pmatrix} 1 \\ -1 \\ \boldsymbol{a} + 2 \\ 1 \end{pmatrix}, \boldsymbol{\alpha}_4 = \begin{pmatrix} 1 \\ 2 \\ 4 \\ \boldsymbol{a} + 8 \end{pmatrix}, \boldsymbol{\beta} = \begin{pmatrix} 1 \\ 1 \\ b + 3 \\ 5 \end{pmatrix},$$

试问:(1)当 a,b 为何值时,$\boldsymbol{\beta}$ 能由 $\boldsymbol{\alpha}_1,\boldsymbol{\alpha}_2,\boldsymbol{\alpha}_3,\boldsymbol{\alpha}_4$ 唯一线性表示?

(2)当 a,b 为何值时,$\boldsymbol{\beta}$ 不能由 $\boldsymbol{\alpha}_1,\boldsymbol{\alpha}_2,\boldsymbol{\alpha}_3,\boldsymbol{\alpha}_4$ 线性表示?

(3)当 a,b 为何值时,$\boldsymbol{\beta}$ 能由 $\boldsymbol{\alpha}_1,\boldsymbol{\alpha}_2,\boldsymbol{\alpha}_3,\boldsymbol{\alpha}_4$ 线性表示,但表示法不唯一?并写出表示式.

9. 证明:线性方程组 $\begin{cases} x_1-x_2=a_1, \\ x_2-x_3=a_2, \\ x_3-x_4=a_3, \\ x_4-x_5=a_4, \\ x_5-x_1=a_5 \end{cases}$ 有解的充要条件是 $\sum\limits_{i=1}^{5}a_i=0$.

10. 某工厂有 3 个车间,各车间相互提供产品(或劳务),今年各车间出厂产量及对其他车间的消耗见表 4.1.

表 4.1

车间	消耗系数			出厂产量(万元)	总产量(万元)
1	0.1	0.2	0.45	22	x_1
2	0.2	0.2	0.3	0	x_2
3	0.5	0	0.12	55.6	x_3

表 4.1 中第一列消耗系数 0.1,0.2,0.5 表示第一车间生产 1 万元的产品需分别消耗第一,二,三车间 0.1 万元、0.2 万元、0.5 万元的产品;第二列、第三列类同. 求今年各车间的总产量.

11. 设 $\boldsymbol{\eta}^*$ 是非齐次线性方程组 $\boldsymbol{Ax}=\boldsymbol{b}$ 的一个解,$\boldsymbol{\xi}_1,\boldsymbol{\xi}_2,\cdots,\boldsymbol{\xi}_{n-r}$ 是对应的齐次线性方程组的一个基础解系. 证明

(1)$\boldsymbol{\eta}^*,\boldsymbol{\xi}_1,\cdots,\boldsymbol{\xi}_{n-r}$ 线性无关;

(2)$\boldsymbol{\eta}^*,\boldsymbol{\eta}^*+\boldsymbol{\xi}_1,\cdots,\boldsymbol{\eta}^*+\boldsymbol{\xi}_{n-r}$ 线性无关.

12. 设有下列线性方程组(Ⅰ)和(Ⅱ)

$$(\text{Ⅰ})\begin{cases} x_1+x_2-2x_4=-6, \\ 4x_1-x_2-x_3-x_4=1, \\ 3x_1-x_2-x_3=3; \end{cases}\qquad (\text{Ⅱ})\begin{cases} x_1+mx_2-x_3-x_4=-5, \\ nx_2-x_3-2x_4=-11, \\ x_3-2x_4=1-t. \end{cases}$$

(1) 求方程组(Ⅰ)的通解;

(2) 当方程组(Ⅱ)中的参数 m,n,t 为何值时,(Ⅰ)与(Ⅱ)同解?

13. 设四元齐次线性方程组(Ⅰ)为 $\begin{cases} x_1+x_2=0, \\ x_2-x_4=0 \end{cases}$,又已知某齐次线性方程组(Ⅱ)的通解为 $x=k_1(0,1,1,0)^{\mathrm{T}}+k_2(-1,2,2,1)^{\mathrm{T}}$.

(1)求齐次线性方程组(Ⅰ)的基础解系;

(2)问方程组(Ⅰ)和(Ⅱ)是否有非零公共解?若有,则求出所有的非零公共解;若没有,请说明理由.

第 5 章 方阵的特征值与特征向量

在理论研究和实际应用中的一些问题,例如,振动问题和稳定性问题,常常归结为求解一个方阵的特征值和特征向量的问题,数学中求方阵的幂、解微分方程等问题,也要用到特征值和特征向量的理论。本章给出方阵的特征值和特征向量的定义及性质,重点讨论方阵的相似对角化及实对称矩阵的正交相似对角化,最后讨论特征值和特征向量的应用。

5.1 向量的内积、长度及正交性

5.1.1 向量的内积、长度

1)向量的内积

在第3章中我们定义了向量的线性运算,为了描述向量的度量性质,需要引入向量内积的概念。

定义 5.1 设有 n 维向量 $\boldsymbol{\alpha}=(a_1,a_2,\cdots,a_n)$,$\boldsymbol{\beta}=(b_1,b_2,\cdots,b_n)$,称实数 $a_1b_1+a_2b_2+\cdots+a_nb_n$ 为向量 $\boldsymbol{\alpha}$ 与 $\boldsymbol{\beta}$ 的**内积**,记作 $(\boldsymbol{\alpha},\boldsymbol{\beta})$,即

$$(\boldsymbol{\alpha},\boldsymbol{\beta})=a_1b_1+a_2b_2+\cdots+a_nb_n=\boldsymbol{\alpha}\boldsymbol{\beta}^{\mathrm{T}}.$$

内积具有下列性质:设 $\boldsymbol{\alpha},\boldsymbol{\beta},\boldsymbol{\gamma}$ 为 n 维实向量,k 为实数,则有:

(1) $(\boldsymbol{\alpha},\boldsymbol{\beta})=(\boldsymbol{\beta},\boldsymbol{\alpha})$;

(2) $(k\boldsymbol{\alpha},\boldsymbol{\beta})=k(\boldsymbol{\alpha},\boldsymbol{\beta})$;

(3) $(\boldsymbol{\alpha}+\boldsymbol{\beta},\boldsymbol{\gamma})=(\boldsymbol{\alpha},\boldsymbol{\gamma})+(\boldsymbol{\beta},\boldsymbol{\gamma})$;

(4) $(\boldsymbol{\alpha},\boldsymbol{\alpha})\geqslant\mathbf{0}$,当且仅当 $\boldsymbol{\alpha}=0$ 时等号成立。

2)向量的长度

定义 5.2 设 $\boldsymbol{\alpha}=(a_1,a_2,\cdots,a_n)$,令

$$\|\boldsymbol{\alpha}\|=\sqrt{(\boldsymbol{\alpha},\boldsymbol{\alpha})}=\sqrt{a_1^2+a_2^2+\cdots+a_n^2},$$

称 $\|\boldsymbol{\alpha}\|$ 为向量的长度(或模).

当 $\|\boldsymbol{\alpha}\|=1$ 时,称 $\boldsymbol{\alpha}$ 为**单位向量**.

向量的长度具有下列性质:设 $\boldsymbol{\alpha},\boldsymbol{\beta}$ 为两个 n 维向量,则有

(1)非负性:当 $\boldsymbol{\alpha}\neq\mathbf{0}$ 时,$\|\boldsymbol{\alpha}\|>0$;当 $\boldsymbol{\alpha}=\mathbf{0}$ 时,$\|\boldsymbol{\alpha}\|=0$.

(2)齐次性:$\|k\boldsymbol{\alpha}\|=|k|\cdot\|\boldsymbol{\alpha}\|$,$k$ 为实数.

(3)三角不等式:$\|\boldsymbol{\alpha}+\boldsymbol{\beta}\|\leqslant\|\boldsymbol{\alpha}\|+\|\boldsymbol{\beta}\|$.

3)向量的夹角

向量的内积满足

$$(\boldsymbol{\alpha},\boldsymbol{\beta})^2\leqslant(\boldsymbol{\alpha},\boldsymbol{\alpha})(\boldsymbol{\beta},\boldsymbol{\beta}).$$

上式称为**柯西-施瓦茨不等式**,这里不予证明. 由此可得$(\boldsymbol{\alpha},\boldsymbol{\beta})\leqslant\|\boldsymbol{\alpha}\|\cdot\|\boldsymbol{\beta}\|$. 于是有两个 n 维向量夹角的定义.

定义 5.3 当 $\boldsymbol{\alpha}\neq\mathbf{0},\boldsymbol{\beta}\neq 0$ 时,

$$\boldsymbol{\theta}=\arccos\frac{(\boldsymbol{\alpha},\boldsymbol{\beta})}{\|\boldsymbol{\alpha}\|\cdot\|\boldsymbol{\beta}\|}$$

称为 n 维向量 $\boldsymbol{\alpha}$ 与 $\boldsymbol{\beta}$ 的**夹角**.

5.1.2 向量组的正交规范化

1)正交向量组

定义 5.4 若$(\boldsymbol{\alpha},\boldsymbol{\beta})=0$,则称向量 $\boldsymbol{\alpha}$ 与 $\boldsymbol{\beta}$ **正交**.

显然 n 维零向量与任何 n 维向量都正交.

定义 5.5 设 $\boldsymbol{\alpha}_1,\boldsymbol{\alpha}_2,\cdots,\boldsymbol{\alpha}_m$ 为一组 n 维向量,$\boldsymbol{\alpha}_i\neq 0,i=1,2,\cdots,m$. 若对任意的 $i\neq j$,都有$(\boldsymbol{\alpha}_i,\boldsymbol{\alpha}_j)=0$,即向量组中的向量两两正交,则称向量组为 n 维**正交向量组**.

对正交向量组,有下面的定理.

定理 5.1 若 $\boldsymbol{\alpha}_1,\boldsymbol{\alpha}_2,\cdots,\boldsymbol{\alpha}_m$ 是 n 维正交向量组,则 $\boldsymbol{\alpha}_1,\boldsymbol{\alpha}_2,\cdots,\boldsymbol{\alpha}_m$ 线性无关.

证 设有一组常数 $k_1,k_2,\cdots,k_m$ 使

$$k_1\boldsymbol{\alpha}_1+k_2\boldsymbol{\alpha}_2+\cdots+k_m\boldsymbol{\alpha}_m=\mathbf{0}.$$

等式两边取与 $\boldsymbol{\alpha}_i$ 的内积并由内积的运算规律得

$$k_1(\boldsymbol{\alpha}_i,\boldsymbol{\alpha}_1)+k_2(\boldsymbol{\alpha}_i,\boldsymbol{\alpha}_2)+\cdots+k_m(\boldsymbol{\alpha}_i,\boldsymbol{\alpha}_m)=0.$$

因为 $\boldsymbol{\alpha}_1,\boldsymbol{\alpha}_2,\cdots,\boldsymbol{\alpha}_m$ 是正交向量组,所以上式变为

$$k_i(\boldsymbol{\alpha}_i,\boldsymbol{\alpha}_i)=0,$$

由于 $\boldsymbol{\alpha}_i\neq\mathbf{0}$ 且$(\boldsymbol{\alpha}_i,\boldsymbol{\alpha}_i)=\|\boldsymbol{\alpha}_i\|^2>0$,$k_i=0,i=1,2,\cdots,m$,因此 $\boldsymbol{\alpha}_1,\boldsymbol{\alpha}_2,\cdots,\boldsymbol{\alpha}_m$ 线性无关.

归纳总结

线性无关的向量组不一定是正交向量组. 如向量 $\boldsymbol{\alpha}_1=(1,1,0)$,$\boldsymbol{\alpha}_2=(0,1,1)$线性无关,但显然不是正交向量组.

【例 5.1】 已知 3 维向量空间 $\mathbf{R}^3$ 中两个向量 $\boldsymbol{\alpha}_1=(1,1,1)$,$\boldsymbol{\alpha}_2=(1,-2,1)$正交,试求一个非零向量 $\boldsymbol{\alpha}_3$,使 $\boldsymbol{\alpha}_1,\boldsymbol{\alpha}_2,\boldsymbol{\alpha}_3$ 两两正交.

解 设 $\boldsymbol{\alpha}_3=(x_1,x_2,x_3)$,因为 $\boldsymbol{\alpha}_3$ 与 $\boldsymbol{\alpha}_1,\boldsymbol{\alpha}_2$ 都正交,得$(\boldsymbol{\alpha}_1,\boldsymbol{\alpha}_3)=0$,$(\boldsymbol{\alpha}_2,\boldsymbol{\alpha}_3)=0$,即

$$\begin{cases}x_1+x_2+x_3=0,\\x_1-2x_2+x_3=0.\end{cases}$$

解上述方程组,求得基础解系为$(-1,0,1)$,取 $\boldsymbol{\alpha}_3=(-1,0,1)$即为所求.

2)向量组的正交规范化

下面介绍将线性无关的向量组化为正交单位向量组.这里分两步进行.第一步,采用施密特正交化方法将线性无关的向量组化成正交向量组;第二步,将正交向量组化成单位向量.

设 $\boldsymbol{\alpha}_1,\boldsymbol{\alpha}_2,\cdots,\boldsymbol{\alpha}_m$ 为线性无关的向量组.

第一步,令$\boldsymbol{\beta}_1=\boldsymbol{\alpha}_1$

$$\boldsymbol{\beta}_2=\boldsymbol{\alpha}_2-\frac{(\boldsymbol{\alpha}_2,\boldsymbol{\beta}_1)}{(\boldsymbol{\beta}_1,\boldsymbol{\beta}_1)}\boldsymbol{\beta}_1$$

$$\boldsymbol{\beta}_3=\boldsymbol{\alpha}_3-\frac{(\boldsymbol{\alpha}_3,\boldsymbol{\beta}_1)}{(\boldsymbol{\beta}_1,\boldsymbol{\beta}_1)}\boldsymbol{\beta}_1-\frac{(\boldsymbol{\alpha}_3,\boldsymbol{\beta}_2)}{(\boldsymbol{\beta}_2,\boldsymbol{\beta}_2)}\boldsymbol{\beta}_2$$

$$\vdots$$

$$\boldsymbol{\beta}_m=\boldsymbol{\alpha}_m-\frac{(\boldsymbol{\alpha}_m,\boldsymbol{\beta}_1)}{(\boldsymbol{\beta}_1,\boldsymbol{\beta}_1)}\boldsymbol{\beta}_1-\cdots-\frac{(\boldsymbol{\alpha}_m,\boldsymbol{\beta}_{m-1})}{(\boldsymbol{\beta}_{m-1},\boldsymbol{\beta}_{m-1})}\boldsymbol{\beta}_{m-1}.$$

容易验证$\boldsymbol{\beta}_1,\boldsymbol{\beta}_2,\cdots,\boldsymbol{\beta}_m$ 为正交向量组,且与 $\boldsymbol{\alpha}_1,\boldsymbol{\alpha}_2,\cdots,\boldsymbol{\alpha}_m$ 等价. 上述过程称为**施密特正交化过程**.

第二步,令

$$\boldsymbol{\varepsilon}_1=\frac{\boldsymbol{\beta}_1}{\|\boldsymbol{\beta}_1\|},\boldsymbol{\varepsilon}_2=\frac{\boldsymbol{\beta}_2}{\|\boldsymbol{\beta}_2\|},\cdots,\boldsymbol{\varepsilon}_m=\frac{\boldsymbol{\beta}_m}{\|\boldsymbol{\beta}_m\|}.$$

上述过程称为**正交规范化过程**.在研究向量空间时,有时用正交单位向量组作向量空间的基,这样一组基称为**正交规范基**.

定义 5.6　设 n 维向量 $\boldsymbol{\varepsilon}_1,\boldsymbol{\varepsilon}_2,\cdots,\boldsymbol{\varepsilon}_m$ 是向量空间 V 的一组基,如果 $\boldsymbol{\varepsilon}_1,\boldsymbol{\varepsilon}_2,\cdots,\boldsymbol{\varepsilon}_m$ 两两正交,且都是单位向量,则称 $\boldsymbol{\varepsilon}_1,\boldsymbol{\varepsilon}_2,\cdots,\boldsymbol{\varepsilon}_m$ 是 V 的一组**正交规范基**或**标准正交基**.

若 $\boldsymbol{\varepsilon}_1,\boldsymbol{\varepsilon}_2,\cdots,\boldsymbol{\varepsilon}_m$ 是向量空间 V 的一组正交规范基,则 V 中任一向量 $\boldsymbol{\alpha}$ 可由 $\boldsymbol{\varepsilon}_1,\boldsymbol{\varepsilon}_2,\cdots,\boldsymbol{\varepsilon}_m$ 线性表示,设表示式为

$$\boldsymbol{\alpha}=x_1\boldsymbol{\varepsilon}_1+x_2\boldsymbol{\varepsilon}_2+\cdots+x_m\boldsymbol{\varepsilon}_m,$$

作内积$(\boldsymbol{\alpha},\boldsymbol{\varepsilon}_i)$得 $x_i=(\boldsymbol{\alpha},\boldsymbol{\varepsilon}_i)$,$i=1,2,\cdots,m$,即向量 $\boldsymbol{\alpha}$ 在正交规范基下的第 i 个坐标可由该向量与 $\boldsymbol{\varepsilon}_i$ 的内积表示.

【例 5.2】　已知 $\boldsymbol{\alpha}_1=(1,0,1,0)$,$\boldsymbol{\alpha}_2=(1,-1,0,1)$,$\boldsymbol{\alpha}_3=(2,1,-1,0)$,$\boldsymbol{\alpha}_4=(0,-2,-1,1)$是 $\mathbf{R}^4$ 空间的一个基,试将这个基正交规范化,并求向量 $\boldsymbol{\alpha}=(1,-2,1,1)$在这组正交规范基下的坐标.

解　由施密特正交化方法,令

$$\boldsymbol{\beta}_1=\boldsymbol{\alpha}_1=(1,0,1,0),$$

$$\boldsymbol{\beta}_2=\boldsymbol{\alpha}_2-\frac{(\boldsymbol{\alpha}_2,\boldsymbol{\beta}_1)}{(\boldsymbol{\beta}_1,\boldsymbol{\beta}_1)}\boldsymbol{\beta}_1=(1,-1,0,1)-\frac{1}{2}(1,0,1,0)=\left(\frac{1}{2},-1,-\frac{1}{2},1\right),$$

$$\boldsymbol{\beta}_3=\boldsymbol{\alpha}_3-\frac{(\boldsymbol{\alpha}_3,\boldsymbol{\beta}_1)}{(\boldsymbol{\beta}_1,\boldsymbol{\beta}_1)}\boldsymbol{\beta}_1-\frac{(\boldsymbol{\alpha}_3,\boldsymbol{\beta}_2)}{(\boldsymbol{\beta}_2,\boldsymbol{\beta}_2)}\boldsymbol{\beta}_2=\frac{1}{5}(7,6,-7,-1),$$

$$\boldsymbol{\beta}_4=\boldsymbol{\alpha}_4-\frac{(\boldsymbol{\alpha}_4,\boldsymbol{\beta}_1)}{(\boldsymbol{\beta}_1,\boldsymbol{\beta}_1)}\boldsymbol{\beta}_1-\frac{(\boldsymbol{\alpha}_4,\boldsymbol{\beta}_2)}{(\boldsymbol{\beta}_2,\boldsymbol{\beta}_2)}\boldsymbol{\beta}_2-\frac{(\boldsymbol{\alpha}_4,\boldsymbol{\beta}_3)}{(\boldsymbol{\beta}_3,\boldsymbol{\beta}_3)}\boldsymbol{\beta}_3=\frac{1}{9}(1,-3,-1,-4).$$

再单位化得正交规范基

$$\boldsymbol{\varepsilon}_1=\frac{\boldsymbol{\beta}_1}{\|\boldsymbol{\beta}_1\|}=\frac{1}{\sqrt{2}}(1,0,1,0),$$

$$\boldsymbol{\varepsilon}_2=\frac{\boldsymbol{\beta}_2}{\|\boldsymbol{\beta}_2\|}=\frac{1}{\sqrt{10}}(1,-2,-1,2),$$

$$\boldsymbol{\varepsilon}_3=\frac{\boldsymbol{\beta}_3}{\|\boldsymbol{\beta}_3\|}=\frac{1}{\sqrt{135}}(7,6,-7,-1),$$

$$\boldsymbol{\varepsilon}_4=\frac{\boldsymbol{\beta}_4}{\|\boldsymbol{\beta}_4\|}=\frac{1}{3\sqrt{3}}(1,-3,-1,-4).$$

因为 $x_1=(\boldsymbol{\alpha},\boldsymbol{\varepsilon}_1)=\sqrt{2}$, $x_2=(\boldsymbol{\alpha},\boldsymbol{\varepsilon}_2)=\frac{6}{\sqrt{10}}$, $x_3=(\boldsymbol{\alpha},\boldsymbol{\varepsilon}_3)=\frac{-13}{\sqrt{135}}$, $x_4=(\boldsymbol{\alpha},\boldsymbol{\varepsilon}_4)=\frac{2}{3\sqrt{3}}$,所以 $\boldsymbol{\alpha}$ 在基 $\boldsymbol{\varepsilon}_1,\boldsymbol{\varepsilon}_2,\boldsymbol{\varepsilon}_3,\boldsymbol{\varepsilon}_4$ 下的坐标为$\left(\sqrt{2},\frac{6}{\sqrt{10}},\frac{-13}{\sqrt{135}},\frac{2}{3\sqrt{3}}\right)$.

5.1.3 正交矩阵

1) 正交矩阵的概念

定义 5.7 若 n 阶方阵 $\boldsymbol{A}$ 满足

$$\boldsymbol{A}^{\mathrm{T}}\boldsymbol{A}=\boldsymbol{E},(\text{即 }\boldsymbol{A}^{-1}=\boldsymbol{A}^{\mathrm{T}})$$

则称 $\boldsymbol{A}$ 为**正交矩阵**,简称**正交阵**.

2) 正交矩阵的性质

(1)若 $\boldsymbol{A}$ 是正交矩阵,则 $|\boldsymbol{A}|=\pm 1$;

(2)若 $\boldsymbol{A}$ 是正交矩阵,则 $\boldsymbol{A}^{\mathrm{T}},\boldsymbol{A}^{-1}$ 也是正交矩阵;

(3)若 $\boldsymbol{A},\boldsymbol{B}$ 为同阶正交矩阵,则 $\boldsymbol{AB}$ 与 $\boldsymbol{BA}$ 都是正交矩阵.

这些性质都可根据正交阵的定义直接证得,请读者证明之.

3) 正交矩阵的判定定理

定理 5.2 方阵 $\boldsymbol{A}$ 为正交矩阵的充要条件是 $\boldsymbol{A}$ 的行(列)向量组是单位正交向量组.

证 仅证列向量组的情形. 设方阵 $\boldsymbol{A}_n$ 的列向量组为 $\boldsymbol{\alpha}_1,\boldsymbol{\alpha}_2,\cdots,\boldsymbol{\alpha}_n$, $\boldsymbol{A}=(\boldsymbol{\alpha}_1,\boldsymbol{\alpha}_2,\cdots,\boldsymbol{\alpha}_n)$, 则 $\boldsymbol{A}$ 为正交阵当且仅当 $\boldsymbol{A}^{\mathrm{T}}\boldsymbol{A}=\boldsymbol{E}$. 由于

$$\boldsymbol{A}^{\mathrm{T}}\boldsymbol{A}=\begin{pmatrix}\boldsymbol{\alpha}_1^{\mathrm{T}}\\ \boldsymbol{\alpha}_2^{\mathrm{T}}\\ \vdots\\ \boldsymbol{\alpha}_n^{\mathrm{T}}\end{pmatrix}(\boldsymbol{\alpha}_1,\boldsymbol{\alpha}_2,\cdots\boldsymbol{\alpha}_n)=\begin{pmatrix}\boldsymbol{\alpha}_1^{\mathrm{T}}\boldsymbol{\alpha}_1 & \boldsymbol{\alpha}_1^{\mathrm{T}}\boldsymbol{\alpha}_2 & \cdots & \boldsymbol{\alpha}_1^{\mathrm{T}}\boldsymbol{\alpha}_n\\ \boldsymbol{\alpha}_2^{\mathrm{T}}\boldsymbol{\alpha}_1 & \boldsymbol{\alpha}_2^{\mathrm{T}}\boldsymbol{\alpha}_2 & \cdots & \boldsymbol{\alpha}_2^{\mathrm{T}}\boldsymbol{\alpha}_n\\ \vdots & \vdots & & \vdots\\ \boldsymbol{\alpha}_n^{\mathrm{T}}\boldsymbol{\alpha}_1 & \boldsymbol{\alpha}_n^{\mathrm{T}}\boldsymbol{\alpha}_2 & \cdots & \boldsymbol{\alpha}_n^{\mathrm{T}}\boldsymbol{\alpha}_n\end{pmatrix},$$

故 $\boldsymbol{A}^{\mathrm{T}}\boldsymbol{A}=\boldsymbol{E}$ 当且仅当 $\boldsymbol{\alpha}_i^{\mathrm{T}}\boldsymbol{\alpha}_j=(\boldsymbol{\alpha}_i,\boldsymbol{\alpha}_j)=\begin{cases}0,i\neq j,\\1,i=j,\end{cases}i,j=1,2,\cdots,n$,即 $\boldsymbol{A}$ 为正交阵的充要条件是 $\boldsymbol{\alpha}_1,\boldsymbol{\alpha}_2,\cdots,\boldsymbol{\alpha}_n$ 为单位正交向量组.

我们常用该定理的结论验证一个矩阵是否为正交矩阵.

【例5.3】 设$A=\begin{pmatrix}1 & -2 & 1\\ 1 & 1 & 1\\ 2 & 1 & -2\end{pmatrix}$,$B=\begin{pmatrix}1 & 0 & 0\\ 0 & \frac{1}{\sqrt{2}} & \frac{1}{\sqrt{2}}\\ 0 & \frac{1}{\sqrt{2}} & -\frac{1}{\sqrt{2}}\end{pmatrix}$,判断矩阵$A$,$B$是否是正交矩阵?

解　A的第一行不是单位向量,故A不是正交矩阵. B的列向量组为$\boldsymbol{\beta}_1=(1,0,0)$,$\boldsymbol{\beta}_2=\left(0,\frac{1}{\sqrt{2}},\frac{1}{\sqrt{2}}\right)$,$\boldsymbol{\beta}_3=\left(0,\frac{1}{\sqrt{2}},-\frac{1}{\sqrt{2}}\right)$都是单位向量且两两正交,$B$的行向量组也都是单位向量且两两正交,故$B$是正交矩阵.

习题5.1

1. 设$\boldsymbol{\alpha}=(1,0,-2)$,$\boldsymbol{\beta}=(-4,2,3)$,$\gamma$与$\boldsymbol{\alpha}$正交,且$\boldsymbol{\beta}=k\boldsymbol{\alpha}+\gamma$,求$k$和$\gamma$.

2. 设$\boldsymbol{\alpha}_1=(1,1,0,0)$,$\boldsymbol{\alpha}_2=(0,0,1,1)$,$\boldsymbol{\alpha}_3=(1,0,0,-1)$,$\boldsymbol{\alpha}_4=(1,-1,-1,1)$,试将向量组$\boldsymbol{\alpha}_1,\boldsymbol{\alpha}_2,\boldsymbol{\alpha}_3,\boldsymbol{\alpha}_4$正交规范化.

3. 下列矩阵是不是正交矩阵?并说明理由.

(1)$A=\begin{pmatrix}1 & -\frac{1}{2} & \frac{1}{3}\\ -\frac{1}{2} & 1 & \frac{1}{2}\\ \frac{1}{3} & \frac{1}{2} & -1\end{pmatrix}$;　　(2)$B=\begin{pmatrix}\frac{1}{9} & -\frac{8}{9} & -\frac{4}{9}\\ -\frac{8}{9} & \frac{1}{9} & -\frac{4}{9}\\ -\frac{4}{9} & -\frac{4}{9} & \frac{7}{9}\end{pmatrix}$.

4. 设$\boldsymbol{\alpha}_1,\boldsymbol{\alpha}_2,\boldsymbol{\alpha}_3,\boldsymbol{\beta}$均为$n$维非零向量,$\boldsymbol{\alpha}_1,\boldsymbol{\alpha}_2,\boldsymbol{\alpha}_3$线性无关且$\boldsymbol{\beta}$与$\boldsymbol{\alpha}_1,\boldsymbol{\alpha}_2,\boldsymbol{\alpha}_3$分别正交,试证明$\boldsymbol{\alpha}_1,\boldsymbol{\alpha}_2,\boldsymbol{\alpha}_3,\boldsymbol{\beta}$线性无关.

5.2　矩阵的特征值和特征向量

本节介绍方阵的特征值和特征向量的概念、求法及性质.

5.2.1　特征值和特征向量的概念

在实际中常考虑这样的问题,对一个给定的n阶方阵A,是否存在n元非零向量$\boldsymbol{\alpha}$,使得$A\boldsymbol{\alpha}$与$\boldsymbol{\alpha}$平行?如果有的话,这个$\boldsymbol{\alpha}$如何求?这类问题包含在机械、电子、化工、土木等各个学科中,不仅有很强的应用背景,在数学理论上也极有价值.

因为所讨论的向量都可以认为是自由向量,所以$A\boldsymbol{\alpha}$与$\boldsymbol{\alpha}$平行,即$A\boldsymbol{\alpha}=\lambda\boldsymbol{\alpha}$,其中$\lambda$为常数.

【例5.4】 设n阶方阵A是标量矩阵kE_n,求使$A\boldsymbol{\alpha}=\lambda\boldsymbol{\alpha}$的非零向量$\boldsymbol{\alpha}$及常数$\lambda$.

解　由于$A\boldsymbol{\alpha}=kE_n\boldsymbol{\alpha}=k\boldsymbol{\alpha}$,故一切$n$元非零向量$\boldsymbol{\alpha}$均满足$A\boldsymbol{\alpha}$与$\boldsymbol{\alpha}$平行,且知$\lambda=k$.

当$k\geqslant 1$时,$A\boldsymbol{\alpha}$即将$\boldsymbol{\alpha}$放大k倍;当$0<k<1$时,$A\boldsymbol{\alpha}$即将$\boldsymbol{\alpha}$缩小k倍;当$k<0$时,则是将$\boldsymbol{\alpha}$反向放大或缩小k倍.

【例 5.5】 设$A=\begin{pmatrix}0&1\\1&0\end{pmatrix}$,$\boldsymbol{\alpha}=\begin{pmatrix}1\\1\end{pmatrix}$,$\boldsymbol{\beta}=\begin{pmatrix}1\\2\end{pmatrix}$验证$A\boldsymbol{\alpha}=\boldsymbol{\alpha}$,但$A\boldsymbol{\beta}\neq k\boldsymbol{\beta}$.

解 经计算知$A\boldsymbol{\alpha}=\begin{pmatrix}0&1\\1&0\end{pmatrix}\begin{pmatrix}1\\1\end{pmatrix}=\begin{pmatrix}1\\1\end{pmatrix}=\boldsymbol{\alpha}$,$A\boldsymbol{\beta}=\begin{pmatrix}0&1\\1&0\end{pmatrix}\begin{pmatrix}1\\2\end{pmatrix}=\begin{pmatrix}2\\1\end{pmatrix}\neq k\begin{pmatrix}1\\2\end{pmatrix}=k\boldsymbol{\beta}$.

从【例 5.5】可以看出,对于给定的n阶方阵A,有些向量$\boldsymbol{\alpha}$,有$A\boldsymbol{\alpha}$与$\boldsymbol{\alpha}$平行这个性质,但有些没有这个性质. 因此,我们从这里抽象出一个新的概念,这就是矩阵的特征值和特征向量的概念.

定义 5.8 设A是n阶方阵,如果存在数λ和非零向量$\boldsymbol{\alpha}$,使

$$A\boldsymbol{\alpha}=\lambda\boldsymbol{\alpha} \tag{5.1}$$

则称数λ为矩阵A的**特征值**,非零向量$\boldsymbol{\alpha}$称为A的对应于(或属于)特征值λ的**特征向量**.

5.2.2 特征值和特征向量的求法

对于给定的n阶方阵A,满足式(5.1)的λ和$\boldsymbol{\alpha}$是否存在? 为此将式(5.1)右端移向得

$$A\boldsymbol{\alpha}-\lambda\boldsymbol{\alpha}=(A-\lambda E)\boldsymbol{\alpha}=\mathbf{0}.$$

由上式可知,特征向量$\boldsymbol{\alpha}$就是齐次线性方程组

$$(A-\lambda E)\boldsymbol{x}=\mathbf{0}$$

的非零解向量. 由齐次线性方程组有非零解的充要条件是其系数行列式为零,得

$$|A-\lambda E|=0$$

说明A的特征值λ为方程$|A-\lambda E|=0$的根.

定义 5.9 对n阶方阵$A=(a_{ij})_{n\times n}$,令

$$f(\lambda)=|A-\lambda E|=\begin{vmatrix}a_{11}-\lambda&a_{12}&\cdots&a_{1n}\\a_{21}&a_{22}-\lambda&\cdots&a_{2n}\\\vdots&\vdots&&\vdots\\a_{n1}&a_{n2}&\cdots&a_{nn}-\lambda\end{vmatrix}$$

$f(\lambda)$是λ的n次多项式,称为方阵A的**特征多项式**;$|A-\lambda E|=0$称为方阵A的**特征方程**.

于是求n阶方阵A的特征值和特征向量的方法:

第一步,计算方阵A的特征多项式$f(\lambda)=|A-\lambda E|$;

第二步,求特征方程$f(\lambda)=|A-\lambda E|=0$的全部根$\lambda_1,\lambda_2,\cdots,\lambda_n$,即得$A$的全部特征值;

第三步,对于A的每一个特征值λ_i,求出相应的特征方程组$(A-\lambda_i E)\boldsymbol{x}=\mathbf{0}$的一个基础解系$\boldsymbol{\xi}_1,\boldsymbol{\xi}_2,\cdots,\boldsymbol{\xi}_t$,它们就是$A$的对应于$\lambda_i$的一组线性无关的特征向量,$A$的对应于$\lambda_i$的全部特征向量就是$k_1\boldsymbol{\xi}_1+k_2\boldsymbol{\xi}_2+\cdots+k_t\boldsymbol{\xi}_t$,其中$k_1,k_2,\cdots,k_t$是不全为零的任意常数.

【例 5.6】 求矩阵$A=\begin{pmatrix}3&-1\\-1&3\end{pmatrix}$的特征值与特征向量.

解 方阵A的特征多项式为

$$f(\lambda)=|A-\lambda E|=\begin{vmatrix}3-\lambda&-1\\-1&3-\lambda\end{vmatrix}=(\lambda-2)(\lambda-4).$$

令$f(\lambda)=0$,得A的特征值为$\lambda_1=2,\lambda_2=4$.

对 $\lambda_1=2$，相应的特征方程组 $(\boldsymbol{A}-\lambda_1\boldsymbol{E})\boldsymbol{x}=\boldsymbol{0}$ 的系数矩阵为

$$\boldsymbol{A}-\lambda_1\boldsymbol{E}=\boldsymbol{A}-2\boldsymbol{E}=\begin{pmatrix}1&-1\\-1&1\end{pmatrix}\xrightarrow{r_2+r_1}\begin{pmatrix}1&-1\\0&0\end{pmatrix},$$

由此得方程组 $(\boldsymbol{A}-2\boldsymbol{E})\boldsymbol{x}=\boldsymbol{0}$ 的基础解系为 $\boldsymbol{\xi}_1=(1,1)^{\mathrm{T}}$，故 $k\boldsymbol{\xi}_1(k\neq0)$ 为 $\boldsymbol{A}$ 的对应特征值 $\lambda_1=2$ 的全部特征向量.

对 $\lambda_2=4$，相应的特征方程组 $(\boldsymbol{A}-\lambda_2\boldsymbol{E})\boldsymbol{x}=\boldsymbol{0}$ 的系数矩阵为

$$\boldsymbol{A}-\lambda_2\boldsymbol{E}=\boldsymbol{A}-4\boldsymbol{E}=\begin{pmatrix}-1&-1\\-1&-1\end{pmatrix}\xrightarrow[r_1\times(-1)]{r_2-r_1}\begin{pmatrix}1&1\\0&0\end{pmatrix},$$

由此得方程组 $(\boldsymbol{A}-4\boldsymbol{E})\boldsymbol{x}=\boldsymbol{0}$ 的基础解系为 $\boldsymbol{\xi}_2=(1,-1)^{\mathrm{T}}$，故 $k\boldsymbol{\xi}_2(k\neq0)$ 为 $\boldsymbol{A}$ 的对应特征值 $\lambda_2=4$ 的全部特征向量.

【例 5.7】　求矩阵 $\boldsymbol{A}=\begin{pmatrix}1&2&2\\2&1&2\\2&2&1\end{pmatrix}$ 的特征值与特征向量.

解　方阵 $\boldsymbol{A}$ 的特征多项式为

$$f(\lambda)=|\boldsymbol{A}-\lambda\boldsymbol{E}|=\begin{vmatrix}1-\lambda&2&2\\2&1-\lambda&2\\2&2&1-\lambda\end{vmatrix}=-(\lambda+1)^2(\lambda-5).$$

令 $f(\lambda)=0$，得 $\boldsymbol{A}$ 的特征值为 $\lambda_1=\lambda_2=-1,\lambda_3=5$.

对 $\lambda_1=\lambda_2=-1$，相应的特征方程组的系数矩阵为

$$\boldsymbol{A}-\lambda_1\boldsymbol{E}=\boldsymbol{A}+\boldsymbol{E}=\begin{pmatrix}2&2&2\\2&2&2\\2&2&2\end{pmatrix}\xrightarrow[r_1\div2]{\substack{r_2-r_1\\r_3-r_1}}\begin{pmatrix}1&1&1\\0&0&0\\0&0&0\end{pmatrix},$$

由此得方程组 $(\boldsymbol{A}+\boldsymbol{E})\boldsymbol{x}=\boldsymbol{0}$ 的基础解系为 $\boldsymbol{\xi}_1=(1,-1,0)^{\mathrm{T}},\boldsymbol{\xi}_2=(1,0,-1)^{\mathrm{T}}$，故 $k_1\boldsymbol{\xi}_1+k_2\boldsymbol{\xi}_2$（$k_1,k_2$ 不全为 0）为 $\boldsymbol{A}$ 的对应特征值 $\lambda_1=\lambda_2=-1$ 的全部特征向量.

对 $\lambda_3=5$，相应的特征方程组的系数矩阵为

$$\boldsymbol{A}-\lambda_3\boldsymbol{E}=\boldsymbol{A}-5\boldsymbol{E}=\begin{pmatrix}-4&2&2\\2&-4&2\\2&2&-4\end{pmatrix}\rightarrow\cdots\rightarrow\begin{pmatrix}1&0&-1\\0&1&-1\\0&0&0\end{pmatrix},$$

由此得方程组 $(\boldsymbol{A}-5\boldsymbol{E})\boldsymbol{x}=\boldsymbol{0}$ 的基础解系为 $\boldsymbol{\xi}_3=(1,1,1)^{\mathrm{T}}$，故 $k\boldsymbol{\xi}_3(k\neq0)$ 为 $\boldsymbol{A}$ 的对应特征值 $\lambda_3=5$ 的全部特征向量.

【例 5.8】　求矩阵 $\boldsymbol{A}=\begin{pmatrix}1&-1&0\\4&-3&0\\-1&0&-2\end{pmatrix}$ 的特征值与特征向量.

解　方阵 $\boldsymbol{A}$ 的特征多项式为

$$f(\lambda)=|\boldsymbol{A}-\lambda\boldsymbol{E}|=\begin{vmatrix}1-\lambda&-1&0\\4&-3-\lambda&0\\-1&0&-2-\lambda\end{vmatrix}=-(\lambda+1)^2(\lambda+2).$$

令 $f(\lambda)=0$，得 $\boldsymbol{A}$ 的特征值为 $\lambda_1=\lambda_2=-1,\lambda_3=-2$.

对 $\lambda_1=\lambda_2=-1$,相应的特征方程组的系数矩阵为

$$A-\lambda_1 E=A+E=\begin{pmatrix}2&-1&0\\4&-2&0\\-1&0&-1\end{pmatrix}\to\cdots\to\begin{pmatrix}1&0&1\\0&1&2\\0&0&0\end{pmatrix},$$

由此得方程组 $(A+E)x=\mathbf{0}$ 的基础解系为 $\boldsymbol{\xi}_1=(1,2,-1)^{\mathrm{T}}$,故 $k\boldsymbol{\xi}_1(k\neq0)$ 为 A 的对应特征值 $\lambda_1=\lambda_2=-1$ 的全部特征向量.

对 $\lambda_3=-2$,相应的特征方程组的系数矩阵为

$$A-\lambda_3 E=A+2E=\begin{pmatrix}3&-1&0\\4&-1&0\\-1&0&0\end{pmatrix}\to\cdots\to\begin{pmatrix}1&0&0\\0&1&0\\0&0&0\end{pmatrix},$$

由此得方程组 $(A+2E)x=\mathbf{0}$ 的基础解系为 $\boldsymbol{\xi}_2=(0,0,1)^{\mathrm{T}}$,故 $k\boldsymbol{\xi}_2(k\neq0)$ 为 A 的对应特征值 $\lambda_3=-2$ 的全部特征向量.

观察上面 3 个例题,【例 5.6】和【例 5.8】中,属于不同特征值的特征向量 $\boldsymbol{\xi}_1,\boldsymbol{\xi}_2$ 线性无关.【例 5.7】中,属于不同特征值的特征向量 $\boldsymbol{\xi}_1,\boldsymbol{\xi}_2,\boldsymbol{\xi}_3$ 仍线性无关. 这些特性具有一般性.

5.2.3 特征值和特征向量的性质

定理 5.3 一个特征向量不可能对应两个不同的特征值.

证 设 $\boldsymbol{\alpha}\neq0$ 是方阵 A 的一个特征向量,且 $A\boldsymbol{\alpha}=\lambda_1\boldsymbol{\alpha},A\boldsymbol{\alpha}=\lambda_2\boldsymbol{\alpha}$,则 $\lambda_1\boldsymbol{\alpha}=\lambda_2\boldsymbol{\alpha}$,即 $(\lambda_1-\lambda_2)\cdot\boldsymbol{\alpha}=\mathbf{0}$,因为 $\boldsymbol{\alpha}\neq0$,故 $\lambda_1-\lambda_2=0$,即 $\lambda_1=\lambda_2$.

定理 5.4 n 阶方阵 A 的相异特征值 $\lambda_1,\lambda_2,\cdots,\lambda_m$ 所对应的特征向量 $\boldsymbol{\xi}_1,\boldsymbol{\xi}_2,\cdots,\boldsymbol{\xi}_m$ 线性无关.

证 用数学归纳法证明.

(i)当 $m=1$ 时,由于特征向量不为零,因此结论成立.

(ii)设 $m-1$ 时结论成立,即 A 的 $m-1$ 个相异特征值 $\lambda_1,\lambda_2,\cdots,\lambda_{m-1}$ 所对应的特征向量 $\boldsymbol{\xi}_1,\boldsymbol{\xi}_2,\cdots,\boldsymbol{\xi}_{m-1}$ 线性无关. 现证明 A 的 m 个相异特征值 $\lambda_1,\lambda_2,\cdots,\lambda_m$ 所对应的特征向量 $\boldsymbol{\xi}_1,\boldsymbol{\xi}_2,\cdots,\boldsymbol{\xi}_m$ 也是线性无关的. 设

$$k_1\boldsymbol{\xi}_1+k_2\boldsymbol{\xi}_2+\cdots+k_{m-1}\boldsymbol{\xi}_{m-1}+k_m\boldsymbol{\xi}_m=\mathbf{0},\tag{5.2}$$

以矩阵 A 左乘式(5.2)两端,由 $A\boldsymbol{\xi}_i=\lambda_i\boldsymbol{\xi}_i$,整理得

$$k_1\lambda_1\boldsymbol{\xi}_1+k_2\lambda_2\boldsymbol{\xi}_2+\cdots+k_{m-1}\lambda_{m-1}\boldsymbol{\xi}_{m-1}+k_m\lambda_m\boldsymbol{\xi}_m=\mathbf{0},\tag{5.3}$$

以 λ_m 左乘式(5.2)两端,得

$$k_1\lambda_m\boldsymbol{\xi}_1+k_2\lambda_m\boldsymbol{\xi}_2+\cdots+k_{m-1}\lambda_m\boldsymbol{\xi}_{m-1}+k_m\lambda_m\boldsymbol{\xi}_m=\mathbf{0},\tag{5.4}$$

用式(5.3)减去式(5.4),得

$$k_1(\lambda_1-\lambda_m)\boldsymbol{\xi}_1+k_2(\lambda_2-\lambda_m)\boldsymbol{\xi}_2+\cdots+k_{m-1}(\lambda_{m-1}-\lambda_m)\boldsymbol{\xi}_{m-1}=\mathbf{0}.\tag{5.5}$$

由归纳法知,假设 $\boldsymbol{\xi}_1,\boldsymbol{\xi}_2,\cdots,\boldsymbol{\xi}_{m-1}$ 线性无关,于是 $k_i(\lambda_i-\lambda_m)=0,i=1,2,\cdots,m-1$. 因为 $\lambda_1,\lambda_2,\cdots,\lambda_m$ 相异,有 $\lambda_i-\lambda_m\neq0$,故必有 $k_1=k_2=\cdots=k_{m-1}=0$,此时,式(5.2)化为 $k_m\boldsymbol{\xi}_m=\mathbf{0}$,又因 $\boldsymbol{\xi}_m\neq\mathbf{0}$,故有 $k_m=0$,因此 $\boldsymbol{\xi}_1,\boldsymbol{\xi}_2,\cdots,\boldsymbol{\xi}_m$ 线性无关. 由归纳法原理得证.

推论 设 $\lambda_1,\lambda_2,\cdots,\lambda_m$ 是 A 的 m 个相异特征值,$\boldsymbol{\xi}_{i1},\cdots,\boldsymbol{\xi}_{ir_i}$ 是 A 的对应特征值 λ_i 的 r_i 个线性无关的特征向量,则 $\sum\limits_{i=1}^{m}r_i$ 个特征向量

$$\boldsymbol{\xi}_{11},\cdots,\boldsymbol{\xi}_{1r_1},\boldsymbol{\xi}_{21},\cdots,\boldsymbol{\xi}_{2r_2},\cdots,\boldsymbol{\xi}_{m1},\cdots,\boldsymbol{\xi}_{mr_m}$$

也线性无关.

定理 5.5　设 n 阶方阵 $\boldsymbol{A}=(a_{ij})_{n\times n}$ 的特征值为 $\lambda_1,\lambda_2,\cdots,\lambda_n$,则

(1) $\lambda_1+\lambda_2+\cdots+\lambda_n=a_{11}+a_{22}+\cdots+a_{nn}$;

(2) $\lambda_1\cdot\lambda_2\cdot\cdots\cdot\lambda_n=|\boldsymbol{A}|$.

证　由行列式的定义知,

$$f(\lambda)=|\boldsymbol{A}-\lambda E|=\begin{vmatrix} a_{11}-\lambda & a_{12} & \cdots & a_{1n} \\ a_{21} & a_{22}-\lambda & \cdots & a_{2n} \\ \vdots & \vdots & & \vdots \\ a_{n1} & a_{n2} & \cdots & a_{nn}-\lambda \end{vmatrix}$$

$$=(-1)^n[\lambda^n-(a_{11}+a_{22}+\cdots+a_{nn})\lambda^{n-1}+\cdots+(-1)^n|\boldsymbol{A}|]. \tag{5.6}$$

另一方面,因为 $\lambda_1,\lambda_2,\cdots,\lambda_n$ 是 $|\boldsymbol{A}-\lambda E|=0$ 的 n 个根,所以

$$|\boldsymbol{A}-\lambda E|=(-1)^n(\lambda-\lambda_1)(\lambda-\lambda_2)\cdots(\lambda-\lambda_n)$$

$$=(-1)^n[\lambda^n-(\lambda_1+\lambda_2+\cdots+\lambda_n)\lambda^{n-1}+\cdots+(-1)^n\lambda_1\lambda_2\cdots\lambda_n]. \tag{5.7}$$

比较式(5.6)和式(5.7),即得结论(1)和(2).

n 阶方阵 $\boldsymbol{A}$ 的主对角线上 n 个元素之和称为 $\boldsymbol{A}$ 的**迹**,记为 $\mathrm{tr}(\boldsymbol{A})$,即 $\mathrm{tr}(\boldsymbol{A})=\sum\limits_{i=1}^{n}a_{ii}$.

定理 5.6　若 λ 是方阵 $\boldsymbol{A}$ 的特征值,则

(1) λ^k 是 $\boldsymbol{A}^k$ 的特征值;

(2) μ 为常数,$\mu\lambda$ 是 $\mu\boldsymbol{A}$ 的特征值;

(3) $\boldsymbol{A}$ 可逆,当且仅当所有特征值都不为零,此时 $\dfrac{1}{\lambda}$ 是 $\boldsymbol{A}^{-1}$ 的特征值;

(4) $\varphi(\lambda)$ 是 $\varphi(\boldsymbol{A})$ 的特征值[其中 $\varphi(x)=a_mx^m+a_{m-1}x^{m-1}+\cdots a_0$].

证　(1)因为 λ 是方阵 $\boldsymbol{A}$ 的特征值,故存在向量 $\boldsymbol{\alpha}\neq0$,使得 $\boldsymbol{A\alpha}=\lambda\boldsymbol{\alpha}$,两端同时左乘 $\boldsymbol{A}$,得 $\boldsymbol{A}^2\boldsymbol{\alpha}=\lambda\boldsymbol{A\alpha}=\lambda^2\boldsymbol{\alpha}$,以此类推,得 $\boldsymbol{A}^k\boldsymbol{\alpha}=\lambda^k\boldsymbol{\alpha}$,所以 λ^k 是 $\boldsymbol{A}^k$ 的特征值.

(2)因为 λ 是方阵 $\boldsymbol{A}$ 的特征值,故存在向量 $\boldsymbol{\alpha}\neq0$,使得 $\boldsymbol{A\alpha}=\lambda\boldsymbol{\alpha}$,两端同时乘以 μ,得 $(\mu\boldsymbol{A})\boldsymbol{\alpha}=(\mu\lambda)\boldsymbol{\alpha}$,所以 $\mu\lambda$ 是 $\mu\boldsymbol{A}$ 的特征值.

(3)因为方阵 $\boldsymbol{A}$ 可逆当且仅当 $|\boldsymbol{A}|\neq0$,由定理 5.5 知,$|\boldsymbol{A}|=\lambda_1\cdot\lambda_2\cdot\cdots\cdot\lambda_n$,所以 $\boldsymbol{A}$ 可逆当且仅当所有特征值 $\lambda_1,\lambda_2,\cdots,\lambda_n$ 都不为零. 因为 λ 是方阵 $\boldsymbol{A}$ 的特征值,因此存在向量 $\boldsymbol{\alpha}\neq0$,使得 $\boldsymbol{A\alpha}=\lambda\boldsymbol{\alpha}$,又 $\boldsymbol{A}$ 可逆,所以 $\boldsymbol{A}^{-1}\boldsymbol{A\alpha}=\boldsymbol{A}^{-1}\lambda\boldsymbol{\alpha}$,即 $\boldsymbol{E\alpha}=\boldsymbol{A}^{-1}\lambda\boldsymbol{\alpha}$ 或 $\boldsymbol{A}^{-1}\boldsymbol{\alpha}=\dfrac{1}{\lambda}\boldsymbol{\alpha}$,得 $\dfrac{1}{\lambda}$ 是 $\boldsymbol{A}^{-1}$ 的特征值.

(4)因为 λ 是方阵 $\boldsymbol{A}$ 的特征值,故存在向量 $\boldsymbol{\alpha}\neq0$,使得 $\boldsymbol{A\alpha}=\lambda\boldsymbol{\alpha}$. 由(1)的证明知,$\boldsymbol{A}^k\boldsymbol{\alpha}=\lambda^k\boldsymbol{\alpha}$,故

$$\begin{aligned}\varphi(\boldsymbol{A})\boldsymbol{\alpha}&=(a_m\boldsymbol{A}^m+a_{m-1}\boldsymbol{A}^{m-1}+\cdots+a_0\boldsymbol{E})\boldsymbol{\alpha}\\&=a_m\boldsymbol{A}^m\boldsymbol{\alpha}+a_{m-1}\boldsymbol{A}^{m-1}\boldsymbol{\alpha}+\cdots+a_0\boldsymbol{E\alpha}\\&=a_m\lambda^m\boldsymbol{\alpha}+a_{m-1}\lambda^{m-1}\boldsymbol{\alpha}+\cdots+a_0\boldsymbol{\alpha}\\&=(a_m\lambda^m+a_{m-1}\lambda^{m-1}+\cdots+a_0)\boldsymbol{\alpha}\\&=\varphi(\lambda)\boldsymbol{\alpha},\end{aligned}$$

所以 $\varphi(\lambda)$ 是 $\varphi(\boldsymbol{A})$ 的特征值.

【例 5.9】 已知三阶方阵 $\boldsymbol{A}$ 的特征值为 1,2,3,求

(1)$\boldsymbol{A}^3-5\boldsymbol{A}^2+7\boldsymbol{A}$ 的特征值;

(2)$|\boldsymbol{A}^*+3\boldsymbol{A}+2\boldsymbol{E}|$.

解 (1)记 $\varphi(\boldsymbol{A})=\boldsymbol{A}^3-5\boldsymbol{A}^2+7\boldsymbol{A}$,则 $\varphi(\lambda)=\lambda^3-5\lambda^2+7\lambda$,于是 $\varphi(\boldsymbol{A})$ 的特征值为 $\varphi(1)=3,\varphi(2)=2,\varphi(3)=3$.

(2)因为 $\boldsymbol{A}$ 的特征值为 1,2,3,由定理 5.5 知,$|\boldsymbol{A}|=\mathbf{1}\cdot\mathbf{2}\cdot\mathbf{3}=\mathbf{6}$,且 $\boldsymbol{A}$ 可逆. 记 $\varphi(\boldsymbol{A})=\boldsymbol{A}^*+3\boldsymbol{A}+2\boldsymbol{E}=|\boldsymbol{A}|\boldsymbol{A}^{-1}+3\boldsymbol{A}+2\boldsymbol{E}=6\boldsymbol{A}^{-1}+3\boldsymbol{A}+2\boldsymbol{E}$,则 $\varphi(\lambda)=\dfrac{6}{\lambda}+3\lambda+2$,于是 $\varphi(\boldsymbol{A})$ 的特征值为 $\varphi(1)=11,\varphi(2)=11,\varphi(3)=13$. 因此 $|\boldsymbol{A}^*+3\boldsymbol{A}+2\boldsymbol{E}|=11\cdot 11\cdot 13=1\ 573$.

【例 5.10】 设 λ_1,λ_2 是方阵 $\boldsymbol{A}$ 的两个相异特征值,$\boldsymbol{\xi}_1,\boldsymbol{\xi}_2$ 是分别属于 λ_1,λ_2 的特征向量,证明 $k_1\boldsymbol{\xi}_1+k_2\boldsymbol{\xi}_2$ 不是 $\boldsymbol{A}$ 的特征向量,其中 $k_1\cdot k_2\neq 0$.

证 由题设得

$$\boldsymbol{A}\boldsymbol{\xi}_1=\lambda_1\boldsymbol{\xi}_1,\boldsymbol{A}\boldsymbol{\xi}_2=\lambda_2\boldsymbol{\xi}_2,$$

由此得

$$\boldsymbol{A}(k_1\boldsymbol{\xi}_1+k_2\boldsymbol{\xi}_2)=\lambda_1k_1\boldsymbol{\xi}_1+\lambda_2k_2\boldsymbol{\xi}_2, \tag{5.8}$$

若 $k_1\boldsymbol{\xi}_1+k_2\boldsymbol{\xi}_2$ 是 $\boldsymbol{A}$ 的特征向量,设其对应的特征值为 λ,即

$$\boldsymbol{A}(k_1\boldsymbol{\xi}_1+k_2\boldsymbol{\xi}_2)=\lambda(k_1\boldsymbol{\xi}_1+k_2\boldsymbol{\xi}_2)=\lambda k_1\boldsymbol{\xi}_1+\lambda k_2\boldsymbol{\xi}_2. \tag{5.9}$$

比较式(5.8)与式(5.9),得

$$(\lambda-\lambda_1)k_1\boldsymbol{\xi}_1+(\lambda-\lambda_2)k_2\boldsymbol{\xi}_2=0, \tag{5.10}$$

因为对应于不同特征值的特征向量线性无关,故

$$(\lambda-\lambda_1)k_1=0,(\lambda-\lambda_2)k_2=0.$$

又因为 $k_1\cdot k_2\neq 0$,所以有 $\lambda-\lambda_1=0,\lambda-\lambda_2=0$,即 $\lambda_1=\lambda_2$,与题设矛盾. 因此 $k_1\boldsymbol{\xi}_1+k_2\boldsymbol{\xi}_2$ 不是 $\boldsymbol{A}$ 的特征向量,其中 $k_1\cdot k_2\neq 0$.

习题 5.2

1. 设 3 阶方阵 $\boldsymbol{A}$ 的特征值为 1,-1,2,求 $\boldsymbol{A}+3\boldsymbol{E}$ 的特征值及行列式 $|\boldsymbol{A}^*+3\boldsymbol{A}-2\boldsymbol{E}|$.

2. 求下列矩阵的特征值与特征向量.

(1)$\begin{pmatrix}1 & 0 & 2\\ 0 & -1 & 0\\ 0 & 4 & 2\end{pmatrix}$; (2)$\begin{pmatrix}2 & 3 & 2\\ 1 & 4 & 2\\ 1 & -3 & 1\end{pmatrix}$.

5.3 相似矩阵与矩阵的对角化

本节先介绍相似矩阵的概念和性质,然后讨论矩阵的相似对角化问题.

5.3.1 相似矩阵的概念和性质

1)相似矩阵的概念

定义5.10 设$\boldsymbol{A},\boldsymbol{B}$都是$n$阶方阵,若存在一个$n$阶可逆矩阵$\boldsymbol{P}$,使

$$\boldsymbol{B}=\boldsymbol{P}^{-1}\boldsymbol{A}\boldsymbol{P},$$

则称矩阵$\boldsymbol{A}$与$\boldsymbol{B}$相似,记作$\boldsymbol{A}\sim\boldsymbol{B}$;可逆矩阵$\boldsymbol{P}$称为**相似变换矩阵**.

相似是矩阵之间的一种重要关系,它满足:

(1)自反性:$\boldsymbol{A}\sim\boldsymbol{A}$;

(2)对称性:若$\boldsymbol{A}\sim\boldsymbol{B}$,则$\boldsymbol{B}\sim\boldsymbol{A}$;

(3)传递性:若$\boldsymbol{A}\sim\boldsymbol{B},\boldsymbol{B}\sim\boldsymbol{C}$,则$\boldsymbol{A}\sim\boldsymbol{C}$.

即矩阵的相似关系是等价关系.

2)相似矩阵的性质

(1)若$\boldsymbol{A}\sim\boldsymbol{B}$,则$R(\boldsymbol{A})=R(\boldsymbol{B})$,反之不然;

(2)若$\boldsymbol{A}\sim\boldsymbol{B}$,则$\boldsymbol{A}$与$\boldsymbol{B}$的行列式相同,特征多项式相同,特征值也相同;

(3)若$\boldsymbol{A}\sim\boldsymbol{B}$,则$\boldsymbol{A}$与$\boldsymbol{B}$同时可逆或同时不可逆,且当可逆时,$\boldsymbol{A}^{-1}\sim\boldsymbol{B}^{-1}$;

(4)若$\boldsymbol{A}\sim\boldsymbol{B}$,则$f(\boldsymbol{A})\sim f(\boldsymbol{B})$,其中$f(x)=a_mx^m+a_{m-1}x^{m-1}+\cdots+a_0$.

证 (1)由$\boldsymbol{A}\sim\boldsymbol{B}$知,存在一个可逆矩阵$\boldsymbol{P}$,使$\boldsymbol{B}=\boldsymbol{P}^{-1}\boldsymbol{A}\boldsymbol{P}$,再由第2章定理2.7推论知,$R(\boldsymbol{B})=R(\boldsymbol{P}^{-1}\boldsymbol{A}\boldsymbol{P})=R(\boldsymbol{A})$.

但由$R(\boldsymbol{A})=R(\boldsymbol{B})$知,不能推出$\boldsymbol{A}\sim\boldsymbol{B}$. 例如,$\boldsymbol{A}=\boldsymbol{E}_2=\begin{pmatrix}1&0\\0&1\end{pmatrix}$,$\boldsymbol{B}=\begin{pmatrix}1&1\\0&1\end{pmatrix}$,显然$R(\boldsymbol{A})=R(\boldsymbol{B})=2$,但对任一个可逆阵$\boldsymbol{P}$,$\boldsymbol{P}^{-1}\boldsymbol{A}\boldsymbol{P}=\boldsymbol{E}_2\neq\boldsymbol{B}$,这说明$\boldsymbol{A}$与$\boldsymbol{B}$不相似.

(2)由$\boldsymbol{A}\sim\boldsymbol{B}$知,存在一个可逆矩阵$\boldsymbol{P}$,使$\boldsymbol{B}=\boldsymbol{P}^{-1}\boldsymbol{A}\boldsymbol{P}$,因此$|\boldsymbol{B}|=|\boldsymbol{P}^{-1}\boldsymbol{A}\boldsymbol{P}|=|\boldsymbol{P}^{-1}|\cdot|\boldsymbol{A}|\cdot|\boldsymbol{P}|=|\boldsymbol{A}|$,又$|\boldsymbol{B}-\lambda\boldsymbol{E}|=|\boldsymbol{P}^{-1}\boldsymbol{A}\boldsymbol{P}-\boldsymbol{P}^{-1}(\lambda\boldsymbol{E})\boldsymbol{P}|=|\boldsymbol{P}^{-1}(\boldsymbol{A}-\lambda\boldsymbol{E})\boldsymbol{P}|=|\boldsymbol{P}^{-1}|\cdot|\boldsymbol{A}-\lambda\boldsymbol{E}|\cdot|\boldsymbol{P}|=|\boldsymbol{A}-\lambda\boldsymbol{E}|$.

(3)由性质(2)知,$\boldsymbol{A}$与$\boldsymbol{B}$的行列式相同,所以$\boldsymbol{A}$与$\boldsymbol{B}$同时可逆或同时不可逆. 且当$\boldsymbol{A}$与$\boldsymbol{B}$可逆时,因为$\boldsymbol{A}\sim\boldsymbol{B}$,$\boldsymbol{B}=\boldsymbol{P}^{-1}\boldsymbol{A}\boldsymbol{P}$,所以$\boldsymbol{B}^{-1}=(\boldsymbol{P}^{-1}\boldsymbol{A}\boldsymbol{P})^{-1}=\boldsymbol{P}^{-1}\boldsymbol{A}^{-1}\boldsymbol{P}$,故$\boldsymbol{A}^{-1}\sim\boldsymbol{B}^{-1}$.

(4)由$\boldsymbol{A}\sim\boldsymbol{B}$知,存在一个可逆矩阵$\boldsymbol{P}$,使$\boldsymbol{B}=\boldsymbol{P}^{-1}\boldsymbol{A}\boldsymbol{P}$,由于

$$\begin{aligned}f(\boldsymbol{B})&=a_m\boldsymbol{B}^m+a_{m-1}\boldsymbol{B}^{m-1}+\cdots+a_1\boldsymbol{B}+a_0\boldsymbol{E}\\&=a_m(\boldsymbol{P}^{-1}\boldsymbol{A}\boldsymbol{P})^m+a_{m-1}(\boldsymbol{P}^{-1}\boldsymbol{A}\boldsymbol{P})^{m-1}+\cdots+a_1(\boldsymbol{P}^{-1}\boldsymbol{A}\boldsymbol{P})+a_0(\boldsymbol{P}^{-1}\boldsymbol{P})\\&=a_m\boldsymbol{P}^{-1}\boldsymbol{A}^m\boldsymbol{P}+a_{m-1}\boldsymbol{P}^{-1}\boldsymbol{A}^{m-1}\boldsymbol{P}+\cdots+a_1\boldsymbol{P}^{-1}\boldsymbol{A}\boldsymbol{P}+a_0\boldsymbol{P}^{-1}\boldsymbol{P}\\&=\boldsymbol{P}^{-1}(a_m\boldsymbol{A}^m+a_{m-1}\boldsymbol{A}^{m-1}+\cdots+a_1\boldsymbol{A}+a_0\boldsymbol{E})\boldsymbol{P}\\&=\boldsymbol{P}^{-1}f(\boldsymbol{A})\boldsymbol{P},\end{aligned}$$

从而$f(\boldsymbol{A})\sim f(\boldsymbol{B})$.

5.3.2 方阵的相似对角化

1)方阵可相似对角化的条件

定义5.11 若n阶方阵$\boldsymbol{A}$与对角阵$\boldsymbol{\Lambda}$相似,称方阵$\boldsymbol{A}$**可相似对角化**.

可相似对角化方阵的幂以及多项式非常容易计算:

若 $\boldsymbol{A}\sim\boldsymbol{\Lambda}$,则存在一个可逆矩阵 $\boldsymbol{P}$,使 $\boldsymbol{\Lambda}=\boldsymbol{P}^{-1}\boldsymbol{A}\boldsymbol{P}$,即 $\boldsymbol{A}=\boldsymbol{P}\boldsymbol{\Lambda}\boldsymbol{P}^{-1}$,则有

$$\boldsymbol{A}^k=(\boldsymbol{P}\boldsymbol{\Lambda}\boldsymbol{P}^{-1})(\boldsymbol{P}\boldsymbol{\Lambda}\boldsymbol{P}^{-1})\cdots(\boldsymbol{P}\boldsymbol{\Lambda}\boldsymbol{P}^{-1})=\boldsymbol{P}\boldsymbol{\Lambda}^k\boldsymbol{P}^{-1},$$

$$\begin{aligned}f(\boldsymbol{A})&=a_m\boldsymbol{A}^m+a_{m-1}\boldsymbol{A}^{m-1}+\cdots+a_1\boldsymbol{A}+a_0\boldsymbol{E}\\&=a_m\boldsymbol{P}\boldsymbol{\Lambda}^m\boldsymbol{P}^{-1}+a_{m-1}\boldsymbol{P}\boldsymbol{\Lambda}^{m-1}\boldsymbol{P}^{-1}+\cdots+a_1\boldsymbol{P}\boldsymbol{\Lambda}\boldsymbol{P}^{-1}+a_0\boldsymbol{P}\boldsymbol{E}\boldsymbol{P}^{-1}\\&=\boldsymbol{P}(a_m\boldsymbol{\Lambda}^m+a_{m-1}\boldsymbol{\Lambda}^{m-1}+\cdots+a_1\boldsymbol{\Lambda}+a_0\boldsymbol{E})\boldsymbol{P}^{-1}\\&=\boldsymbol{P}f(\boldsymbol{\Lambda})\boldsymbol{P}^{-1}.\end{aligned}$$

下面讨论方阵 $\boldsymbol{A}$ 满足什么条件才能相似对角化?

假设已经找到可逆阵 $\boldsymbol{P}$,使 $\boldsymbol{P}^{-1}\boldsymbol{A}\boldsymbol{P}=\boldsymbol{\Lambda}$ 为对角矩阵,我们来讨论矩阵 $\boldsymbol{A}$ 和可逆矩阵 $\boldsymbol{P}$ 之间的关系.

把 $\boldsymbol{P}$ 用其列向量表示为 $\boldsymbol{P}=(\boldsymbol{p}_1,\boldsymbol{p}_2,\cdots,\boldsymbol{p}_n)$,

由 $\boldsymbol{P}^{-1}\boldsymbol{A}\boldsymbol{P}=\boldsymbol{\Lambda}$,得 $\boldsymbol{A}\boldsymbol{P}=\boldsymbol{P}\boldsymbol{\Lambda}$,于是有

$$\begin{aligned}\boldsymbol{A}\boldsymbol{P}=\boldsymbol{A}(\boldsymbol{p}_1,\boldsymbol{p}_2,\cdots,\boldsymbol{p}_n)&=(\boldsymbol{p}_1,\boldsymbol{p}_2,\cdots,\boldsymbol{p}_n)\begin{pmatrix}\lambda_1&&&\\&\lambda_2&&\\&&\ddots&\\&&&\lambda_n\end{pmatrix}\\&=(\lambda_1\boldsymbol{p}_1,\lambda_2\boldsymbol{p}_2,\cdots,\lambda_n\boldsymbol{p}_n),\end{aligned}$$

即得

$$\boldsymbol{A}\boldsymbol{p}_i=\lambda_i\boldsymbol{p}_i,(i=1,2,\cdots,n).$$

可见,λ_i 是 $\boldsymbol{A}$ 的特征值,而 $\boldsymbol{P}$ 的列向量 $\boldsymbol{p}_i$ 就是 $\boldsymbol{A}$ 的对应特征值 λ_i 的特征向量.

反之,因为 n 阶方阵 $\boldsymbol{A}$ 恰好有 n 个特征值 $\lambda_1,\lambda_2,\cdots,\lambda_n$,并可对应地求得 n 个线性无关的特征向量 $\boldsymbol{p}_1,\boldsymbol{p}_2,\cdots,\boldsymbol{p}_n$,令

$$\boldsymbol{\Lambda}=\begin{pmatrix}\lambda_1&&&\\&\lambda_2&&\\&&\ddots&\\&&&\lambda_n\end{pmatrix},\boldsymbol{P}=(\boldsymbol{p}_1,\boldsymbol{p}_2,\cdots,\boldsymbol{p}_n),$$

则有

$$\begin{aligned}\boldsymbol{A}\boldsymbol{P}&=\boldsymbol{A}(\boldsymbol{p}_1,\boldsymbol{p}_2,\cdots\boldsymbol{p}_n)=(\lambda_1\boldsymbol{p}_1,\lambda_2\boldsymbol{p}_2,\cdots,\lambda_n\boldsymbol{p}_n)\\&=(\boldsymbol{p}_1,\boldsymbol{p}_2,\cdots\boldsymbol{p}_n)\begin{pmatrix}\lambda_1&&&\\&\lambda_2&&\\&&\ddots&\\&&&\lambda_n\end{pmatrix}=\boldsymbol{P}\boldsymbol{\Lambda}.\end{aligned}$$

注意:因为特征向量不唯一,所以矩阵 $\boldsymbol{P}$ 也不唯一.

由上述讨论知,$\boldsymbol{A}$ 能否与对角阵相似,取决于 $\boldsymbol{P}$ 是否可逆,即 $\boldsymbol{P}$ 的列向量组 $\boldsymbol{p}_1,\boldsymbol{p}_2,\cdots,\boldsymbol{p}_n$ 是否线性无关. 当 $\boldsymbol{p}_1,\boldsymbol{p}_2,\cdots,\boldsymbol{p}_n$ 线性无关时(此时 $\boldsymbol{P}$ 可逆),则由 $\boldsymbol{A}\boldsymbol{P}=\boldsymbol{P}\boldsymbol{\Lambda}$ 得 $\boldsymbol{P}^{-1}\boldsymbol{A}\boldsymbol{P}=\boldsymbol{\Lambda}$,即 $\boldsymbol{A}$ 与对角阵相似.

综上所述,有下列方阵 $\boldsymbol{A}$ 能相似对角化的判定定理.

定理 5.7　n 阶方阵 $\boldsymbol{A}$ 可相似对角化的充要条件是 $\boldsymbol{A}$ 有 n 个线性无关的特征向量.

由定理5.4知,方阵的相异特征值所对应的特征向量线性无关,故有如下推论.

推论 若 n 阶方阵 $\boldsymbol{A}$ 有 n 个相异的特征值 $\lambda_1,\lambda_2,\cdots,\lambda_n$,则 $\boldsymbol{A}$ 一定与对角阵 $\boldsymbol{\Lambda}$ 相似,且

$$\boldsymbol{\Lambda}=\begin{pmatrix}\lambda_1 & & & \\ & \lambda_2 & & \\ & & \ddots & \\ & & & \lambda_n\end{pmatrix}.$$

但此推论的逆是不成立的,也就是说,与对角矩阵相似的 n 阶方阵 $\boldsymbol{A}$ 不一定有 n 个相异的特征值. 如【例5.7】,方阵 $\boldsymbol{A}$ 有3个特征向量

$$\boldsymbol{\xi}_1=(1,-1,0)^{\mathrm{T}},\boldsymbol{\xi}_2=(1,0,-1)^{\mathrm{T}},\boldsymbol{\xi}_3=(1,1,1)^{\mathrm{T}},$$

显然 $\boldsymbol{\xi}_1,\boldsymbol{\xi}_2,\boldsymbol{\xi}_3$ 线性无关,令 $\boldsymbol{P}=(\boldsymbol{\xi}_1,\boldsymbol{\xi}_2,\boldsymbol{\xi}_3)$,则 $\boldsymbol{P}^{-1}\boldsymbol{AP}=\begin{pmatrix}-1 & & \\ & -1 & \\ & & 5\end{pmatrix}$. 即 $\boldsymbol{A}$ 与对角阵相似,但 $\boldsymbol{A}$ 只有两个相异特征值 -1 和5,这说明 $\boldsymbol{A}$ 的特征值不全相异时,$\boldsymbol{A}$ 也能与某一对角阵相似.

决定 n 阶方阵 $\boldsymbol{A}$ 能否与对角阵相似的是 $\boldsymbol{A}$ 是否有 n 个线性无关的特征向量. 这将取决于 $\boldsymbol{A}$ 的重特征值. 若 λ 为 $\boldsymbol{A}$ 的 k 重特征值,则对应于特征值 λ 的线性无关的特征向量的个数 $\leqslant k$,只有取“$=$”时,即对应于 k 重特征值 λ 的线性无关的特征向量的个数为 k 时,$\boldsymbol{A}$ 才与对角阵相似. 因此有

定理5.8 设 $\lambda_1,\lambda_2,\cdots,\lambda_m$ 是 n 阶方阵 $\boldsymbol{A}$ 的互异特征值,其重数分别为 $r_1,r_2,\cdots,r_m$,且 $\sum_{i=1}^{m} r_i=n$,则 $\boldsymbol{A}$ 与对角阵相似的充要条件为

$$r(\boldsymbol{A}-\lambda_i\boldsymbol{E})=n-r_i,i=1,2,\cdots,m.$$

证 $(\boldsymbol{A}-\lambda_i\boldsymbol{E})\boldsymbol{X}=\boldsymbol{0}$ 的基础解系含有 r_i 个向量的充要条件为 $r(\boldsymbol{A}-\lambda_i\boldsymbol{E})=n-r_i$;即 r_i 重特征值 λ_i 有 r_i 个线性无关的特征向量的充要条件是 $r(\boldsymbol{A}-\lambda_i\boldsymbol{E})=n-r_i$,其中,$\lambda_i$ 为 $\boldsymbol{A}$ 的 r_i 重特征值,$i=1,2,\cdots,m$.

2)矩阵相似对角化的方法

判断一个 n 阶方阵 $\boldsymbol{A}$ 能否相似对角化以及如何相似对角化的一般步骤为:

第一步,求出 $\boldsymbol{A}$ 的所有特征值 $\lambda_1,\lambda_2,\cdots,\lambda_n$;若 $\lambda_1,\lambda_2,\cdots,\lambda_n$ 互异,则 $\boldsymbol{A}$ 一定与一个对角阵相似. 若 $\lambda_1,\lambda_2,\cdots,\lambda_n$ 中互异的为 $\lambda_1,\lambda_2,\cdots,\lambda_m$,每个 λ_i 的重数为 r_i,当 $r(\boldsymbol{A}-\lambda_i\boldsymbol{E})=n-r_i,i=1,2,\cdots,m$ 时,$\boldsymbol{A}$ 一定与一个对角阵相似;否则,$\boldsymbol{A}$ 不与对角阵相似.

第二步,当 $\boldsymbol{A}$ 与对角阵相似时,求出 $\boldsymbol{A}$ 的 n 个线性无关的特征向量 $\boldsymbol{\xi}_1,\boldsymbol{\xi}_2,\cdots,\boldsymbol{\xi}_n$,并令

$$\boldsymbol{P}=(\boldsymbol{\xi}_1,\boldsymbol{\xi}_2,\cdots,\boldsymbol{\xi}_n)$$

则有

$$\boldsymbol{P}^{-1}\boldsymbol{AP}=\boldsymbol{\Lambda}=\begin{pmatrix}\lambda_1 & & & \\ & \lambda_2 & & \\ & & \ddots & \\ & & & \lambda_n\end{pmatrix}.$$

显然,可逆矩阵 $\boldsymbol{P}$ 的取法是不唯一的,因而 $\boldsymbol{A}$ 的相似对角阵 $\boldsymbol{\Lambda}$ 也不唯一;但若不计 $\boldsymbol{\Lambda}$ 中主对

角线上元素的顺序,则对角阵 $\boldsymbol{\Lambda}$ 是被 $\boldsymbol{A}$ 唯一确定的.

【例 5.11】 判断下列矩阵能否相似对角化?并在可对角化时,求可逆矩阵 $\boldsymbol{P}$,使 $\boldsymbol{P}^{-1}\boldsymbol{AP}=\boldsymbol{\Lambda}$为对角阵.

$$\boldsymbol{A}=\begin{pmatrix}2&0&0\\1&3&-1\\1&0&1\end{pmatrix},\boldsymbol{B}=\begin{pmatrix}-2&1&1\\0&2&0\\-4&1&3\end{pmatrix},\boldsymbol{C}=\begin{pmatrix}1&1&0\\0&2&1\\0&0&1\end{pmatrix}.$$

解 由 $|\boldsymbol{A}-\lambda\boldsymbol{E}|=\begin{vmatrix}2-\lambda&0&0\\1&3-\lambda&-1\\1&0&1-\lambda\end{vmatrix}=-(\lambda-1)(\lambda-2)(\lambda-3)$,得 $\boldsymbol{A}$ 的特征值为 $\lambda_1=1,\lambda_2=2,\lambda_3=3$,因 $\boldsymbol{A}$ 的 3 个特征值互异,故 $\boldsymbol{A}$ 能对角化.

对 $\lambda_1=1$,求得特征向量 $\boldsymbol{\xi}_1=(0,1,2)^{\mathrm{T}}$;对 $\lambda_2=2$,求得特征向量 $\boldsymbol{\xi}_2=(1,0,1)^{\mathrm{T}}$;对 $\lambda_3=3$,求得特征向量 $\boldsymbol{\xi}_3=(0,1,0)^{\mathrm{T}}$,令

$$\boldsymbol{P}=(\boldsymbol{\xi}_1,\boldsymbol{\xi}_2,\boldsymbol{\xi}_3)=\begin{pmatrix}0&1&0\\1&0&1\\2&1&0\end{pmatrix},$$

则 $\boldsymbol{P}^{-1}\boldsymbol{AP}=\boldsymbol{\Lambda}=\begin{pmatrix}1&&\\&2&\\&&3\end{pmatrix}$.

由 $|\boldsymbol{B}-\lambda\boldsymbol{E}|=\begin{vmatrix}-2-\lambda&1&1\\0&2-\lambda&0\\-4&1&3-\lambda\end{vmatrix}=-(\lambda+1)(\lambda-2)^2$,得 $\boldsymbol{B}$ 的特征值为 $\lambda_1=-1$,$\lambda_2=\lambda_3=2$,即 2 为三阶方阵 $\boldsymbol{B}$ 的二重特征值. 因为

$$\boldsymbol{B}-\lambda_2\boldsymbol{E}=\boldsymbol{B}-2\boldsymbol{E}=\begin{pmatrix}-4&1&1\\0&0&0\\-4&1&1\end{pmatrix}\to\begin{pmatrix}-4&1&1\\0&0&0\\0&0&0\end{pmatrix},$$

所以 $r(\boldsymbol{B}-2\boldsymbol{E})=1=3-2$,故 $\boldsymbol{B}$ 能对角化.

对 $\lambda_1=-1$,求得特征向量 $\boldsymbol{\xi}_1=(1,0,1)^{\mathrm{T}}$;对 $\lambda_2=\lambda_3=2$,求得线性无关的特征向量 $\boldsymbol{\xi}_2=(1,4,0)^{\mathrm{T}},\boldsymbol{\xi}_3=(0,-1,1)^{\mathrm{T}}$,令

$$\boldsymbol{P}=(\boldsymbol{\xi}_1,\boldsymbol{\xi}_2,\boldsymbol{\xi}_3)=\begin{pmatrix}1&1&0\\0&4&-1\\1&0&1\end{pmatrix},$$

则 $\boldsymbol{P}^{-1}\boldsymbol{BP}=\boldsymbol{\Lambda}=\begin{pmatrix}-1&&\\&2&\\&&2\end{pmatrix}$.

由 $|\boldsymbol{C}-\lambda\boldsymbol{E}|=\begin{vmatrix}1-\lambda&1&0\\0&2-\lambda&1\\0&0&1-\lambda\end{vmatrix}=-(1-\lambda)^2(\lambda-2)$,得 $\boldsymbol{C}$ 的特征值为 $\lambda_1=\lambda_2=1$,$\lambda_3=2$,即 1 为三阶方阵 $\boldsymbol{C}$ 的二重特征值. 因为

$$C-\lambda_2E=C-E=\begin{pmatrix}0&1&0\\0&1&1\\0&0&0\end{pmatrix}\to\begin{pmatrix}0&1&0\\0&0&1\\0&0&0\end{pmatrix},$$

所以 $r(C-E)=2\neq3-2$，由定理 5.8 知，故 C 不能对角化.

【例 5.12】　设

$$A=\begin{pmatrix}0&0&1\\1&1&x\\1&0&0\end{pmatrix},$$

问 x 为何值时，矩阵 A 能对角化?

解　因为

$$|A-\lambda E|=\begin{vmatrix}-\lambda&0&1\\1&1-\lambda&x\\1&0&-\lambda\end{vmatrix}=(1-\lambda)\begin{vmatrix}-\lambda&1\\1&-\lambda\end{vmatrix},$$
$$=-(\lambda-1)^2(\lambda+1)$$

所以 A 的特征值为 $\lambda_1=-1,\lambda_2=\lambda_3=1$.

由定理 5.8 知，方阵 A 可对角化的充要条件是二重根 $\lambda_2=\lambda_3=1$ 应满足 $r(A-\lambda_2E)=3-2=1$，由

$$A-\lambda_2E=A-E=\begin{pmatrix}-1&0&1\\1&0&x\\1&0&-1\end{pmatrix}\to\begin{pmatrix}1&0&-1\\0&0&x+1\\0&0&0\end{pmatrix}$$

知，要使 $r(A-\lambda_2E)=3-2=1$，只需 $x+1=0$，即 $x=-1$.

因此，当 $x=-1$ 时，矩阵 A 能对角化.

【例 5.13】　设 $A=\begin{pmatrix}1&4&2\\0&-3&4\\0&4&3\end{pmatrix}$，求 A^k.

解　由

$$|A-\lambda E|=\begin{vmatrix}1-\lambda&4&2\\0&-3-\lambda&4\\0&4&3-\lambda\end{vmatrix}=-(\lambda-1)(\lambda-5)(\lambda+5)$$

知，A 的特征值为 $\lambda_1=-5,\lambda_2=1,\lambda_3=5$，由此知 A 与对角阵相似.

对 $\lambda_1=-5$，求得特征向量 $\xi_1=(1,-2,1)^T$；对 $\lambda_2=1$，求得特征向量 $\xi_2=(1,0,0)^T$；对 $\lambda_3=5$，求得特征向量 $\xi_3=(2,1,2)^T$，令

$$P=(\xi_1,\xi_2,\xi_3)=\begin{pmatrix}1&1&2\\-2&0&1\\1&0&2\end{pmatrix},$$

则 $P^{-1}AP=\Lambda=\begin{pmatrix}-5&&\\&1&\\&&5\end{pmatrix}$，从而有 $A=P\Lambda P^{-1}$，由此得

$$A^k=P\Lambda^kP^{-1}$$

$$=\begin{pmatrix}1&1&2\\-2&0&1\\1&0&2\end{pmatrix}\begin{pmatrix}(-5)^k&&\\&1&\\&&5^k\end{pmatrix}\begin{pmatrix}0&-\frac{2}{5}&\frac{1}{5}\\1&0&-1\\0&\frac{1}{5}&\frac{2}{5}\end{pmatrix}.$$

当 k 为偶数时,

$$\boldsymbol{A}^k=\begin{pmatrix}1&0&5^k-1\\0&5^k&0\\0&0&5^k\end{pmatrix},$$

当 k 为奇数时,

$$\boldsymbol{A}^k=\begin{pmatrix}1&4\cdot5^{k-1}&3\cdot5^{k-1}-1\\0&-3\cdot5^{k-1}&4\cdot5^{k-1}\\0&4\cdot5^{k-1}&3\cdot5^{k-1}\end{pmatrix}.$$

习题 5.3

1. 已知矩阵 $\boldsymbol{A}=(a_{ij})_{3\times3}$ 与矩阵 $\boldsymbol{B}=\begin{pmatrix}0&-1&1\\-1&0&1\\1&1&0\end{pmatrix}$ 相似,求 $\operatorname{tr}(\boldsymbol{A})$ 和 $|\boldsymbol{A}|$.

2. 判断下列矩阵能否对角化,如果能对角化,求一个可逆矩阵,将其对角化.

$$\boldsymbol{A}=\begin{pmatrix}2&-1&2\\5&-3&3\\-1&0&2\end{pmatrix},\boldsymbol{B}=\begin{pmatrix}3&2&4\\2&0&2\\4&2&3\end{pmatrix}.$$

3. 设 $\boldsymbol{A}=\begin{pmatrix}2&-1\\-1&2\end{pmatrix}$,求 $\boldsymbol{A}^n$.

5.4 实对称矩阵的相似对角化

在 5.3 节讨论了一般矩阵的对角化问题,本节讨论实对称矩阵的对角化问题. 首先讨论实对称矩阵的特征值与特征向量的一些特殊性质,然后给出用正交矩阵将实对称矩阵对角化的方法.

5.4.1 实对称矩阵的特征值与特征向量的性质

定理 5.9 实对称矩阵的特征值都是实数.

证 设复数 λ 是 n 阶实对称矩阵 $\boldsymbol{A}$ 的任意一个特征值,$\boldsymbol{\alpha}=(a_1,a_2,\cdots,a_n)^{\mathrm{T}}$ 是对应的特征向量,即 $\boldsymbol{A\alpha}=\lambda\boldsymbol{\alpha}$.

用 $\bar{\lambda}$ 表示 λ 的共轭复数,$\bar{\boldsymbol{\alpha}}$ 表示 $\boldsymbol{\alpha}$ 的共轭复向量,而 $\boldsymbol{A}$ 为实对称矩阵,有 $\boldsymbol{A}=\bar{\boldsymbol{A}}$,故

$$\boldsymbol{A}\bar{\boldsymbol{\alpha}}=(\overline{\boldsymbol{A\alpha}})=(\overline{\lambda\boldsymbol{\alpha}})=\bar{\lambda}\bar{\boldsymbol{\alpha}}.$$

由于 $\boldsymbol{A}^{\mathrm{T}}=\boldsymbol{A}$,对上式两端取转置,得

$$\overline{\boldsymbol{\alpha}}^{\mathrm{T}}\boldsymbol{A}=\overline{\lambda}\ \overline{\boldsymbol{\alpha}}^{\mathrm{T}}.$$

两边右乘 $\boldsymbol{\alpha}$,得

$$\overline{\boldsymbol{\alpha}}^{\mathrm{T}}\boldsymbol{A}\boldsymbol{\alpha}=\overline{\lambda}\ \overline{\boldsymbol{\alpha}}^{\mathrm{T}}\boldsymbol{\alpha},$$

即

$$\lambda\,\overline{\boldsymbol{\alpha}}^{\mathrm{T}}\boldsymbol{\alpha}=\overline{\lambda}\ \overline{\boldsymbol{\alpha}}^{\mathrm{T}}\boldsymbol{\alpha}.$$

因为 $\boldsymbol{\alpha}$ 为非零向量,所以 $\overline{\boldsymbol{\alpha}}^{\mathrm{T}}\boldsymbol{\alpha}\neq 0$,故有 $\lambda=\overline{\lambda}$,即 λ 为一实数.

注意:一般实矩阵的特征值虽然有 n 个,但不一定都是实数. 例如,$\boldsymbol{A}=\begin{pmatrix}1 & 1\\ -1 & 0\end{pmatrix}$,其特征值为 $\lambda_1=\frac{1}{2}+\frac{\sqrt{3}}{2}\mathrm{i}$,$\lambda_1=\frac{1}{2}-\frac{\sqrt{3}}{2}\mathrm{i}$ 均为复数;而定理 5.9 说明实对称矩阵的特征值全为实数;又当特征方程组的系数都是实数时,它的解也都是实数,所以实对称矩阵的特征向量都可以取为实向量.

定理 5.10　实对称矩阵的相异特征值所对应的特征向量必定正交.

证　设 $\boldsymbol{\alpha}_1$ 和 $\boldsymbol{\alpha}_2$ 分别是实对称矩阵 $\boldsymbol{A}$ 的相异特征值 $\boldsymbol{\lambda}_1$ 和 $\boldsymbol{\lambda}_2$ 所对应的特征向量,即

$$\boldsymbol{A}\boldsymbol{\alpha}_1=\lambda_1\boldsymbol{\alpha}_1,\boldsymbol{A}\boldsymbol{\alpha}_2=\lambda_2\boldsymbol{\alpha}_2,(\lambda_1\neq\lambda_2).$$

将等式 $\boldsymbol{A}\boldsymbol{\alpha}_1=\lambda_1\boldsymbol{\alpha}_1$ 两端取转置,得

$$\boldsymbol{\alpha}_1^{\mathrm{T}}\boldsymbol{A}^{\mathrm{T}}=\lambda_1\boldsymbol{\alpha}_1^{\mathrm{T}}.$$

两端右乘 $\boldsymbol{\alpha}_2$,得

$$\lambda_2\boldsymbol{\alpha}_1^{\mathrm{T}}\boldsymbol{\alpha}_2=\boldsymbol{\alpha}_1^{\mathrm{T}}\boldsymbol{A}^{\mathrm{T}}\boldsymbol{\alpha}_2=\lambda_1\boldsymbol{\alpha}_1^{\mathrm{T}}\boldsymbol{\alpha}_2.$$

故有 $(\lambda_2-\lambda_1)\boldsymbol{\alpha}_1^{\mathrm{T}}\boldsymbol{\alpha}_2=0$,因为 $\lambda_1\neq\lambda_2$,所以 $\boldsymbol{\alpha}_1^{\mathrm{T}}\boldsymbol{\alpha}_2=0$,即 $\boldsymbol{\alpha}_1$ 和 $\boldsymbol{\alpha}_2$ 正交.

归纳总结

对于一般矩阵而言,相异特征值所对应的特征向量是线性无关的,但不一定是正交的. 定理 5.10 告诉我们,实对称矩阵的相异特征值所对应的特征向量不仅是线性无关的,而且是正交的.

定理 5.11　实对称矩阵 $\boldsymbol{A}$ 的 k 重特征值所对应的线性无关的特征向量恰有 k 个.

【例 5.14】　设 $1,1,-1$ 是三阶实对称矩阵 $\boldsymbol{A}$ 的 3 个特征值,$\boldsymbol{\alpha}_1=(1,1,1)^{\mathrm{T}}$,$\boldsymbol{\alpha}_2=(2,2,1)^{\mathrm{T}}$ 是 $\boldsymbol{A}$ 的属于特征值 1 的特征向量. 求 $\boldsymbol{A}$ 的属于特征值 -1 的特征向量.

解　设 $\boldsymbol{A}$ 的属于特征值 -1 的特征向量为 $\boldsymbol{\alpha}_3=(x_1,x_2,x_3)^{\mathrm{T}}$,由于 $\boldsymbol{A}$ 为实对称矩阵,故 $\boldsymbol{\alpha}_3$ 与 $\boldsymbol{\alpha}_1$ 及 $\boldsymbol{\alpha}_2$ 都正交,即

$$(\boldsymbol{\alpha}_1,\boldsymbol{\alpha}_3)=x_1+x_2+x_3=0,$$
$$(\boldsymbol{\alpha}_2,\boldsymbol{\alpha}_3)=2x_1+2x_2+x_3=0.$$

解上述方程组得 $x_1=1,x_2=-1,x_3=0$.

因此 $\boldsymbol{A}$ 属于特征值 -1 的特征向量为 $\boldsymbol{\alpha}_3=(1,-1,0)^{\mathrm{T}}$.

5.4.2　实对称矩阵的相似对角化方法

定理 5.12　设 $\boldsymbol{A}$ 为 n 阶实对称矩阵,则必有正交阵 $\boldsymbol{P}$,使

$$\boldsymbol{P}^{-1}\boldsymbol{A}\boldsymbol{P}=\boldsymbol{P}^{\mathrm{T}}\boldsymbol{A}\boldsymbol{P}=\boldsymbol{\Lambda},$$

其中,$\boldsymbol{\Lambda}$ 是以 $\boldsymbol{A}$ 的 n 个特征值为对角元的对角阵.

证 设 $\boldsymbol{A}$ 的相异特征值为 $\lambda_1,\lambda_2,\cdots,\lambda_m$,它们的重数依次为 $r_1,r_2,\cdots,r_m$,且 $\sum_{i=1}^{m} r_i = n$.

由定理5.10和定理5.11知,对应于特征值 $\lambda_i(i=1,2,\cdots,m)$,恰有 r_i 个线性无关的特征向量,将它们正交单位化,即得对应于 λ_i 的 r_i 个单位正交的特征向量,以它们为列构成正交矩阵 $\boldsymbol{P}$,则有

$$\boldsymbol{P}^{-1}\boldsymbol{A}\boldsymbol{P}=\boldsymbol{P}^{\mathrm{T}}\boldsymbol{A}\boldsymbol{P}=\boldsymbol{\Lambda},$$

其中对角阵 $\boldsymbol{\Lambda}$ 中主对角线上的元素含 r_i 个 $\lambda_i,i=1,2,\cdots,m$,它们是 $\boldsymbol{A}$ 的特征值.

用正交矩阵将实对称矩阵相似对角化,也称矩阵的正交相似对角化. 由定理5.12可得**将 n 阶实对称矩阵 $\boldsymbol{A}$ 正交相似对角化的步骤**如下:

第一步,求出 $\boldsymbol{A}$ 的全部相异特征值 $\lambda_1,\lambda_2,\cdots,\lambda_m$,它们的重数依次为 $r_1,r_2,\cdots,r_m$ 且 $r_1+r_2+\cdots+r_m=n$.

第二步,对于每一个 r_i 重特征值 λ_i,求方程 $(\boldsymbol{A}-\lambda_i\boldsymbol{E})\boldsymbol{x}=\boldsymbol{0}$ 的基础解系,得 r_i 个线性无关的特征向量

$$\boldsymbol{\alpha}_{i1},\cdots,\boldsymbol{\alpha}_{ir_i},i=1,2,\cdots,m,$$

第三步,利用施密特正交化方法,把对应于每一个 λ_i 的线性无关的特征向量先正交化,再单位化,得到 r_i 个两两正交的单位向量

$$\boldsymbol{\eta}_{i1},\cdots,\boldsymbol{\eta}_{ir_i},\ i=1,2,\cdots,m.$$

它们仍为矩阵 $\boldsymbol{A}$ 的对应于 λ_i 的特征向量. 因为 $r_1+r_2+\cdots+r_m=n$,故可得 n 个两两正交的单位特征向量.

第四步,将上面求得的正交单位向量作为列向量,排成一个 n 阶方阵 $\boldsymbol{P}$,则 $\boldsymbol{P}$ 即为所求的正交矩阵,此时

$$\boldsymbol{P}^{-1}\boldsymbol{A}\boldsymbol{P}=\boldsymbol{P}^{\mathrm{T}}\boldsymbol{A}\boldsymbol{P}=\boldsymbol{\Lambda}$$

为对角阵,$\boldsymbol{\Lambda}$ 中对角元的排列次序与对应于它们的特征向量在 $\boldsymbol{P}$ 中的排列次序一致.

注意:先单位化后正交化得到的向量不一定是单位向量,但先正交化后单位化的向量一定是单位正交向量组. 所以我们总是先正交化后单位化.

【例5.15】 设矩阵

$$\boldsymbol{A}=\begin{pmatrix}0&-1&1\\-1&0&1\\1&1&0\end{pmatrix},$$

求一个正交阵 $\boldsymbol{P}$,使 $\boldsymbol{P}^{-1}\boldsymbol{A}\boldsymbol{P}=\boldsymbol{\Lambda}$ 为对角阵.

解 $\boldsymbol{A}$ 的特征多项式为

$$f(\lambda)=|\boldsymbol{A}-\lambda\boldsymbol{E}|=\begin{vmatrix}-\lambda&-1&1\\-1&-\lambda&1\\1&1&-\lambda\end{vmatrix}=-(\lambda-1)^2(\lambda+2),$$

故 $\boldsymbol{A}$ 的特征值为 $\lambda_1=-2,\lambda_2=\lambda_3=1$.

对 $\lambda_1=-2$,相应的特征方程组 $(\boldsymbol{A}+2\boldsymbol{E})\boldsymbol{x}=\boldsymbol{0}$ 的系数矩阵为

$$\boldsymbol{A}+2\boldsymbol{E}=\begin{pmatrix}2&-1&1\\-1&2&1\\1&1&2\end{pmatrix}\rightarrow\begin{pmatrix}1&0&1\\0&1&1\\0&0&0\end{pmatrix}$$

得基础解系为 $\boldsymbol{\xi}_1=(-1,-1,1)^{\mathrm{T}}$,将 $\boldsymbol{\xi}_1$ 单位化,得 $\boldsymbol{p}_1=\frac{1}{\sqrt{3}}(-1,-1,1)^{\mathrm{T}}$.

对 $\lambda_2=\lambda_3=1$,相应的特征方程组 $(\boldsymbol{A}-\boldsymbol{E})\boldsymbol{x}=0$ 的系数矩阵为

$$\boldsymbol{A}-\boldsymbol{E}=\begin{pmatrix}-1&-1&1\\-1&-1&1\\1&1&-1\end{pmatrix}\to\begin{pmatrix}1&1&-1\\0&0&0\\0&0&0\end{pmatrix}$$

得基础解系为 $\boldsymbol{\xi}_2=(-1,1,0)^{\mathrm{T}}$,$\boldsymbol{\xi}_3=(1,0,1)^{\mathrm{T}}$,将 $\boldsymbol{\xi}_2$,$\boldsymbol{\xi}_3$ 正交化,取

$$\boldsymbol{\eta}_2=\boldsymbol{\xi}_2;$$

$$\boldsymbol{\eta}_3=\boldsymbol{\xi}_3-\frac{(\boldsymbol{\eta}_2,\boldsymbol{\xi}_3)}{(\boldsymbol{\eta}_2,\boldsymbol{\eta}_2)}\boldsymbol{\eta}_2=(1,0,1)^{\mathrm{T}}+\frac{1}{2}(-1,1,0)^{\mathrm{T}}=\frac{1}{2}(1,1,2)^{\mathrm{T}},$$

再将 $\boldsymbol{\eta}_2$,$\boldsymbol{\eta}_3$ 单位化,得

$$\boldsymbol{p}_2=\frac{\boldsymbol{\eta}_2}{\|\boldsymbol{\eta}_2\|}=\frac{1}{\sqrt{2}}(-1,1,0)^{\mathrm{T}},\boldsymbol{p}_3=\frac{\boldsymbol{\eta}_3}{\|\boldsymbol{\eta}_3\|}=\frac{1}{\sqrt{6}}(1,1,2)^{\mathrm{T}}.$$

将 $\boldsymbol{p}_1$,$\boldsymbol{p}_2$,$\boldsymbol{p}_3$ 构成正交矩阵

$$\boldsymbol{P}=(\boldsymbol{p}_1,\boldsymbol{p}_2,\boldsymbol{p}_3)=\begin{pmatrix}-\frac{1}{\sqrt{3}}&-\frac{1}{\sqrt{2}}&\frac{1}{\sqrt{6}}\\-\frac{1}{\sqrt{3}}&\frac{1}{\sqrt{2}}&\frac{1}{\sqrt{6}}\\\frac{1}{\sqrt{3}}&0&-\frac{2}{\sqrt{6}}\end{pmatrix},$$

有 $\boldsymbol{P}^{-1}\boldsymbol{A}\boldsymbol{P}=\boldsymbol{\Lambda}=\begin{pmatrix}-2&&\\&1&\\&&1\end{pmatrix}$.

*5.4.3　矩阵的合同

定义 5.12　设 $\boldsymbol{A}$,$\boldsymbol{B}$ 为两个 n 阶方阵,若有 n 阶可逆矩阵 $\boldsymbol{P}$,使得

$$\boldsymbol{P}^{\mathrm{T}}\boldsymbol{A}\boldsymbol{P}=\boldsymbol{B},$$

则称矩阵 $\boldsymbol{A}$ 与 $\boldsymbol{B}$ **合同**,记为 $\boldsymbol{A}\cong\boldsymbol{B}$.

合同也是矩阵之间的一种关系,它具有以下性质:

(1)自反性:$\boldsymbol{A}\cong\boldsymbol{A}$;

(2)对称性:若 $\boldsymbol{A}\cong\boldsymbol{B}$,则 $\boldsymbol{B}\cong\boldsymbol{A}$;

(3)传递性:若 $\boldsymbol{A}\cong\boldsymbol{B}$,$\boldsymbol{B}\cong\boldsymbol{C}$,则 $\boldsymbol{A}\cong\boldsymbol{C}$.

由合同的定义及性质知:合同的矩阵有相同的秩,即合同的矩阵一定等价,但其逆不成立.例如,$\boldsymbol{A}=\begin{pmatrix}1&0\\0&1\end{pmatrix}$,$\boldsymbol{B}=\begin{pmatrix}1&1\\0&1\end{pmatrix}$显然有 $R(\boldsymbol{A})=R(\boldsymbol{B})=2$,但 $\boldsymbol{A}$ 与 $\boldsymbol{B}$ 不合同.

由本节讨论,可得

定理 5.13　设 $\boldsymbol{A}$ 为实对称矩阵,则 $\boldsymbol{A}$ 一定与对角矩阵合同.

习题 5.4

1. 设三阶对称阵 $\boldsymbol{A}$ 的特征值为 $\lambda_1=6$,$\lambda_2=\lambda_3=3$,与特征值 $\lambda_1=6$ 对应的特征向量为

$\boldsymbol{p}_1=(1,1,1)^{\mathrm{T}}$,求 $\boldsymbol{A}$.

2. 设有矩阵 $\boldsymbol{A}=\begin{pmatrix}1&0&1\\0&1&1\\1&1&2\end{pmatrix}$,

(1)求可逆矩阵 $\boldsymbol{P}$,使 $\boldsymbol{P}^{-1}\boldsymbol{AP}=\boldsymbol{\Lambda}$ 为对角阵;

(2)求正交矩阵 $\boldsymbol{Q}$,使 $\boldsymbol{Q}^{-1}\boldsymbol{AQ}=\boldsymbol{\Lambda}$ 为对角阵.

5.5 二次型的概念

二次型起源于解析几何中化二次曲线、二次曲面为标准形的问题. 在平面解析几何中,以坐标原点为中心的二次有心曲线的一般方程是

$$ax^2+2bxy+cy^2=d, \tag{5.11}$$

式(5.11)左边是 x,y 的二次齐次多项式,称为二元二次型. 为了便于研究曲线的性质,可以选择一个适当的角 θ,通过坐标变换(旋转变换)

$$\begin{cases}x=x'\cos\theta-y'\sin\theta,\\y=x'\sin\theta+y'\cos\theta.\end{cases} \tag{5.12}$$

将式(5.11)化为标准形

$$a'x'^2+c'y'^2=d \tag{5.13}$$

由标准形(5.13)很容易识别曲线的类型,画出曲线的图形. 这种方法也适用于二次曲面的研究. 类似于上述这种把二次方程化为标准形的方法,在多元函数求极值、刚体转动、力学系统的微小振动、数理统计以及测量误差等问题中都有重要应用. 现将式(5.11)左边的两个变量的二次齐次多项式扩充为 n 个变量 $x_1,x_2,\cdots,x_n$ 的二次齐次多项式,并研究对这种多项式,如何像式(5.11)左边那样通过适当的变量变换,将它化为只含平方项的标准形式.

5.5.1 二次型的概念

定义 5.13 含有 n 个变量 $x_1,x_2,\cdots,x_n$ 的二次齐次多项式

$$\begin{aligned}f(x_1,x_2,\cdots,x_n)=&a_{11}x_1^2+2a_{12}x_1x_2+\cdots+2a_{1n}x_1x_n+a_{22}x_2^2+2a_{23}x_2x_3+\cdots+\\&2a_{2n}x_2x_n+a_{33}x_3^2+\cdots+2a_{3n}x_3x_n+\cdots+a_{nn}x_n^2\end{aligned} \tag{5.14}$$

称为 n **元二次型**,简称**二次型**.

当 a_{ij}都是实数时,称式(5.14)为实二次型;当 a_{ij}都是复数时,称式(5.14)为复二次型. 我们只研究实二次型.

定义 5.14 若二次型只含平方项,即形如

$$f=\lambda_1y_1^2+\lambda_2y_2^2+\cdots+\lambda_ny_n^2,$$

则称其为**标准形**.

5.5.2 二次型的矩阵表示法

为了方便,通常将二次型表示成矩阵乘积形式.

取 $a_{ij}=a_{ji}$,则 $2a_{ij}x_ix_j=a_{ij}x_ix_j+a_{ji}x_jx_i$,于是,二次型(5.14)可改写为

$$\begin{aligned}f(x_1,x_2,\cdots,x_n) &= a_{11}x_1^2+a_{12}x_1x_2+\cdots+a_{1n}x_1x_n+a_{21}x_2x_1+a_{22}x_2^2+\cdots+\\&\quad a_{2n}x_2x_n+\cdots+a_{n1}x_nx_1+a_{n2}x_nx_2+\cdots+a_{nn}x_n^2\\&= x_1(a_{11}x_1+a_{12}x_2+\cdots+a_{1n}x_n)+x_2(a_{21}x_1+a_{22}x_2+\cdots+a_{2n}x_n)+\cdots+\\&\quad x_n(a_{n1}x_1+a_{n2}x_2+\cdots+a_{nn}x_n)\\&= (x_1,x_2,\cdots,x_n)\begin{pmatrix}a_{11}&a_{12}&\cdots&a_{1n}\\a_{21}&a_{22}&\cdots&a_{2n}\\\vdots&\vdots&&\vdots\\a_{n1}&a_{n2}&\cdots&a_{nn}\end{pmatrix}\begin{pmatrix}x_1\\x_2\\\vdots\\x_n\end{pmatrix}\\&= \boldsymbol{x}^{\mathrm T}\boldsymbol{A}\boldsymbol{x},\end{aligned}\tag{5.15}$$

其中

$$\boldsymbol{A}=\begin{pmatrix}a_{11}&a_{12}&\cdots&a_{1n}\\a_{21}&a_{22}&\cdots&a_{2n}\\\vdots&\vdots&&\vdots\\a_{n1}&a_{n2}&\cdots&a_{nn}\end{pmatrix},\boldsymbol{x}=\begin{pmatrix}x_1\\x_2\\\vdots\\x_n\end{pmatrix}.$$

称式(5.15)为二次型 f 的矩阵表示式,矩阵 $\boldsymbol{A}$ 称为二次型 f 的矩阵. 由于 $a_{ij}=a_{ji}$,故 $\boldsymbol{A}$ 是对称矩阵.

【例 5.16】 写出二次型

$$f(x_1,x_2,x_3)=x_1^2+x_2^2+2x_3^2+2x_1x_3+2x_2x_3$$

的矩阵及矩阵表示式.

解 令 $\boldsymbol{A}=\begin{pmatrix}1&0&1\\0&1&1\\1&1&2\end{pmatrix}$,则 $f(x_1,x_2,x_3)=(x_1,x_2,x_3)\begin{pmatrix}1&0&1\\0&1&1\\1&1&2\end{pmatrix}\begin{pmatrix}x_1\\x_2\\x_3\end{pmatrix}$.

注意:一个二次型 f 与它的矩阵 $\boldsymbol{A}$($\boldsymbol{A}$ 为对称矩阵)是一一对应的.

定义 5.15 设二次型 $f(x_1,x_2,\cdots,x_n)=\boldsymbol{x}^{\mathrm T}\boldsymbol{A}\boldsymbol{x}$,称对称矩阵 $\boldsymbol{A}$ 的秩为二次型 f 的秩.

【例 5.17】 求【例 5.16】中二次型 f 的秩.

解 因为

$$\boldsymbol{A}=\begin{pmatrix}1&0&1\\0&1&1\\1&1&2\end{pmatrix}\rightarrow\begin{pmatrix}1&0&1\\0&1&1\\0&0&0\end{pmatrix},$$

所以 $R(\boldsymbol{A})=2$,二次型 f 的秩为 2.

5.5.3 二次型经可逆线性变换后的矩阵

对二次型

$$f(x_1,x_2,\cdots,x_n)=\boldsymbol{x}^{\mathrm T}\boldsymbol{A}\boldsymbol{x}\tag{5.16}$$

作可逆线性变换,得

$$\boldsymbol{x}=\boldsymbol{C}\boldsymbol{y},\tag{5.17}$$

其中

$$C=\begin{pmatrix} c_{11} & c_{12} & \cdots & c_{1n} \\ c_{21} & c_{22} & \cdots & c_{2n} \\ \vdots & \vdots & & \vdots \\ c_{n1} & c_{n2} & \cdots & c_{nn} \end{pmatrix}, x=\begin{pmatrix} x_1 \\ x_2 \\ \vdots \\ x_n \end{pmatrix}, y=\begin{pmatrix} y_1 \\ y_2 \\ \vdots \\ y_n \end{pmatrix}.$$

$\boldsymbol{C}$ 为可逆矩阵,将式(5.17)代入式(5.16),得

$$f(x_1,x_2,\cdots,x_n)=\boldsymbol{x}^{\mathrm{T}}\boldsymbol{A}\boldsymbol{x}=(\boldsymbol{C}\boldsymbol{y})^{\mathrm{T}}\boldsymbol{A}(\boldsymbol{C}\boldsymbol{y})=\boldsymbol{y}^{\mathrm{T}}(\boldsymbol{C}^{\mathrm{T}}\boldsymbol{A}\boldsymbol{C})\boldsymbol{y}.$$

记 $\boldsymbol{B}=\boldsymbol{C}^{\mathrm{T}}\boldsymbol{A}\boldsymbol{C}$,则 $\boldsymbol{B}^{\mathrm{T}}=\boldsymbol{B}$,从而 $\boldsymbol{y}^{\mathrm{T}}\boldsymbol{B}\boldsymbol{y}$ 也是二次型. 由 $\boldsymbol{B}=\boldsymbol{C}^{\mathrm{T}}\boldsymbol{A}\boldsymbol{C}$ 知,$\boldsymbol{A}$ 与 $\boldsymbol{B}$ 合同,且 $R(\boldsymbol{A})=R(\boldsymbol{B})$.

定理 5.14 二次型 $f=\boldsymbol{x}^{\mathrm{T}}\boldsymbol{A}\boldsymbol{x}$ 经可逆线性变换 $\boldsymbol{x}=\boldsymbol{C}\boldsymbol{y}$ 后,变成新变元的二次型 $f=\boldsymbol{y}^{\mathrm{T}}\boldsymbol{B}\boldsymbol{y}$,其矩阵 $\boldsymbol{B}=\boldsymbol{C}^{\mathrm{T}}\boldsymbol{A}\boldsymbol{C}$,且 $R(\boldsymbol{A})=R(\boldsymbol{B})$.

习题 5.5

写出下列二次型的矩阵.

(1) $f(x_1,x_2,x_3)=-2x_1^2+5x_3^2-4x_1x_2+2x_2x_3$;

(2) $f(x_1,x_2,x_3)=4x_1x_2-2x_2x_3$.

5.6 化二次型为标准形的方法

由定理 5.14 知,可逆线性变换不改变二次型的秩. 要使二次型 $f=\boldsymbol{x}^{\mathrm{T}}\boldsymbol{A}\boldsymbol{x}$ 经可逆线性变换 $\boldsymbol{x}=\boldsymbol{C}\boldsymbol{y}$ 化为标准形,就是使 $\boldsymbol{B}=\boldsymbol{C}^{\mathrm{T}}\boldsymbol{A}\boldsymbol{C}$ 为对角矩阵. 因此,化二次型为标准形的问题的实质是:对于对称阵 $\boldsymbol{A}$,怎样寻求一个可逆矩阵 $\boldsymbol{C}$ 使 $\boldsymbol{C}^{\mathrm{T}}\boldsymbol{A}\boldsymbol{C}$ 为对角矩阵,也就是使 $\boldsymbol{A}$ 合同于一个对角矩阵的问题.

5.6.1 用正交变换把二次型化为标准形

由定理 5.12 知,对实对称矩阵 $\boldsymbol{A}$,总有正交矩阵 $\boldsymbol{P}$,使 $\boldsymbol{P}^{-1}\boldsymbol{A}\boldsymbol{P}=\boldsymbol{P}^{\mathrm{T}}\boldsymbol{A}\boldsymbol{P}=\boldsymbol{\Lambda}$ 为对角阵. 将此结论用于二次型,有

定理 5.15 任给二次型 $f=\boldsymbol{x}^{\mathrm{T}}\boldsymbol{A}\boldsymbol{x}$,总有正交变换 $\boldsymbol{x}=\boldsymbol{P}\boldsymbol{y}$,将 $f=\boldsymbol{x}^{\mathrm{T}}\boldsymbol{A}\boldsymbol{x}$ 化为标准形

$$\begin{aligned} f&=\boldsymbol{x}^{\mathrm{T}}\boldsymbol{A}\boldsymbol{x}=(\boldsymbol{P}\boldsymbol{y})^{\mathrm{T}}\boldsymbol{A}(\boldsymbol{P}\boldsymbol{y})=\boldsymbol{y}^{\mathrm{T}}(\boldsymbol{P}^{\mathrm{T}}\boldsymbol{A}\boldsymbol{P})\boldsymbol{y}=\boldsymbol{y}^{\mathrm{T}}\boldsymbol{\Lambda}\boldsymbol{y} \\ &=\lambda_1y_1^2+\lambda_2y_2^2+\cdots+\lambda_ny_n^2. \end{aligned}$$

其中 $\boldsymbol{\Lambda}=\mathrm{diag}(\lambda_1,\lambda_2,\cdots,\lambda_n)$,且 $\lambda_1,\lambda_2,\cdots,\lambda_n$ 是二次型的矩阵 $\boldsymbol{A}$ 的全部特征值.

将二次型 $f=\boldsymbol{x}^{\mathrm{T}}\boldsymbol{A}\boldsymbol{x}$ 用正交变换化为标准形的一般步骤如下:

第一步,写出二次型的矩阵 $\boldsymbol{A}$,并求出 $\boldsymbol{A}$ 的全部特征值;

第二步,重复 5.4 节中将实对称矩阵 $\boldsymbol{A}$ 相似对角化的第二步、第三步、第四步,求得正交矩阵 $\boldsymbol{P}$,且 $\boldsymbol{P}^{-1}\boldsymbol{A}\boldsymbol{P}=\boldsymbol{P}^{\mathrm{T}}\boldsymbol{A}\boldsymbol{P}=\boldsymbol{\Lambda}$ 为对角阵.

第三步,作正交变换 $\boldsymbol{x}=\boldsymbol{P}\boldsymbol{y}$,即可将二次型化为标准形

$$f=\boldsymbol{x}^{\mathrm{T}}\boldsymbol{A}\boldsymbol{x}=\lambda_1y_1^2+\lambda_2y_2^2+\cdots+\lambda_ny_n^2.$$

【例 5.18】 求一个正交变换 $\boldsymbol{x}=\boldsymbol{P}\boldsymbol{y}$,把二次型

$$f(x_1,x_2,x_3)=-2x_1x_2+2x_1x_3+2x_2x_3$$

化为标准形.

解　二次型的矩阵为

$$A=\begin{pmatrix}0&-1&1\\-1&0&1\\1&1&0\end{pmatrix},$$

这与【例 5.15】中所给的矩阵相同. 利用【例 5.15】的结果,有正交阵

$$P=\begin{pmatrix}-\frac{1}{\sqrt{3}}&-\frac{1}{\sqrt{2}}&\frac{1}{\sqrt{6}}\\-\frac{1}{\sqrt{3}}&\frac{1}{\sqrt{2}}&\frac{1}{\sqrt{6}}\\\frac{1}{\sqrt{3}}&0&-\frac{2}{\sqrt{6}}\end{pmatrix},$$

使得

$$P^{\mathrm{T}}AP=\Lambda=\begin{pmatrix}-2&&\\&1&\\&&1\end{pmatrix}.$$

于是有正交变换

$$\begin{pmatrix}x_1\\x_2\\\vdots\\x_n\end{pmatrix}=\begin{pmatrix}-\frac{1}{\sqrt{3}}&-\frac{1}{\sqrt{2}}&\frac{1}{\sqrt{6}}\\-\frac{1}{\sqrt{3}}&\frac{1}{\sqrt{2}}&\frac{1}{\sqrt{6}}\\\frac{1}{\sqrt{3}}&0&-\frac{2}{\sqrt{6}}\end{pmatrix}\begin{pmatrix}y_1\\y_2\\\vdots\\y_n\end{pmatrix}$$

把二次型化为标准形

$$f(x_1,x_2,x_3)=-2y_1^2+y_2^2+y_3^2.$$

【例 5.19】　用正交变换将二次型

$$f(x_1,x_2,x_3)=x_1^2+x_2^2-x_3^2+2x_1x_2+2x_1x_3-2x_2x_3$$

化为标准形.

解　二次型的矩阵为

$$A=\begin{pmatrix}1&1&1\\1&1&-1\\1&-1&-1\end{pmatrix},$$

由

$$f(\lambda)=|A-\lambda E|=\begin{vmatrix}1-\lambda&1&1\\1&1-\lambda&-1\\1&-1&-1-\lambda\end{vmatrix}=-(\lambda-1)(\lambda-2)(\lambda+2),$$

得 A 的特征值为 $\lambda_1=-2,\lambda_2=1,\lambda_3=2$.

对 $\lambda_1=-2$,求得特征向量 $\xi_1=(-1,1,2)^{\mathrm{T}}$,单位化得 $p_1=\left(-\frac{1}{\sqrt{6}},\frac{1}{\sqrt{6}},\frac{2}{\sqrt{6}}\right)^{\mathrm{T}}$;对 $\lambda_2=1$,求

得特征向量 $\boldsymbol{\xi}_2=(1,-1,1)^{\mathrm{T}}$，单位化得 $\boldsymbol{p}_2=\left(\frac{1}{\sqrt{3}},-\frac{1}{\sqrt{3}},\frac{1}{\sqrt{3}}\right)^{\mathrm{T}}$；对 $\lambda_3=2$，求得特征向量 $\boldsymbol{\xi}_1=(1,1,0)^{\mathrm{T}}$，单位化得 $\boldsymbol{p}_3=\left(\frac{1}{\sqrt{2}},\frac{1}{\sqrt{2}},0\right)^{\mathrm{T}}$. 因为特征值互异，故 $\boldsymbol{p}_1,\boldsymbol{p}_2,\boldsymbol{p}_3$ 两两正交. 令

$$\boldsymbol{P}=(\boldsymbol{p}_1,\boldsymbol{p}_2,\boldsymbol{p}_3)=\begin{pmatrix}-\frac{1}{\sqrt{6}} & \frac{1}{\sqrt{3}} & \frac{1}{\sqrt{2}}\\ \frac{1}{\sqrt{6}} & -\frac{1}{\sqrt{3}} & \frac{1}{\sqrt{2}}\\ \frac{2}{\sqrt{6}} & \frac{1}{\sqrt{3}} & 0\end{pmatrix},$$

则 $\boldsymbol{P}$ 为正交矩阵，且 $\boldsymbol{P}^{\mathrm{T}}\boldsymbol{A}\boldsymbol{P}=\boldsymbol{\Lambda}=\begin{pmatrix}-2 & & \\ & 1 & \\ & & 2\end{pmatrix}$，即有正交变换

$$\begin{pmatrix}x_1\\x_2\\\vdots\\x_n\end{pmatrix}=\begin{pmatrix}-\frac{1}{\sqrt{6}} & \frac{1}{\sqrt{3}} & \frac{1}{\sqrt{2}}\\ \frac{1}{\sqrt{6}} & -\frac{1}{\sqrt{3}} & \frac{1}{\sqrt{2}}\\ \frac{2}{\sqrt{6}} & \frac{1}{\sqrt{3}} & 0\end{pmatrix}\begin{pmatrix}y_1\\y_2\\\vdots\\y_n\end{pmatrix},$$

将二次型化为 $f(x_1,x_2,x_3)=-2y_1^2+y_2^2+2y_3^2$.

5.6.2 用配方法将二次型化为标准形

用正交变换化二次型为标准形，具有保持几何形状不变的优点，但是计算较麻烦. 下面介绍拉格朗日配方法，就不用计算矩阵 $\boldsymbol{A}$ 的特征值和特征向量了.

①若二次型含有 x_i 的平方项，则先把含有 x_i 的乘积项集中，然后配方，再对其余的变量同样操作，直到都配成平方项为止.

②二次型中不含有平方项，但是 $a_{ij}\neq 0(i\neq j)$，则先作可逆线性变换

$$\begin{cases}x_i=y_i-y_j,\\x_j=y_i+y_j,\\x_k=y_k.\end{cases}$$

化二次型为含有平方项的二次型，然后再按①中的方法配方.

【例 5.20】 用拉格朗日配方法将【例 5.19】中的二次型化为标准形，并写出相应的可逆线性变换.

解 先集中含有 x_1 的项，将 x_1 配成完全平方，再集中含有 x_2 的项，将 x_2 配成完全平方，如此下去，得

$$\begin{aligned}f(x_1,x_2,x_3)&=x_1^2+x_2^2-x_3^2+2x_1x_2+2x_1x_3-2x_2x_3\\&=(x_1^2+2x_1x_2+2x_1x_3)+x_2^2-x_3^2-2x_2x_3\\&=(x_1+x_2+x_3)^2-2x_3^2-4x_2x_3\\&=(x_1+x_2+x_3)^2-2(x_2+x_3)^2+2x_2^2.\end{aligned}$$

令

$$\begin{cases} y_1 = x_1 + x_2 + x_3, \\ y_2 = x_2 + x_3, \\ y_3 = x_2. \end{cases} \text{或} \begin{cases} x_1 = y_1 - y_2, \\ x_2 = y_3, \\ x_3 = y_2 - y_3. \end{cases}$$

即取

$$\boldsymbol{C} = \begin{pmatrix} 1 & -1 & 0 \\ 0 & 0 & 1 \\ 0 & 1 & -1 \end{pmatrix},$$

显然 $\boldsymbol{C}$ 为可逆阵,故 $\boldsymbol{x} = \boldsymbol{C}\boldsymbol{y}$ 为可逆线性变换,所求二次型的标准形为

$$f(x_1, x_2, x_3) = y_1^2 - 2y_2^2 + 2y_3^2.$$

【例 5.21】 将二次型 $f(x_1, x_2, x_3) = -2x_1x_2 + 2x_1x_3 + 2x_2x_3$ 化为标准形. 并写出相应的可逆线性变换.

解 因为 f 中不含平方项,故先作可逆线性变换

$$\begin{cases} x_1 = y_1 - y_2, \\ x_2 = y_1 + y_2, \\ x_3 = y_3. \end{cases} \tag{5.18}$$

即取

$$\boldsymbol{C}_1 = \begin{pmatrix} 1 & -1 & 0 \\ 1 & 1 & 0 \\ 0 & 0 & 1 \end{pmatrix},$$

因为 $\boldsymbol{C}_1$ 可逆,故 $\boldsymbol{x} = \boldsymbol{C}_1\boldsymbol{y}$ 为可逆线性变换,得

$$\begin{aligned} f(x_1, x_2, x_3) &= -2(y_1 - y_2)(y_1 + y_2) + 2(y_1 - y_2)y_3 + 2(y_1 + y_2)y_3 \\ &= -2y_1^2 + 2y_2^2 + 4y_1y_3 \\ &= (-2y_1^2 + 4y_1y_3) + 2y_2^2 \\ &= -2(y_1 - y_3)^2 + 2y_2^2 + 2y_3^2. \end{aligned}$$

令

$$\begin{cases} z_1 = y_1 - y_3, \\ z_2 = y_2, \\ z_3 = y_3. \end{cases} \text{或} \begin{cases} y_1 = z_1 + z_2, \\ y_2 = z_2, \\ y_3 = z_3. \end{cases} \tag{5.19}$$

即取

$$\boldsymbol{C}_2 = \begin{pmatrix} 1 & 0 & 1 \\ 0 & 1 & 0 \\ 0 & 0 & 1 \end{pmatrix}.$$

显然 $\boldsymbol{C}_2$ 可逆,故 $\boldsymbol{y} = \boldsymbol{C}_2\boldsymbol{z}$ 为可逆线性变换,因此得到二次型的标准形为

$$f(x_1, x_2, x_3) = -2z_1^2 + 2z_2^2 + 2z_3^2.$$

将式(5.19)代入式(5.18)得所用的线性变换为

$$\begin{cases} x_1 = z_1 - z_2 + z_3, \\ x_2 = z_1 + z_2 + z_3, \\ x_3 = z_3. \end{cases} \tag{5.20}$$

式(5.20)记为 $\boldsymbol{x}=\boldsymbol{C}_1\boldsymbol{y}=\boldsymbol{C}_1\boldsymbol{C}_2\boldsymbol{z}=\boldsymbol{C}\boldsymbol{z}$,其中 $\boldsymbol{C}=\boldsymbol{C}_1\boldsymbol{C}_2=\begin{pmatrix}1&-1&1\\1&1&1\\0&0&1\end{pmatrix}$.

5.6.3 用初等变换法化二次型为标准形

若经可逆线性变换 $\boldsymbol{x}=\boldsymbol{C}\boldsymbol{y}$ 把二次型化为标准形,则原二次型的矩阵 $\boldsymbol{A}$ 就化为对角矩阵,即

$$\boldsymbol{C}^{\mathrm{T}}\boldsymbol{A}\boldsymbol{C}=\boldsymbol{\Lambda}=\begin{pmatrix}b_1&&&&&&\\&b_2&&&&&\\&&\ddots&&&&\\&&&b_r&&&\\&&&&0&&\\&&&&&\ddots&\\&&&&&&0\end{pmatrix}.$$

由 $\boldsymbol{C}$ 可逆知,存在初等矩阵 $\boldsymbol{P}_1,\boldsymbol{P}_2,\cdots,\boldsymbol{P}_m$,使

$$\boldsymbol{C}=\boldsymbol{P}_1\boldsymbol{P}_2\cdots\boldsymbol{P}_m,\boldsymbol{C}^{\mathrm{T}}=\boldsymbol{P}_m^{\mathrm{T}}\cdots\boldsymbol{P}_2^{\mathrm{T}}\boldsymbol{P}_1^{\mathrm{T}},$$

于是有

$$\begin{cases}\boldsymbol{C}^{\mathrm{T}}\boldsymbol{A}\boldsymbol{C}=\boldsymbol{P}_m^{\mathrm{T}}\cdots\boldsymbol{P}_2^{\mathrm{T}}\boldsymbol{P}_1^{\mathrm{T}}\boldsymbol{A}\boldsymbol{P}_1\boldsymbol{P}_2\cdots\boldsymbol{P}_m,\\\boldsymbol{C}=\boldsymbol{E}\boldsymbol{P}_1\boldsymbol{P}_2\cdots\boldsymbol{P}_m.\end{cases}$$

因为初等矩阵的转置为同类型的初等矩阵,故上式说明当对 $\boldsymbol{A}$ 施行同样的初等行、列变换把 $\boldsymbol{A}$ 化成对角矩阵时,只用其中的初等列变换就可将单位矩阵 $\boldsymbol{E}$ 化成 $\boldsymbol{C}$,即

$$\begin{pmatrix}\boldsymbol{A}\\\cdots\\\boldsymbol{E}\end{pmatrix}\xrightarrow[\text{只对 }E\text{ 施行其中的初等列变换}]{\text{对 }A\text{ 施行同样的初等行、列变换}}\begin{pmatrix}\boldsymbol{C}^{\mathrm{T}}\boldsymbol{A}\boldsymbol{C}\\\cdots\\\boldsymbol{C}\end{pmatrix}.$$

用这种初等变换方法化二次型为标准形,可同时求出可逆线性变换的系数矩阵 $\boldsymbol{C}$.

【例 5.22】 用初等变换法化【例 5.19】中的二次型为标准形,并写出相应的可逆线性变换.

解 二次型的矩阵为

$$\boldsymbol{A}=\begin{pmatrix}1&1&1\\1&1&-1\\1&-1&-1\end{pmatrix}.$$

构成矩阵 $\begin{pmatrix}\boldsymbol{A}\\\cdots\\\boldsymbol{E}\end{pmatrix}$,并进行相同的初等行、列变换,将 $\boldsymbol{A}$ 化成对角阵.

$$\begin{pmatrix} A \\ \cdots \\ E \end{pmatrix} = \begin{pmatrix} 1 & 1 & 1 \\ 1 & 1 & -1 \\ 1 & -1 & -1 \\ \hdashline 1 & 0 & 0 \\ 0 & 1 & 0 \\ 0 & 0 & 1 \end{pmatrix} \xrightarrow[r_3 - r_1]{r_2 - r_1} \begin{pmatrix} 1 & 1 & 1 \\ 0 & 0 & -2 \\ 0 & -2 & -2 \\ \hdashline 1 & 0 & 0 \\ 0 & 1 & 0 \\ 0 & 0 & 1 \end{pmatrix}$$

$$\xrightarrow[c_3 - c_1]{c_2 - c_1} \begin{pmatrix} 1 & 0 & 0 \\ 0 & 0 & -2 \\ 0 & -2 & -2 \\ \hdashline 1 & -1 & -1 \\ 0 & 1 & 0 \\ 0 & 0 & 1 \end{pmatrix} \xrightarrow{r_2 - r_3} \begin{pmatrix} 1 & 0 & 0 \\ 0 & 2 & 0 \\ 0 & -2 & -2 \\ \hdashline 1 & -1 & -1 \\ 0 & 1 & 0 \\ 0 & 0 & 1 \end{pmatrix} \xrightarrow{c_2 - c_3} \begin{pmatrix} 1 & 0 & 0 \\ 0 & 2 & 0 \\ 0 & 0 & -2 \\ \hdashline 1 & 0 & -1 \\ 0 & 1 & 0 \\ 0 & -1 & 1 \end{pmatrix},$$

所以

$$\boldsymbol{C} = \begin{pmatrix} 1 & 0 & -1 \\ 0 & 1 & 0 \\ 0 & -1 & 1 \end{pmatrix} \text{且 } \boldsymbol{C}^{\mathrm{T}}\boldsymbol{A}\boldsymbol{C} = \begin{pmatrix} 1 & & \\ & 2 & \\ & & -2 \end{pmatrix}.$$

显然 $\boldsymbol{C}$ 可逆,作可逆线性变换 $\boldsymbol{x} = \boldsymbol{C}\boldsymbol{y}$,即

$$\begin{cases} x_1 = y_1 - y_3, \\ x_2 = y_2, \\ x_3 = -2y_2 + y_3. \end{cases}$$

将其代入二次型 f,即得 f 的标准形

$$f = y_1^2 + 2y_2^2 - 2y_3^2.$$

习题 5.6

1. 求一个正交变换把二次型 $f = 2x_1^2 + 3x_2^2 + 3x_3^2 + 4x_2x_3$ 化成标准形.

2. 用配方法化下列二次型为标准形,并写出所用变换的矩阵.

(1) $f(x_1, x_2, x_3) = x_1^2 + 2x_2^2 + 5x_3^2 + 2x_1x_2 + 2x_1x_3 + 6x_2x_3$;

(2) $f(x_1, x_2, x_3) = 2x_1x_2 + 2x_1x_3 - 6x_2x_3$.

5.7　惯性定理与正定二次型

从二次型化标准形的多种计算方法中,可以看出一个二次型的标准形不是唯一的,但是标准形中所含平方项的个数是相同的,就是二次型的秩. 不仅如此,在限定线性变换为实可逆变换时,标准形中正系数的个数是不变的,从而负系数的个数也不变. 于是引出下面的惯性定理.

5.7.1　惯性定理

定理 5.16　设有二次型 $f = \boldsymbol{x}^{\mathrm{T}}\boldsymbol{A}\boldsymbol{x}$,它的秩为 r,有两个实可逆线性变换

$$\boldsymbol{x}=\boldsymbol{C}\boldsymbol{y} \text{ 及 } \boldsymbol{x}=\boldsymbol{P}\boldsymbol{z}$$

使

$$f=k_1y_1^2+k_2y_2^2+\cdots+k_ry_r^2\ (k_i\neq 0)$$

及

$$f=\lambda_1z_1^2+\lambda_2z_2^2+\cdots+\lambda_rz_r^2\ (\lambda_i\neq 0),$$

则 $k_1,k_2,\cdots,k_r$ 中正数的个数与 $\lambda_1,\lambda_2,\cdots,\lambda_r$ 中正数的个数相等.

这个定理称为**惯性定理**,这里不予证明.

二次型的标准形中正系数的个数称为二次型的**正惯性指数**,负系数的个数称为**负惯性指数**.

在科学技术上,用得较多的二次型是正惯性指数为 n 或负惯性指数为 n 的 n 元二次型,于是有了下面的定义.

5.7.2 二次型的分类

定义 5.16 设有二次型 $f(\boldsymbol{x})=\boldsymbol{x}^{\mathrm{T}}\boldsymbol{A}\boldsymbol{x}$,如果对任何 $\boldsymbol{x}\neq\boldsymbol{0}$,都有 $f(\boldsymbol{x})>0$[显然 $f(\boldsymbol{0})=\boldsymbol{0}$],则称 f 为**正定二次型**,并称对称阵 $\boldsymbol{A}$ 是正定的;如果对任何 $\boldsymbol{x}\neq\boldsymbol{0}$ 都有 $f(\boldsymbol{x})<0$,则称 f 为**负定二次型**,并称对称阵 $\boldsymbol{A}$ 是负定的;如果 $f(\boldsymbol{x})$ 既有大于零,也有小于零及等于零的值,则称 f 为**不定二次型**,并称对称阵 $\boldsymbol{A}$ 是不定矩阵.

【例 5.23】 用定义 5.16 判定下列二次型是正定、负定及不定性.

(1) $f(x_1,x_2,x_3)=3x_1^2+4x_2^2+x_3^2$;

(2) $f(x_1,x_2,x_3)=-2x_1^2-x_2^2-3x_3^2$;

(3) $f(x_1,x_2,x_3,x_4)=x_1^2-2x_2^2+6x_3^2+3x_4^2$.

解 (1) f 是系数全为正数的标准二次型,故对任意非零向量 $(c_1,c_2,c_3)^{\mathrm{T}}$,恒有 $f(c_1,c_2,c_3)>0$,因此,$f(x_1,x_2,x_3)=3x_1^2+4x_2^2+x_3^2$ 是正定二次型.

(2) f 是系数全为负数的标准二次型,故对任意非零向量 $(c_1,c_2,c_3)^{\mathrm{T}}$,恒有 $f(c_1,c_2,c_3)<0$,因此,$f(x_1,x_2,x_3)=-2x_1^2-x_2^2-3x_3^2$ 是负定二次型.

(3) 取向量 $(1,0,0,0)^{\mathrm{T}}$,有 $f(1,0,0,0)=1>0$;再取向量 $(0,1,0,0)^{\mathrm{T}}$,有 $f(0,1,0,0)=-2<0$,故 $f(x_1,x_2,x_3,x_4)=x_1^2-2x_2^2+6x_3^2+3x_4^2$ 是不定二次型.

利用定义只能对一些较简单的二次型进行判定,下面介绍几种用于判定二次型是正定的方法.

5.7.3 二次型的判定方法

定理 5.17 n 元二次型 $f(\boldsymbol{x})=\boldsymbol{x}^{\mathrm{T}}\boldsymbol{A}\boldsymbol{x}$ 为正定(或对称阵 $\boldsymbol{A}$ 为正定阵)的充要条件是:它的标准形的 n 个系数全为正,亦即它的正惯性指数等于 n.

证 设可逆变换 $\boldsymbol{x}=\boldsymbol{C}\boldsymbol{y}$ 使

$$f(\boldsymbol{x})=\boldsymbol{x}^{\mathrm{T}}\boldsymbol{A}\boldsymbol{x}=\lambda_1y_1^2+\lambda_2y_2^2+\cdots+\lambda_ny_n^2.$$

先证充分性. 设 $\lambda_i>0\ (i=1,2,\cdots,n)$. 任给 $\boldsymbol{x}\neq\boldsymbol{0}$,则 $\boldsymbol{y}=\boldsymbol{C}^{-1}\boldsymbol{x}\neq\boldsymbol{0}$,故

$$f(\boldsymbol{x})=\lambda_1y_1^2+\lambda_2y_2^2+\cdots+\lambda_ny_n^2>0.$$

再证必要性. 用反证法. 假设有 $\lambda_s\leqslant 0$,则当 $y=e_s$(单位坐标向量)时,$\boldsymbol{f}(\boldsymbol{x})=\boldsymbol{f}(\boldsymbol{C}\boldsymbol{y})=$

$f(Ce_s)=\lambda_s\leqslant 0$,显然 $Ce_s\neq \mathbf{0}$,这与 f 为正定矛盾. 这就证明了 $\lambda_i>0(i=1,2,\cdots,n)$.

由定理 5.16 知,若二次型的标准形中所含正的系数的个数均为 n 个,而将二次型作正交变换得到的标准形的系数恰为矩阵 $\boldsymbol{A}$ 的特征值,所以得到下面的推论.

推论 1　对称阵 $\boldsymbol{A}$ 为正定的充要条件是:$\boldsymbol{A}$ 的特征值全为正.

推论 2　若 $\boldsymbol{A}$ 是 n 阶正定矩阵,则 $|\boldsymbol{A}|>0$.

证　由推论 1 知,若 $\boldsymbol{A}$ 正定,则 $\boldsymbol{A}$ 的特征值 $\lambda_1,\lambda_2,\cdots,\lambda_n$ 全为正,又因为 $|\boldsymbol{A}|=\lambda_1\cdot\lambda_2\cdot\cdots\cdot\lambda_n$,所以 $|\boldsymbol{A}|>0$.

定义 5.17　位于 n 阶矩阵 $\boldsymbol{A}$ 的最左上角的 $1,2,\cdots,n$ 阶子式

$$\Delta_1=|a_{11}|=a_{11},\Delta_2=\begin{vmatrix}a_{11}&a_{12}\\a_{21}&a_{22}\end{vmatrix},\cdots,\Delta_n=|\boldsymbol{A}|$$

称为 $\boldsymbol{A}$ 的 $1,2,\cdots,n$ 阶**顺序主子式**.

定理 5.18　对称阵 $\boldsymbol{A}$ 为正定的充要条件是:$\boldsymbol{A}$ 的各阶顺序主子式都为正;对称阵 $\boldsymbol{A}$ 为负定的充要条件是:奇数阶顺序主子式为负,而偶数阶顺序主子式为正.

这个定理称为赫尔维茨定理,这里不予证明.

【例 5.24】　判定二次型

$$f(x_1,x_2,x_3)=x_1^2+2x_2^2+6x_3^2+2x_1x_2+2x_1x_3+6x_2x_3$$

的正定性.

解　二次型的矩阵为

$$\boldsymbol{A}=\begin{pmatrix}1&1&1\\1&2&3\\1&3&6\end{pmatrix},$$

因为 $\boldsymbol{A}$ 的各阶顺序主子式

$$\Delta_1=1>0,\Delta_2=\begin{vmatrix}1&1\\1&2\end{vmatrix}=1>0,$$

$$\Delta_3=|\boldsymbol{A}|=\begin{vmatrix}1&1&1\\1&2&3\\1&3&6\end{vmatrix}=1>0.$$

故此二次型为正定二次型.

【例 5.25】　t 取何值时,二次型

$$f(x_1,x_2,x_3)=x_1^2+2x_2^2+tx_3^2+2x_1x_2+4x_1x_3+6x_2x_3$$

是正定二次型.

解　二次型的矩阵为

$$\boldsymbol{A}=\begin{pmatrix}1&1&2\\1&2&3\\2&3&t\end{pmatrix},$$

因为二次型是正定的,所以矩阵 $\boldsymbol{A}$ 也是正定的,因此 $\boldsymbol{A}$ 的各阶顺序主子式全大于零,于是

$$\Delta_1=1>0,\Delta_2=\begin{vmatrix}1&1\\1&2\end{vmatrix}=1>0,$$

$$\Delta_3=|\boldsymbol{A}|=\begin{vmatrix}1&1&2\\1&2&3\\2&3&t\end{vmatrix}=t-5>0.$$

所以当 $t>5$ 时,f 是正定二次型.

习题 5.7

1. 判定下列二次型的类型:

(1)$f=-2x_1^2-6x_2^2-4x_3^2+2x_1x_2+2x_1x_3$;

(2)$f=2x_1^2+3x_2^2+2x_3^2+2x_1x_2+4x_2x_3$.

2. t 取何值时,二次型 $f(x_1,x_2,x_3)=5x_1^2+x_2^2+tx_3^2+4x_1x_2-2x_1x_3-2x_2x_3$ 是正定二次型?

5.8 Matlab 软件求矩阵的特征值、特征向量

当我们在进行矩阵运算时,想计算矩阵的特征值和特征向量,下面来分享一下用 Matlab 软件求解矩阵的特征值和特征向量.

第一步,首先需要知道计算矩阵的特征值和特征向量要用 eig 函数,可以在命令行窗口中输入 help eig,查看 eig 函数的用法;

第二步,在命令行窗口中输入 a=[1 2 3;2 4 5;7 8 9],按回车键后,输入[x,y]=eig(a),即

```
>>a=[1 2 3;2 4 5;7 8 9]
>>[x,y]=eig(a)
```

第三步,按回车键后,得到了 x,y 的值,其中,x 的每一列值表示矩阵 a 的一个特征向量,这里有 3 个特征向量,y 的对角元素值代表 a 矩阵的特征值,即

```
x =
-0.2471   -0.5077   0.3600
-0.4366   -0.4800   0.8129
-0.8650    0.7254   0.4578
y =
15.0.75        0           0
    0      -1.3361         0
    0          0       0.2986
```

第四步,如果我们要取 y 的对角元素值,可以使用 diag(y),即

```
>>diag(y)
```

第五步,按回车键后,可以看到已经取出 y 的对角线元素值,也就是 a 矩阵的特征值,即

```
ans =
   15.0375
   -1.3361
   0.2986
```

第六步,我们也可以在命令行窗口 help diag,可以看到关于 diag 函数的用法,即

```
>>help diag
```

习题 5.8

1. 用 Matlab 软件求矩阵 $\boldsymbol{A}=\begin{pmatrix}3&-1\\-1&3\end{pmatrix}$的特征值与特征向量.

2. 用 Matlab 软件求矩阵 $\boldsymbol{A}=\begin{pmatrix}1&2&2\\2&1&2\\2&2&1\end{pmatrix}$的特征值与特征向量.

3. 用 Matlab 软件求下列矩阵的特征值与特征向量:

(1)$\begin{pmatrix}1&0&2\\0&-1&0\\0&4&2\end{pmatrix}$;　　(2)$\begin{pmatrix}2&3&2\\1&4&2\\1&3&1\end{pmatrix}$.

总习题 5

一、填空题

1. 已知向量 $\boldsymbol{\alpha}=(-5,2,-1)$与 $\boldsymbol{\beta}=(1,b,2)$的内积为 1,则 $b=$__________.

2. 若三阶方阵 $\boldsymbol{A}$ 的特征值为 1,-2,2,则 $|\boldsymbol{A}+\boldsymbol{E}|=$__________.

3. 设矩阵 $\boldsymbol{A}=\begin{pmatrix}\frac{\sqrt{2}}{2}&\frac{\sqrt{2}}{2}\\-\frac{\sqrt{2}}{2}&t\end{pmatrix}$为正交矩阵,则 $t=$__________.

4. 已知 $\boldsymbol{\alpha}=(1,1,-1)^{\mathrm{T}}$ 是矩阵 $\boldsymbol{A}=\begin{pmatrix}2&-1&2\\5&a&3\\-1&b&-2\end{pmatrix}$的一个特征向量,则特征向量 $\boldsymbol{\alpha}$ 所对应的特征值 $\lambda=$__________.

5. 设 $\boldsymbol{A}=\begin{pmatrix}-1&0&0\\0&2&0\\0&0&3\end{pmatrix}$,则 $\operatorname{tr}(\boldsymbol{A})=$__________;$\boldsymbol{A}^{-1}=$__________.

6. 设方阵 $\boldsymbol{A}$ 与对角阵$\begin{pmatrix}1&0&0\\0&2&0\\0&0&-1\end{pmatrix}$相似,$\boldsymbol{B}=\boldsymbol{A}^2-2\boldsymbol{E}$,则 $|\boldsymbol{B}^*|=$__________.

7. 已知矩阵 $\boldsymbol{A}=\begin{pmatrix}1&-2&2\\-2&-2&4\\2&4&x\end{pmatrix}$有特征值 $\lambda_1=-7,\lambda_2=\lambda_3=2$,则 $x=$__________.

8. 设 $\boldsymbol{A}$ 是三阶奇异矩阵,且 $\boldsymbol{A}+\boldsymbol{E},\boldsymbol{A}-2\boldsymbol{E}$ 均不可逆,则 $\boldsymbol{A}$ 相似于__________.

9. 二次型 $f(x_1,x_2,x_3)=x_1^2+2x_2^2+3x_3^2+4x_1x_2+8x_1x_3-2x_2x_3$ 的矩阵为__________.

10. 设二次型 $f(x_1,x_2,x_3)=x_1^2+x_2^2+tx_3^2+4x_1x_3+4x_2x_3$ 的秩为 2,则 $t=$__________.

11. 设 n 阶实对称矩阵 $\boldsymbol{A}$ 正定,则齐次线性方程组 $\boldsymbol{A}x=0$ 的解为__________.

12. 设二次型$f(x_1,x_2,x_3)=x_1^2+2x_2^2+2x_1x_2-2x_1x_3$. 则$f$的正惯性指数为__________.

二、选择题

1. 设$\lambda=-1$是可逆矩阵$\boldsymbol{A}$的一个特征值,则矩阵$(3\boldsymbol{A}^2)^{-1}$有一个特征值为(　　).

A. $\frac{3}{4}$　　B. $\frac{1}{3}$　　C. $\frac{1}{2}$　　D. $\frac{1}{4}$

2. 如果(　　),则$\boldsymbol{A}$与$\boldsymbol{B}$相似.

A. $|\boldsymbol{A}|=|\boldsymbol{B}|$

B. $R(\boldsymbol{A})=R(\boldsymbol{B})$

C. $|\boldsymbol{A}-\lambda\boldsymbol{E}|=|\boldsymbol{B}-\lambda\boldsymbol{E}|$

D. n阶方阵$\boldsymbol{A}$与$\boldsymbol{B}$有相同的特征值且n个特征值互异

3. 设n阶方阵$\boldsymbol{A}$与$\boldsymbol{B}$相似,则(　　).

A. 存在可逆阵$\boldsymbol{P}$,使$\boldsymbol{B}=\boldsymbol{P}^{-1}\boldsymbol{A}\boldsymbol{P}$

B. 存在对角阵$\boldsymbol{\Lambda}$,使$\boldsymbol{A}$与$\boldsymbol{B}$相似于$\boldsymbol{\Lambda}$

C. $|\boldsymbol{A}-\boldsymbol{E}|=|\boldsymbol{B}-\boldsymbol{E}|$

D. $\boldsymbol{A}-\lambda\boldsymbol{E}=\boldsymbol{B}-\lambda\boldsymbol{E}$

4. 若$\boldsymbol{A}$是三阶实对称矩阵,$\lambda_1,\lambda_2,\lambda_3$是$\boldsymbol{A}$的特征值,则下列论断中错误的是(　　).

A. $\lambda_1,\lambda_2,\lambda_3$都是实数　　B. $\boldsymbol{A}$与对角阵$\begin{pmatrix}\lambda_1 & & \\ & \lambda_2 & \\ & & \lambda_3\end{pmatrix}$相似

C. $\lambda_1,\lambda_2,\lambda_3$互异　　D. $|\boldsymbol{A}|=\lambda_1\lambda_2\lambda_3$

5. 若$\boldsymbol{A}$是n阶可逆矩阵,则下列论断中错误的是(　　).

A. $\boldsymbol{A}$不能以0为特征值

B. $\boldsymbol{A}$和$\boldsymbol{E}$等价

C. $\boldsymbol{A}$可以写成若干个初等矩阵的乘积

D. $\boldsymbol{A}$一定与某对角阵相似

6. 设n阶方阵$\boldsymbol{A}$正定,则下列论断中错误的是(　　).

A. $\boldsymbol{A}$为非奇异的　　B. $|\boldsymbol{A}|>0$

C. $\boldsymbol{A}$的特征值全大于零　　D. 以上都不对

三、计算题

1. 求下列矩阵的特征值和特征向量.

(1) $\begin{pmatrix}0&0&1\\0&1&0\\1&0&0\end{pmatrix}$;　　(2) $\begin{pmatrix}-1&1&0\\-4&3&0\\1&0&2\end{pmatrix}$;

(3) $\begin{pmatrix}-2&1&1\\0&2&0\\-4&1&3\end{pmatrix}$;　　(4) $\begin{pmatrix}1&2&3\\2&1&3\\3&3&6\end{pmatrix}$.

2. 判断下列矩阵能否与对角阵相似,如果相似,试求一个可逆变换$\boldsymbol{P}$,使$\boldsymbol{P}^{-1}\boldsymbol{A}\boldsymbol{P}=\boldsymbol{\Lambda}$.

(1) $\begin{pmatrix}2&-1&2\\5&-3&3\\-1&0&2\end{pmatrix}$;　　(2) $\begin{pmatrix}1&-1&0\\4&-3&0\\-1&0&-2\end{pmatrix}$;

(3) $\begin{pmatrix} 0 & 1 & 0 \\ 0 & 0 & 1 \\ -6 & -11 & -6 \end{pmatrix}$;　　(4) $\begin{pmatrix} 2 & 0 & 2 & 2 \\ 0 & 1 & 4 & 10 \\ 0 & 0 & -1 & 0 \\ 0 & 0 & 0 & 9 \end{pmatrix}$.

3. 试求一个正交的相似变换矩阵,将下列实对称矩阵化为对角阵.

(1) $\begin{pmatrix} 1 & 0 & 1 \\ 0 & 1 & 1 \\ 1 & 1 & 2 \end{pmatrix}$;　　(2) $\begin{pmatrix} 2 & -2 & 0 \\ -2 & 1 & -2 \\ 0 & -2 & 0 \end{pmatrix}$.

四、解答题

1. 设三阶方阵 $\boldsymbol{A}$ 的特征值为 $1,-1,2$, $\boldsymbol{B}=\boldsymbol{A}^3-5\boldsymbol{A}^2$,试求:

(1)方阵 $\boldsymbol{B}$ 的特征值,$\boldsymbol{B}$ 是否与对角阵相似,说明理由.

(2) $|\boldsymbol{B}|$ 及 $|\boldsymbol{A}-5\boldsymbol{E}|$.

2. 已知三阶方阵 $\boldsymbol{A}$ 的特征值为 $1,2,3$,求 $|\boldsymbol{A}^3-5\boldsymbol{A}^2+7\boldsymbol{A}|$.

3. 设 $\boldsymbol{A}=\begin{pmatrix} 1 & 4 & 2 \\ 0 & -3 & 4 \\ 0 & 4 & 3 \end{pmatrix}$,求 $\boldsymbol{A}^{100}$.

4. 用正交变换化下列二次型为标准形.

(1) $f(x_1,x_2,x_3)=2x_1^2+3x_2^2+3x_3^2+4x_2x_3$;

(2) $f(x_1,x_2,x_3)=x_1^2+x_2^2-x_3^2-2x_1x_2$;

(3) $f(x_1,x_2,x_3)=2x_1x_2+2x_1x_3+2x_2x_3$.

5. 用配方法化下列二次型为标准形.

(1) $f(x_1,x_2,x_3)=x_1^2-3x_2^2-2x_1x_2-6x_2x_3$;

(2) $f(x_1,x_2,x_3)=-4x_1x_2+2x_1x_3-2x_2x_3$;

(3) $f(x_1,x_2,x_3)=x_1^2+x_2^2+6x_3^2+4x_1x_3+4x_2x_3$.

五、证明题

1. 设 $\boldsymbol{\alpha}_1,\boldsymbol{\alpha}_2,\boldsymbol{\alpha}_3\boldsymbol{\beta}$ 均为非零列向量,$\boldsymbol{\alpha}_1,\boldsymbol{\alpha}_2,\boldsymbol{\alpha}_3$ 线性无关,且 $\boldsymbol{\beta}$ 与 $\boldsymbol{\alpha}_1,\boldsymbol{\alpha}_2,\boldsymbol{\alpha}_3$ 分别正交,证明 $\boldsymbol{\alpha}_1,\boldsymbol{\alpha}_2,\boldsymbol{\alpha}_3\boldsymbol{\beta}$ 线性无关.

2. 设 n 阶方阵 $\boldsymbol{A}$ 正定,证明 $|\boldsymbol{A}+\boldsymbol{E}|>1$.

第6章 线性空间与线性变换

线性空间是线性代数最基本的概念之一,它是第3章中向量空间概念的进一步抽象和概括.线性空间是在抽去集合对象的具体内容的情况下来研究规定了加法与数乘的集合的公共性质.因此,线性空间具有高度的抽象性.它在线性代数中有着非常重要的地位,也是其他不少数学分支的基础,是研究现实世界中各种线性问题的数学模型.它的理论和方法已渗透自然科学、工程技术和经济管理的各个领域,有许多重要的应用.线性变换则是线性空间中元素之间的一种最基本、最重要的联系,它是线性函数的推广.

6.1 线性空间

6.1.1 线性空间的定义

定义 6.1 设 V 是一个非空集合,$\mathbf{R}$ 是实数域.在 V 上定义了两种运算:

(i)加法:$\forall \boldsymbol{\alpha},\boldsymbol{\beta}\in V$,存在唯一的元素 $\gamma\in V$,使得 $\boldsymbol{\gamma}=\boldsymbol{\alpha}+\boldsymbol{\beta}$;

(ii)数量乘法:$\forall k\in\mathbf{R}$, $\forall\boldsymbol{\alpha}\in V$,存在唯一的元素 $\delta\in V$,使得 $\delta=k\boldsymbol{\alpha}$.

如果这两种运算在实数域内满足以下八条运算规律:$\forall\boldsymbol{\alpha},\boldsymbol{\beta},\gamma\in V$, $\forall k,l\in\mathbf{R}$.

(1)$\boldsymbol{\alpha}+\boldsymbol{\beta}=\boldsymbol{\beta}+\boldsymbol{\alpha}$;

(2)$(\boldsymbol{\alpha}+\boldsymbol{\beta})+\gamma=\boldsymbol{\alpha}+(\boldsymbol{\beta}+\gamma)$;

(3)在 V 中存在零元素 $\mathbf{0}$,对 $\forall\boldsymbol{\alpha}\in V$ 都有 $\boldsymbol{\alpha}+\mathbf{0}=\boldsymbol{\alpha}$;

(4)对 $\forall\boldsymbol{\alpha}\in V$,都有 $\boldsymbol{\alpha}$ 的负元素 $-\boldsymbol{\alpha}\in V$,使得 $\boldsymbol{\alpha}+(-\boldsymbol{\alpha})=\mathbf{0}$;

(5)$1\cdot\boldsymbol{\alpha}=\boldsymbol{\alpha}$;

(6)$kl(\boldsymbol{\alpha})=(kl)\boldsymbol{\alpha}$;

(7)$k(\boldsymbol{\alpha}+\boldsymbol{\beta})=k\boldsymbol{\alpha}+k\boldsymbol{\beta}$;

(8)$(k+l)\boldsymbol{\alpha}=k\boldsymbol{\alpha}+l\boldsymbol{\alpha}$;

则称 V 是实数域 $\mathbf{R}$ 上的**线性空间**或**向量空间**. V 中的元素统称为**向量**.

简单地说,一个定义了加法运算与数量乘法运算(两者统称代数运算)的非空集合,若对线性运算具有封闭性(即 $\forall\boldsymbol{\alpha},\boldsymbol{\beta}\in V,k\in\mathbf{R}$ 时,$\boldsymbol{\alpha}+\boldsymbol{\beta}\in V,k\boldsymbol{\alpha}\in V$)且满足八条运算规律,这样的

集合 V 就称为线性空间.

【例 6.1】 证明实数域上的全体次数不超过 n 的多项式所组成的集合

$$P[x]_n=\{f(x)=a_0+a_1x+\cdots+a_nx^n \mid a_0,a_1,\cdots,a_n\in\mathbf{R}\}$$

关于通常的多项式加法和数乘多项式两种运算构成线性空间.

证 因为 $0\in P[x]_n$,所以 $P[x]_n$ 非空;又设任意两个 n 次多项式 $f_1(x)=a_0+a_1x+\cdots+a_nx^n\in P[x]_n$,$f_2(x)=b_0+b_1x+\cdots+b_nx^n\in P[x]_n$ 及 $\forall k\in\mathbf{R}$,有 $f_1(x)+f_2(x)=(a_0+b_0)+(a_1+b_1)x+\cdots+(a_n+b_n)x^n\in P[x]_n$ 及 $k\cdot f_1(x)=ka_0+ka_1x+\cdots+ka_nx^n\in P[x]_n$,说明 $P[x]_n$对加法和数乘封闭;八条运算规律也显然满足,所以 $P[x]_n$ 是实数域上的线性空间.

【例 6.2】 证明实数域上的全体 n 次多项式所组成的集合

$$V=\{f(x)=a_0+a_1x+\cdots+a_nx^n \mid a_0,a_1,\cdots,a_n\in\mathbf{R}\text{ 且 }a_n\neq 0\}$$

关于通常的多项式加法和数乘多项式两种运算不构成线性空间.

证 多项式加法和数乘两种运算在 V 上不封闭,如 $1+x^n\in V$,$1-x^n\in V$,而$(1+x^n)+(1-x^n)=2\notin V$,因此 V 不构成线性空间.

6.1.2　线性空间的性质

定理 6.1 设 V 是线性空间,则

(1)零元素是唯一的;

(2)每个元素的负元素是唯一的,$\boldsymbol{\alpha}$ 的负元素记作 $-\boldsymbol{\alpha}$;

(3)$0\boldsymbol{\alpha}=\mathbf{0}$,$k\mathbf{0}=\mathbf{0}$,$(-1)\boldsymbol{\alpha}=-\boldsymbol{\alpha}$;

(4)$k\boldsymbol{\alpha}=\mathbf{0}$,则 $k=0$ 或 $\boldsymbol{\alpha}=\mathbf{0}$.

证 (1)设 $\mathbf{0}_1$,$\mathbf{0}_2$ 都是线性空间 V 的零元素,则 $\mathbf{0}_2=\mathbf{0}_2+\mathbf{0}_1=\mathbf{0}_1+\mathbf{0}_2=\mathbf{0}_1$,得证零元素是唯一的,并且零元素都写作 $\mathbf{0}$.

(2)假设 $\boldsymbol{\alpha}\in V$,$\boldsymbol{\beta}_1$,$\boldsymbol{\beta}_2$ 都是 $\boldsymbol{\alpha}$ 的负元素,则

$$\boldsymbol{\beta}_1=\boldsymbol{\beta}_1+\mathbf{0}=\boldsymbol{\beta}_1+(\boldsymbol{\alpha}+\boldsymbol{\beta}_2)=(\boldsymbol{\beta}_1+\boldsymbol{\alpha})+\boldsymbol{\beta}_2=\mathbf{0}+\boldsymbol{\beta}_2=\boldsymbol{\beta}_2,$$

得证负元素唯一.

(3)由 $\boldsymbol{\alpha}+0\boldsymbol{\alpha}=1\boldsymbol{\alpha}+0\boldsymbol{\alpha}=(1+0)\boldsymbol{\alpha}=1\boldsymbol{\alpha}=\boldsymbol{\alpha}$,得证 $0\boldsymbol{\alpha}=\mathbf{0}$. 而 $k\,\mathbf{0}=k(0\boldsymbol{\alpha})=0\boldsymbol{\alpha}=\mathbf{0}$,得证$k\,\mathbf{0}=\mathbf{0}$.

又因 $\boldsymbol{\alpha}+(-1)\boldsymbol{\alpha}=(1-1)\boldsymbol{\alpha}=0\boldsymbol{\alpha}=\mathbf{0}$,得证$(-1)\boldsymbol{\alpha}=-\boldsymbol{\alpha}$.

(4)当 $k=0$ 时,$k\boldsymbol{\alpha}=\mathbf{0}$;而当 $k\neq 0$ 时,$\boldsymbol{\alpha}=\dfrac{1}{k}(k\boldsymbol{\alpha})=\dfrac{1}{k}\cdot\mathbf{0}=\mathbf{0}$ 得证,若 $k\boldsymbol{\alpha}=\mathbf{0}$,则 $k=0$ 或 $\boldsymbol{\alpha}=\mathbf{0}$.

习题 6.1

1. 检验下列集合关于所规定的运算是否构成实数域上的线性空间.

(1)全体对角阵关于矩阵的加法和数乘矩阵的两种运算;

(2)设 $\boldsymbol{A}$ 是一个 n 阶方阵,$\boldsymbol{A}$ 的全体实系数多项式所成的集合,关于矩阵的加法和数乘矩阵两种运算.

6.2 维数、基与坐标

在第 3 章中,用线性运算来讨论 n 维数组向量之间的关系,介绍了一些重要概念,如线性组合、线性相关与线性无关等.这些概念以及有关性质只涉及线性运算,因此对一般的线性空间中的元素仍然适用.

6.2.1 线性空间的基、维数概念

在第 4 章中,已经提出了基与维数的概念,这也适用于一般的线性空间.

定义 6.2 设 V 是实数域上的线性空间,如果存在 n 个向量 $\boldsymbol{\alpha}_1,\boldsymbol{\alpha}_2,\cdots,\boldsymbol{\alpha}_n$,满足

(i) $\boldsymbol{\alpha}_1,\boldsymbol{\alpha}_2,\cdots,\boldsymbol{\alpha}_n$ 线性无关;

(ii) V 中任意向量 $\boldsymbol{\alpha}$ 均可由 $\boldsymbol{\alpha}_1,\boldsymbol{\alpha}_2,\cdots,\boldsymbol{\alpha}_n$ 线性表示.

则称 $\boldsymbol{\alpha}_1,\boldsymbol{\alpha}_2,\cdots,\boldsymbol{\alpha}_n$ 是线性空间 V 的一个**基**,称数 n 为线性空间 V 的**维数**,也称 V 为 **n 维线性空间**.只含一个零元素的线性空间没有基,规定它的维数为 0.

归纳总结

(1) $\boldsymbol{n}$ 维单位坐标向量组 $\boldsymbol{e}_1=(1,0,\cdots,0),\boldsymbol{e}_2=(0,1,\cdots,0),\cdots,\boldsymbol{e}_n=(0,0,\cdots,1)$ 是 $\mathbf{R}^n$ 的一个基,并称 $\boldsymbol{e}_1,\boldsymbol{e}_2,\cdots,\boldsymbol{e}_n$ 为 $\mathbf{R}^n$ 的一个标准基.

(2) n 元齐次线性方程组 $\boldsymbol{A}x=\mathbf{0}$ 的任意一个基础解系都是它的解空间的一个基,并且解空间是 $n-r$ 维的,其中 $R=R(\boldsymbol{A})$.

【例 6.3】 求线性空间 $V_1=\{(0,x_2,x_3,\cdots,x_n)\mid x_2,\cdots,x_n\in\mathbf{R}\}$ 的维数和一个基.

解 因为 $\boldsymbol{e}_2=(0,1,\cdots,0),\cdots,\boldsymbol{e}_n=(0,0,\cdots,1)$ 线性无关,且 $\forall\boldsymbol{\alpha}=(0,x_2,x_3,\cdots,x_n)\in V_1$,有 $\boldsymbol{\alpha}=(0,x_2,x_3,\cdots,x_n)=x_2\boldsymbol{e}_2+\cdots+x_n\boldsymbol{e}_n$,因此 $\boldsymbol{e}_2,\cdots,\boldsymbol{e}_n$ 是 V_1 的一个基.

【例 6.4】 写出实数域上的全体次数不超过 n 的多项式所构成的线性空间

$$P[x]_n=\{f(x)=a_0+a_1x+\cdots+a_nx^n\mid a_0,a_1,\cdots,a_n\in\mathbf{R}\}$$

的维数和一个基.

解 $1,x,x^2,\cdots,x^n\in P[x]_n$,若 $k_01+k_1x+k_2x^2+\cdots+k_nx^n=0$,则 $k_1=k_2=\cdots=k_n=0$,即 $1,x,x^2,\cdots x^n$ 线性无关;而 $\forall f(x)=a_0+a_1x+\cdots+a_nx^n\in P[x]_n$ 都能由 $1,x,x^2,\cdots x^n$ 线性表示,因此 $1,x,x^2,\cdots x^n$ 是 $P[x]_n$ 的一个基.此空间的维数是 $n+1$.

6.2.2 线性空间中向量的坐标

设 V 是 n 维线性空间,$\boldsymbol{\alpha}_1,\boldsymbol{\alpha}_2,\cdots,\boldsymbol{\alpha}_n$ 是 V 的一个基,则 V 可表示为

$$V=\{\boldsymbol{\alpha}=k_1\boldsymbol{\alpha}_1+k_2\boldsymbol{\alpha}_2+\cdots+k_n\boldsymbol{\alpha}_n\mid k_1,k_2,\cdots,k_n\in\mathbf{R}\}.$$

显然,对任意的 $\boldsymbol{\alpha}\in V$,存在唯一的一组数 $k_1,k_2,\cdots,k_n\in\mathbf{R}$,使得

$$\boldsymbol{\alpha}=k_1\boldsymbol{\alpha}_1+k_2\boldsymbol{\alpha}_2+\cdots+k_n\boldsymbol{\alpha}_n.$$

反之,任给一组数 $k_1,k_2,\cdots,k_n\in\boldsymbol{R}$,总有唯一确定的元素

$$\boldsymbol{\alpha}=k_1\boldsymbol{\alpha}_1+k_2\boldsymbol{\alpha}_2+\cdots+k_n\boldsymbol{\alpha}_n\in V.$$

这样,在选定线性空间的一个基后,线性空间 V 的元素与有序数组 $(k_1,k_2,\cdots,k_n)$ 之间建

立了一一对应的关系.因此可用有序数组$(k_1,k_2,\cdots,k_n)$来表示线性空间的元素.

定义 6.3　设$\boldsymbol{\alpha}_1,\boldsymbol{\alpha}_2,\cdots,\boldsymbol{\alpha}_n$是线性空间$V$的一个基,对任意向量$\boldsymbol{\alpha}\in V$,存在唯一确定的一组数$k_1,k_2,\cdots,k_n\in\mathbf{R}$,使得

$$\boldsymbol{\alpha}=k_1\boldsymbol{\alpha}_1+k_2\boldsymbol{\alpha}_2+\cdots+k_n\boldsymbol{\alpha}_n.$$

则称$(k_1,k_2,\cdots,k_n)$为向量$\boldsymbol{\alpha}$在基$\boldsymbol{\alpha}_1,\boldsymbol{\alpha}_2,\cdots,\boldsymbol{\alpha}_n$下的坐标.

例如,$\mathbf{R}^n$中的任意向量$\boldsymbol{\alpha}=(x_1,x_2,\cdots,x_n)$在标准基$\boldsymbol{e}_1,\boldsymbol{e}_2,\cdots,\boldsymbol{e}_n$下的坐标为$(x_1,x_2,\cdots,x_n)$.

又例如,$f(x)=a_0+a_1x+\cdots+a_nx^n\in P[x]_n$在基$1,x,x^2,\cdots,x^n$下的坐标为$(a_0,a_1,\cdots,a_n)$.

【例 6.5】　验证$\boldsymbol{\alpha}_1=(1,1,\cdots,1),\boldsymbol{\alpha}_2=(0,1,\cdots,1),\cdots,\boldsymbol{\alpha}_n=(0,0,\cdots,1)$是$\mathbf{R}^n$的一个基,并求向量$\boldsymbol{\alpha}=(x_1,x_2,\cdots,x_n)$在此基下的坐标.

证　向量组$\boldsymbol{\alpha}_1,\boldsymbol{\alpha}_2,\cdots,\boldsymbol{\alpha}_n$可构成矩阵

$$\boldsymbol{A}=\begin{pmatrix}\boldsymbol{\alpha}_1\\ \boldsymbol{\alpha}_2\\ \vdots\\ \boldsymbol{\alpha}_n\end{pmatrix}=\begin{pmatrix}1&1&\cdots&1\\0&1&\cdots&1\\ \vdots&\vdots&&\vdots\\0&0&\cdots&1\end{pmatrix},$$

可知$R(\boldsymbol{A})=n$,故向量组$\boldsymbol{\alpha}_1,\boldsymbol{\alpha}_2,\cdots,\boldsymbol{\alpha}_n$的秩为$n$,因此向量组$\boldsymbol{\alpha}_1,\boldsymbol{\alpha}_2,\cdots,\boldsymbol{\alpha}_n$线性无关,而$\mathbf{R}^n$是$n$维线性空间,所以向量组$\boldsymbol{\alpha}_1,\boldsymbol{\alpha}_2,\cdots,\boldsymbol{\alpha}_n$是$\mathbf{R}^n$的一个基.

设$\boldsymbol{\alpha}=(x_1,x_2,\cdots,x_n)$在基$\boldsymbol{\alpha}_1,\boldsymbol{\alpha}_2,\cdots,\boldsymbol{\alpha}_n$下的坐标为$(k_1,k_2,\cdots,k_n)$,即

$$\boldsymbol{\alpha}=k_1\boldsymbol{\alpha}_1+k_2\boldsymbol{\alpha}_2+\cdots+k_n\boldsymbol{\alpha}_n,$$

即

$$(x_1,x_2,\cdots,x_n)=k_1(1,1,\cdots,1)+k_2(0,1,\cdots,1)+\cdots+k_n(0,0,\cdots,1),$$

解得

$$k_1=x_1,k_2=x_2-x_1,\cdots,k_n=x_n-x_{n-1}.$$

所以向量$\boldsymbol{\alpha}$在基$\boldsymbol{\alpha}_1,\boldsymbol{\alpha}_2,\cdots,\boldsymbol{\alpha}_n$下的坐标为$(x_1,x_2-x_1,\cdots,x_n-x_{n-1})$.

建立了坐标以后,就可把抽象的向量$\boldsymbol{\alpha}$与具体的数组向量$(k_1,k_2,\cdots,k_n)$联系起来了,并且还可把V中抽象的线性运算与数组向量的线性运算联系起来.

习题 6.2

1. 求实数域上二阶方阵全体所成的线性空间的维数与一个基.

2. 验证$\boldsymbol{\alpha}_1=(1,1,0,1),\boldsymbol{\alpha}_2=(2,1,3,-1),\boldsymbol{\alpha}_3=(1,1,0,0),\boldsymbol{\alpha}_4=(0,1,-1,-1)$是$\mathbf{R}^4$的一个基,并求向量$\boldsymbol{\alpha}=(0,0,1,1)$在基$\boldsymbol{\alpha}_1,\boldsymbol{\alpha}_2,\boldsymbol{\alpha}_3,\boldsymbol{\alpha}_4$下的坐标.

6.3　基变换与坐标变换

由【例 6.5】知,同一元素在不同的基下有不同的坐标,那么,不同的基与不同的坐标之间有怎样的关系呢?

6.3.1　基变换和过渡矩阵

设$\boldsymbol{\alpha}_1,\boldsymbol{\alpha}_2,\cdots,\boldsymbol{\alpha}_n$及$\boldsymbol{\beta}_1,\boldsymbol{\beta}_2,\cdots,\boldsymbol{\beta}_n$是线性空间$V$中的两个基,它们的关系是

$$\begin{cases}\boldsymbol{\beta}_1=c_{11}\boldsymbol{\alpha}_1+c_{21}\boldsymbol{\alpha}_2+\cdots+c_{n1}\boldsymbol{\alpha}_n,\\ \boldsymbol{\beta}_2=c_{12}\boldsymbol{\alpha}_1+c_{22}\boldsymbol{\alpha}_2+\cdots+c_{n2}\boldsymbol{\alpha}_n,\\ \qquad\vdots\\ \boldsymbol{\beta}_n=c_{1n}\boldsymbol{\alpha}_1+c_{2n}\boldsymbol{\alpha}_2+\cdots+c_{nn}\boldsymbol{\alpha}_n.\end{cases}\tag{6.1}$$

利用向量和矩阵的形式,式(6.1)可写成

$$\begin{pmatrix}\boldsymbol{\beta}_1\\ \boldsymbol{\beta}_2\\ \vdots\\ \boldsymbol{\beta}_n\end{pmatrix}=\begin{pmatrix}c_{11}&c_{21}&\cdots&c_{n1}\\ c_{12}&c_{22}&\cdots&c_{n2}\\ \vdots&\vdots&&\vdots\\ c_{1n}&c_{2n}&\cdots&c_{nn}\end{pmatrix}\begin{pmatrix}\boldsymbol{\alpha}_1\\ \boldsymbol{\alpha}_2\\ \vdots\\ \boldsymbol{\alpha}_n\end{pmatrix}=\boldsymbol{C}^{\mathrm{T}}\begin{pmatrix}\boldsymbol{\alpha}_1\\ \boldsymbol{\alpha}_2\\ \vdots\\ \boldsymbol{\alpha}_n\end{pmatrix}$$

或写成下列形式

$$(\boldsymbol{\beta}_1,\boldsymbol{\beta}_2,\cdots,\boldsymbol{\beta}_n)=(\boldsymbol{\alpha}_1,\boldsymbol{\alpha}_2,\cdots,\boldsymbol{\alpha}_n)\boldsymbol{C}\tag{6.2}$$

式(6.1)或式(6.2)称为**基变换公式**,矩阵 $\boldsymbol{C}$ 称为由基 $\boldsymbol{\alpha}_1,\boldsymbol{\alpha}_2,\cdots,\boldsymbol{\alpha}_n$ 到基 $\boldsymbol{\beta}_1,\boldsymbol{\beta}_2,\cdots,\boldsymbol{\beta}_n$ 的**过渡矩阵**,它是可逆的.

【例6.6】 已知 $\mathbf{R}^n$ 中两个基 $\boldsymbol{e}_1=(1,0,\cdots,0),\boldsymbol{e}_2=(0,1,\cdots,0),\cdots,\boldsymbol{e}_n=(0,0,\cdots,1)$ 和 $\boldsymbol{\alpha}_1=(1,1,\cdots,1),\boldsymbol{\alpha}_2=(0,1,\cdots,1),\cdots,\boldsymbol{\alpha}_n=(0,0,\cdots,1)$,求由 $\boldsymbol{\alpha}_1,\boldsymbol{\alpha}_2,\cdots,\boldsymbol{\alpha}_n$ 到 $\boldsymbol{e}_1,\boldsymbol{e}_2\cdots,\boldsymbol{e}_n$ 的过渡矩阵.

解 设 $(\boldsymbol{e}_1,\boldsymbol{e}_2,\cdots,\boldsymbol{e}_n)=(\boldsymbol{\alpha}_1,\boldsymbol{\alpha}_2,\cdots,\boldsymbol{\alpha}_n)\boldsymbol{C}$,由

$$\left(\begin{array}{ccccc:ccccc}1&0&\cdots&0&0&1&0&\cdots&0&0\\ 1&1&\cdots&0&0&0&1&\cdots&0&0\\ \vdots&\vdots&&\vdots&\vdots&\vdots&\vdots&&\vdots&\vdots\\ 1&1&\cdots&1&0&0&0&\cdots&1&0\\ 1&1&\cdots&1&1&0&0&\cdots&0&1\end{array}\right)$$

$$\xrightarrow[r_2-r_1]{\substack{r_n-r_{n-1}\\ r_{n-1}-r_{n-2}\\ \vdots}}\left(\begin{array}{ccccc:ccccc}1&0&\cdots&0&0&1&0&\cdots&0&0\\ 0&1&\cdots&0&0&-1&1&\cdots&0&0\\ &&\ddots&&&&\ddots&\ddots&&\\ 0&0&\cdots&1&0&0&0&\ddots&1&0\\ 1&1&\cdots&1&1&0&0&\cdots&-1&1\end{array}\right),$$

得过渡矩阵

$$\boldsymbol{C}=\begin{pmatrix}1&0&&0&0\\ -1&1&&0&0\\ &\ddots&\ddots&&\\ 0&0&\ddots&1&0\\ 0&0&&-1&1\end{pmatrix}.$$

6.3.2 坐标变换

定理6.2 设 V 中的元素 $\boldsymbol{\alpha}$,在基 $\boldsymbol{\alpha}_1,\boldsymbol{\alpha}_2,\cdots,\boldsymbol{\alpha}_n$ 下的坐标为 $(x_1,x_2,\cdots,x_n)$,在基 $\boldsymbol{\beta}_1,\boldsymbol{\beta}_2,\cdots,\boldsymbol{\beta}_n$ 下的坐标为 $(x_1',x_2',\cdots,x_n')$,若两个基满足关系式(6.2),则有**坐标变换**公式

$$\begin{pmatrix} x_1 \\ x_2 \\ \vdots \\ x_n \end{pmatrix} = \boldsymbol{C} \begin{pmatrix} x_1' \\ x_2' \\ \vdots \\ x_n' \end{pmatrix} \text{或} \begin{pmatrix} x_1' \\ x_2' \\ \vdots \\ x_n' \end{pmatrix} = \boldsymbol{C}^{-1} \begin{pmatrix} x_1 \\ x_2 \\ \vdots \\ x_n \end{pmatrix} \tag{6.3}$$

证　因为

$$(\boldsymbol{\alpha}_1, \boldsymbol{\alpha}_2, \cdots, \boldsymbol{\alpha}_n) \begin{pmatrix} x_1 \\ x_2 \\ \vdots \\ x_n \end{pmatrix} = \boldsymbol{\alpha} = (\boldsymbol{\beta}_1, \boldsymbol{\beta}_2, \cdots, \boldsymbol{\beta}_n) \begin{pmatrix} x_1' \\ x_2' \\ \vdots \\ x_n' \end{pmatrix}$$

$$= (\boldsymbol{\alpha}_1, \boldsymbol{\alpha}_2, \cdots, \boldsymbol{\alpha}_n) \boldsymbol{C} \begin{pmatrix} x_1' \\ x_2' \\ \vdots \\ x_n' \end{pmatrix},$$

由于 $\boldsymbol{\alpha}_1, \boldsymbol{\alpha}_2, \cdots, \boldsymbol{\alpha}_n$ 线性无关,故有关系式(6.3).

【例6.7】　在 $P[x]_3$ 中取两个基 $\boldsymbol{\alpha}_1 = x^3 + 2x^2 - x, \boldsymbol{\alpha}_2 = x^3 - x^2 + x + 1, \boldsymbol{\alpha}_3 = -x^3 + 2x^2 + x + 1, \boldsymbol{\alpha}_4 = -x^3 - x^2 + 1$,以及 $\boldsymbol{\beta}_1 = 2x^3 + x^2 + 1, \boldsymbol{\beta}_2 = x^2 + 2x + 2, \boldsymbol{\beta}_3 = -2x^3 + x^2 + x + 2, \boldsymbol{\beta}_4 = x^3 + 3x^2 + x + 2$. 求坐标变换公式.

解　将 $\boldsymbol{\beta}_1, \boldsymbol{\beta}_2, \boldsymbol{\beta}_3, \boldsymbol{\beta}_4$ 用 $\boldsymbol{\alpha}_1, \boldsymbol{\alpha}_2, \boldsymbol{\alpha}_3, \boldsymbol{\alpha}_4$ 表示. 由

$$(\boldsymbol{\alpha}_1, \boldsymbol{\alpha}_2, \boldsymbol{\alpha}_3, \boldsymbol{\alpha}_4) = (\boldsymbol{x}^3, \boldsymbol{x}^2, \boldsymbol{x}, 1)\boldsymbol{A}$$

及

$$(\boldsymbol{\beta}_1, \boldsymbol{\beta}_2, \boldsymbol{\beta}_3, \boldsymbol{\beta}_4) = (\boldsymbol{x}^3, \boldsymbol{x}^2, \boldsymbol{x}, 1)\boldsymbol{B},$$

其中

$$\boldsymbol{A} = \begin{pmatrix} 1 & 1 & -1 & -1 \\ 2 & -1 & 2 & -1 \\ -1 & 1 & 1 & 0 \\ 0 & 1 & 1 & 1 \end{pmatrix}, \boldsymbol{B} = \begin{pmatrix} 2 & 0 & -2 & 1 \\ 1 & 1 & 1 & 3 \\ 0 & 2 & 1 & 1 \\ 1 & 2 & 2 & 2 \end{pmatrix},$$

得

$$(\boldsymbol{\beta}_1, \boldsymbol{\beta}_2, \boldsymbol{\beta}_3, \boldsymbol{\beta}_4) = (\boldsymbol{x}^3, \boldsymbol{x}^2, \boldsymbol{x}, 1)\boldsymbol{B} = (\boldsymbol{\alpha}_1, \boldsymbol{\alpha}_2, \boldsymbol{\alpha}_3, \boldsymbol{\alpha}_4)\boldsymbol{A}^{-1}\boldsymbol{B},$$

故坐标变换公式为

$$\begin{pmatrix} x_1' \\ x_2' \\ \vdots \\ x_n' \end{pmatrix} = \boldsymbol{B}^{-1}\boldsymbol{A} \begin{pmatrix} x_1 \\ x_2 \\ \vdots \\ x_n \end{pmatrix}.$$

即

$$\begin{pmatrix} x_1' \\ x_2' \\ \vdots \\ x_n' \end{pmatrix} = \begin{pmatrix} 0 & 1 & -1 & 1 \\ -1 & 1 & 0 & 0 \\ 0 & 0 & 0 & 1 \\ 1 & -1 & 1 & -1 \end{pmatrix} \begin{pmatrix} x_1 \\ x_2 \\ \vdots \\ x_n \end{pmatrix}.$$

习题 6.3

设$\boldsymbol{\beta}_1=1,\boldsymbol{\beta}_2=1-x,\boldsymbol{\beta}_3=2x^2,\boldsymbol{\beta}_4=x^3,\boldsymbol{\beta}_5=x^4+x^3$是线性空间$P[x]_4$的一个基，求从基 1，$\boldsymbol{x},\boldsymbol{x}^2,\boldsymbol{x}^3,\boldsymbol{x}^4$到基$\boldsymbol{\beta}_1,\boldsymbol{\beta}_2,\boldsymbol{\beta}_3,\boldsymbol{\beta}_4,\boldsymbol{\beta}_5$的过渡矩阵，并求向量$\boldsymbol{\alpha}=a_0+a_1x+a_2x^2+a_3x^3+a_4x^4$在此基下的坐标.

6.4 线性空间的同构

设$\boldsymbol{\varepsilon}_1,\boldsymbol{\varepsilon}_2,\cdots,\boldsymbol{\varepsilon}_n$是线性空间$V$的一组基，在这组基下，$V$中每个向量都有确定的坐标，而向量的坐标可看成$\mathbf{R}^n$中的元素，因此向量与它的坐标之间的对应实质上就是$V$到$\mathbf{R}^n$的一个映射. 显然这个映射是单射与满射，换句话说，坐标给出了线性空间V与$\mathbf{R}^n$的一个双射. 这个对应的重要性表现在它与运算的关系上.

设

$$\boldsymbol{\alpha}=a_1\boldsymbol{\varepsilon}_1+a_2\boldsymbol{\varepsilon}_2+\cdots+a_n\boldsymbol{\varepsilon}_n,\boldsymbol{\beta}=b_1\boldsymbol{\varepsilon}_1+b_2\boldsymbol{\varepsilon}_2+\cdots+b_n\boldsymbol{\varepsilon}_n,$$

即向量$\boldsymbol{\alpha}$与$\boldsymbol{\beta}$的坐标分别为$(a_1,a_2,\cdots,a_n)$与$(b_1,b_2,\cdots,b_n)$，那么

$$\boldsymbol{\alpha}+\boldsymbol{\beta}=(a_1+b_1)\boldsymbol{\varepsilon}_1+(a_2+b_2)\boldsymbol{\varepsilon}_2+\cdots+(a_n+b_n)\boldsymbol{\varepsilon}_n;$$

$$\lambda\boldsymbol{\alpha}=(\lambda a_1)\boldsymbol{\varepsilon}_1+(\lambda a_2)\boldsymbol{\varepsilon}_2+\cdots+(\lambda a_n)\boldsymbol{\varepsilon}_n,$$

即$\boldsymbol{\alpha}+\boldsymbol{\beta}$的坐标是

$$(a_1+b_1,a_2+b_2,\cdots,a_n+b_n)=(a_1,a_2,\cdots,a_n)+(b_1,b_2,\cdots,b_n),$$

$\lambda\boldsymbol{\alpha}$的坐标为

$$(\lambda a_1,\lambda a_2,\cdots,\lambda a_n)=\lambda(a_1,a_2,\cdots,a_n).$$

以上式子说明在向量用坐标表示后，它们的运算就可归结为它们坐标的运算. 因而，线性空间V的讨论也就可归结为$\mathbf{R}^n$的讨论.

定义 6.4 设V与V'是实数域$\mathbf{R}$上的两个线性空间，如果由V到V'有一个映射$\boldsymbol{\sigma}$，具有以下性质：$\forall\boldsymbol{\alpha},\boldsymbol{\beta}\in V,\forall k\in\mathbf{R}$.

(1)$\boldsymbol{\sigma}$是双射：

$\forall\boldsymbol{\alpha},\boldsymbol{\beta}\in V,\boldsymbol{\sigma}(\boldsymbol{\alpha})=\boldsymbol{\sigma}(\boldsymbol{\beta})$当且仅当$\boldsymbol{\alpha}=\boldsymbol{\beta}$;

$\forall\boldsymbol{\beta}\in V',\exists\boldsymbol{\alpha}\in V$，使得$\boldsymbol{\sigma}(\boldsymbol{\alpha})=\boldsymbol{\beta}$;

(2)$\boldsymbol{\sigma}(\boldsymbol{\alpha}+\boldsymbol{\beta})=\boldsymbol{\sigma}(\boldsymbol{\alpha})+\sigma(\boldsymbol{\beta})$;

(3)$\boldsymbol{\sigma}(k\boldsymbol{\alpha})=k\boldsymbol{\sigma}(\boldsymbol{\alpha})$.

则称映射$\boldsymbol{\sigma}$是从线性空间V到线性空间V'上的一个**同构映射**. 如果两线性空间之间存在一个同构映射，就称这两个线性空间**同构**.

前面的讨论说明在n维线性空间V中取定一组基后，向量与它的坐标之间的对应就是V

到 $\mathbf{R}^n$ 的一个同构映射. 因而,实数域 $\mathbf{R}$ 上的任一个 n 维线性空间都与 $\mathbf{R}^n$ 同构.

由定义可以看出同构映射具有下面的性质.

定理 6.3(同构映射的性质)

(1)$\boldsymbol{\sigma}(\mathbf{0})=\mathbf{0},\boldsymbol{\sigma}(-\boldsymbol{\alpha})=-\boldsymbol{\sigma}(\boldsymbol{\alpha})$;

(2)$\boldsymbol{\sigma}(\lambda_1\boldsymbol{\alpha}_1+\lambda_2\boldsymbol{\alpha}_2+\cdots+\lambda_r\boldsymbol{\alpha}_r)=\lambda_1\boldsymbol{\sigma}(\boldsymbol{\alpha}_1)+\lambda_2\boldsymbol{\sigma}(\boldsymbol{\alpha}_2)+\cdots+\lambda_r\boldsymbol{\sigma}(\boldsymbol{\alpha}_r)$;

(3)V 中向量组 $\boldsymbol{\alpha}_1,\boldsymbol{\alpha}_2,\cdots,\boldsymbol{\alpha}_r$ 线性相关的充要条件是它们的像 $\boldsymbol{\sigma}(\boldsymbol{\alpha}_1),\boldsymbol{\sigma}(\boldsymbol{\alpha}_2),\cdots,\boldsymbol{\sigma}(\boldsymbol{\alpha}_r)$ 线性相关;

(4)两个有限维线性空间同构的充要条件是它们的维数相同;

(5)同构映射的逆映射以及两个同构映射的乘积还是同构映射.

6.5　线性变换及其矩阵表示

6.5.1　线性变换的概念及性质

1)线性变换的概念

定义 6.5　设 V 是实数域上的线性空间,$\boldsymbol{T}$ 是 V 到自身的一个映射,使得对于 V 中的任意元素 $\boldsymbol{x}$ 均存在唯一的 $\boldsymbol{y}\in V$ 与之对应,则 $\boldsymbol{T}$ 称为 V 的一个变换或算子;若变换 $\boldsymbol{T}$ 还满足:

(1)$\boldsymbol{T}(\boldsymbol{\alpha}+\boldsymbol{\beta})=\boldsymbol{T}(\boldsymbol{\alpha})+\boldsymbol{T}(\boldsymbol{\beta})$,

(2)$\boldsymbol{T}(k\boldsymbol{\alpha})=k\boldsymbol{T}(\boldsymbol{\alpha})$,

则称 $\boldsymbol{T}$ 为线性空间 V 上的一个**线性变换**.

【例 6.8】　二维数组向量空间 $\mathbf{R}^2$,将其绕原点旋转 $\boldsymbol{\theta}$ 角的变换就是一个线性变换.

【例 6.9】　微分算子 $D=\dfrac{\mathrm{d}}{\mathrm{d}x}$是次数不超过 n 的 $P[x]_n$ 上的一个线性变换.

2)线性变换的性质

(1)$\boldsymbol{T}(\mathbf{0})=\mathbf{0},\boldsymbol{T}(-\boldsymbol{\alpha})=-\boldsymbol{T}(\boldsymbol{\alpha})$.

(2)线性变换保持向量之间的线性关系,即

$$\boldsymbol{T}(\lambda_1\boldsymbol{\alpha}_1+\lambda_2\boldsymbol{\alpha}_2+\cdots+\lambda_r\boldsymbol{\alpha}_r)=\lambda_1\boldsymbol{T}(\boldsymbol{\alpha}_1)+\lambda_2\boldsymbol{T}(\boldsymbol{\alpha}_2)+\cdots+\lambda_r\boldsymbol{T}(\boldsymbol{\alpha}_r).$$

(3)若 $\boldsymbol{\alpha}_1,\boldsymbol{\alpha}_2,\cdots,\boldsymbol{\alpha}_r$ 线性相关,则 $\boldsymbol{T}(\boldsymbol{\alpha}_1),\boldsymbol{T}(\boldsymbol{\alpha}_2),\cdots,\boldsymbol{T}(\boldsymbol{\alpha}_r)$ 也线性相关,即线性变换将线性相关的向量组变为线性相关的向量组.

(4)线性变换 $\boldsymbol{T}$ 的像集 $\boldsymbol{T}(V)$ 是一个线性空间,称为线性变换 $\boldsymbol{T}$ 的像空间.

(5)使 $\boldsymbol{T}(\boldsymbol{\alpha})=\mathbf{0}$ 的 $\boldsymbol{\alpha}$ 的全体

$$S_r=\{\boldsymbol{\alpha}\mid\boldsymbol{\alpha}\in V_n,\boldsymbol{T}(\boldsymbol{\alpha})=0\}$$

也是一个线性空间,S_r 称为线性变换 $\boldsymbol{T}$ 的核.

6.5.2　线性变换的矩阵表示

设 V 是 n 维线性空间,$\boldsymbol{\varepsilon}_1,\boldsymbol{\varepsilon}_2,\cdots,\boldsymbol{\varepsilon}_n$ 是 V 的一组基,现在建立线性变换与矩阵的关系.

定义 6.6　设 $\boldsymbol{\varepsilon}_1,\boldsymbol{\varepsilon}_2,\cdots,\boldsymbol{\varepsilon}_n$ 是 n 维线性空间 V 的一组基,$\boldsymbol{T}$ 是 V 中的一个线性变换. 基向量的像可以被基线性表出:

$$\begin{cases}\boldsymbol{T}(\boldsymbol{\varepsilon}_1)=a_{11}\boldsymbol{\varepsilon}_1+a_{21}\boldsymbol{\varepsilon}_2+\cdots+a_{n1}\boldsymbol{\varepsilon}_n,\\ \boldsymbol{T}(\boldsymbol{\varepsilon}_2)=a_{12}\boldsymbol{\varepsilon}_1+a_{22}\boldsymbol{\varepsilon}_2+\cdots+a_{n2}\boldsymbol{\varepsilon}_n,\\ \qquad\vdots\\ \boldsymbol{T}(\boldsymbol{\varepsilon}_n)=a_{1n}\boldsymbol{\varepsilon}_1+a_{2n}\boldsymbol{\varepsilon}_2+\cdots+a_{nn}\boldsymbol{\varepsilon}_n.\end{cases}$$

用矩阵表示就是

$$\boldsymbol{T}(\boldsymbol{\varepsilon}_1,\boldsymbol{\varepsilon}_2,\cdots,\boldsymbol{\varepsilon}_n)=(\boldsymbol{T}(\boldsymbol{\varepsilon}_1),\boldsymbol{T}(\boldsymbol{\varepsilon}_2),\cdots,\boldsymbol{T}(\boldsymbol{\varepsilon}_n))=(\boldsymbol{\varepsilon}_1,\boldsymbol{\varepsilon}_2,\cdots,\boldsymbol{\varepsilon}_n)\boldsymbol{A},$$

其中

$$\boldsymbol{A}=\begin{pmatrix}a_{11}&a_{12}&\cdots&a_{1n}\\a_{21}&a_{22}&\cdots&a_{2n}\\\vdots&\vdots&&\vdots\\a_{m1}&a_{m2}&\cdots&a_{mn}\end{pmatrix},$$

矩阵 $\boldsymbol{A}$ 称为**线性变换 $\boldsymbol{T}$ 在基 $\boldsymbol{\varepsilon}_1,\boldsymbol{\varepsilon}_2,\cdots,\boldsymbol{\varepsilon}_n$ 下的矩阵**.

【例 6.10】 已知线性空间 $M_2(R)$ 中一个线性变换 $\boldsymbol{T}(\boldsymbol{X})=\begin{pmatrix}1&2\\3&4\end{pmatrix}\boldsymbol{X}$,求 $\boldsymbol{T}$ 在基

$$\boldsymbol{\varepsilon}_1=\begin{pmatrix}1&0\\0&0\end{pmatrix},\boldsymbol{\varepsilon}_2=\begin{pmatrix}0&1\\0&0\end{pmatrix},\boldsymbol{\varepsilon}_3=\begin{pmatrix}0&0\\1&0\end{pmatrix},\boldsymbol{\varepsilon}_4=\begin{pmatrix}0&0\\0&1\end{pmatrix},$$

下的矩阵.

解

$$\boldsymbol{T}(\boldsymbol{\varepsilon}_1)=\begin{pmatrix}1&2\\3&4\end{pmatrix}\boldsymbol{\varepsilon}_1=\begin{pmatrix}1&2\\3&4\end{pmatrix}\begin{pmatrix}1&0\\0&0\end{pmatrix}=\begin{pmatrix}1&0\\3&0\end{pmatrix}=\boldsymbol{\varepsilon}_1+3\boldsymbol{\varepsilon}_3,$$

$$\boldsymbol{T}(\boldsymbol{\varepsilon}_2)=\begin{pmatrix}1&2\\3&4\end{pmatrix}\boldsymbol{\varepsilon}_2=\begin{pmatrix}1&2\\3&4\end{pmatrix}\begin{pmatrix}0&1\\0&0\end{pmatrix}=\begin{pmatrix}0&1\\0&3\end{pmatrix}=\boldsymbol{\varepsilon}_2+3\boldsymbol{\varepsilon}_4,$$

$$\boldsymbol{T}(\boldsymbol{\varepsilon}_3)=\begin{pmatrix}1&2\\3&4\end{pmatrix}\boldsymbol{\varepsilon}_3=\begin{pmatrix}1&2\\3&4\end{pmatrix}\begin{pmatrix}0&0\\1&0\end{pmatrix}=\begin{pmatrix}2&0\\4&0\end{pmatrix}=2\boldsymbol{\varepsilon}_1+4\boldsymbol{\varepsilon}_3,$$

$$\boldsymbol{T}(\boldsymbol{\varepsilon}_4)=\begin{pmatrix}1&2\\3&4\end{pmatrix}\boldsymbol{\varepsilon}_4=\begin{pmatrix}1&2\\3&4\end{pmatrix}\begin{pmatrix}0&0\\0&1\end{pmatrix}=\begin{pmatrix}0&2\\0&4\end{pmatrix}=2\boldsymbol{\varepsilon}_2+4\boldsymbol{\varepsilon}_4.$$

于是 $\boldsymbol{T}(\boldsymbol{\varepsilon}_1,\boldsymbol{\varepsilon}_2,\boldsymbol{\varepsilon}_3,\boldsymbol{\varepsilon}_4)=(\boldsymbol{\varepsilon}_1,\boldsymbol{\varepsilon}_2,\boldsymbol{\varepsilon}_3,\boldsymbol{\varepsilon}_4)\boldsymbol{A}$,其中 $\boldsymbol{A}=\begin{pmatrix}1&0&2&0\\0&1&0&2\\3&0&4&0\\0&3&0&4\end{pmatrix}$.

定理 6.4 设线性空间 V 中取定两个基 $\boldsymbol{\varepsilon}_1,\boldsymbol{\varepsilon}_2,\cdots,\boldsymbol{\varepsilon}_n$ 和 $\boldsymbol{\eta}_1,\boldsymbol{\eta}_2,\cdots,\boldsymbol{\eta}_n$,由基 $\boldsymbol{\varepsilon}_1,\boldsymbol{\varepsilon}_2,\cdots,\boldsymbol{\varepsilon}_n$ 到基 $\boldsymbol{\eta}_1,\boldsymbol{\eta}_2,\cdots,\boldsymbol{\eta}_n$ 的过渡矩阵为 $\boldsymbol{C}$,V 中的线性变换 $\boldsymbol{T}$ 在这两个基下的矩阵依次为 $\boldsymbol{A},\boldsymbol{B}$,那么

$$\boldsymbol{B}=\boldsymbol{C}^{-1}\boldsymbol{A}\boldsymbol{C}.$$

证 由于

$$(\boldsymbol{\eta}_1,\boldsymbol{\eta}_2,\cdots,\boldsymbol{\eta}_n)=(\boldsymbol{\varepsilon}_1,\boldsymbol{\varepsilon}_2,\cdots,\boldsymbol{\varepsilon}_n)\boldsymbol{C},\boldsymbol{C}\text{ 可逆},$$

及

$$\boldsymbol{T}(\boldsymbol{\varepsilon}_1,\boldsymbol{\varepsilon}_2,\cdots,\boldsymbol{\varepsilon}_n)=(\boldsymbol{\varepsilon}_1,\boldsymbol{\varepsilon}_2,\cdots,\boldsymbol{\varepsilon}_n)\boldsymbol{A}$$

$$\boldsymbol{T}(\boldsymbol{\eta}_1,\boldsymbol{\eta}_2,\cdots,\boldsymbol{\eta}_n)=(\boldsymbol{\eta}_1,\boldsymbol{\eta}_2,\cdots,\boldsymbol{\eta}_n)\boldsymbol{B}$$

于是

$$\begin{aligned}(\boldsymbol{\eta}_1,\boldsymbol{\eta}_2,\cdots,\boldsymbol{\eta}_n)\boldsymbol{B} &= \boldsymbol{T}(\boldsymbol{\eta}_1,\boldsymbol{\eta}_2,\cdots,\boldsymbol{\eta}_n) = \boldsymbol{T}[(\boldsymbol{\varepsilon}_1,\boldsymbol{\varepsilon}_2,\cdots,\boldsymbol{\varepsilon}_n)\boldsymbol{C}] \\ &= [\boldsymbol{T}(\boldsymbol{\varepsilon}_1,\boldsymbol{\varepsilon}_2,\cdots,\boldsymbol{\varepsilon}_n)]\boldsymbol{C} = (\boldsymbol{\varepsilon}_1,\boldsymbol{\varepsilon}_2,\cdots,\boldsymbol{\varepsilon}_n)\boldsymbol{AC} \\ &= (\boldsymbol{\eta}_1,\boldsymbol{\eta}_2,\cdots,\boldsymbol{\eta}_n)\boldsymbol{C}^{-1}\boldsymbol{AC}\end{aligned}$$

因为 $\boldsymbol{\eta}_1,\boldsymbol{\eta}_2,\cdots,\boldsymbol{\eta}_n$ 线性无关,所以 $\boldsymbol{B}=\boldsymbol{C}^{-1}\boldsymbol{AC}$.

这个定理表明 $\boldsymbol{A},\boldsymbol{B}$ 相似,且两个基之间的过渡矩阵 $\boldsymbol{C}$ 就是相似变换矩阵.

【例 6.11】　设 V 是二维线性空间,$\boldsymbol{\varepsilon}_1,\boldsymbol{\varepsilon}_2$ 是一组基,线性变换 $\boldsymbol{T}$ 在 $\boldsymbol{\varepsilon}_1,\boldsymbol{\varepsilon}_2$ 下的矩阵是

$$\boldsymbol{A}=\begin{pmatrix}2 & 1\\ -1 & 0\end{pmatrix},$$

计算 $\boldsymbol{T}$ 在 V 的另一组基 $\boldsymbol{\eta}_1,\boldsymbol{\eta}_2$ 下的矩阵,这里 $(\boldsymbol{\eta}_1,\boldsymbol{\eta}_2)=(\boldsymbol{\varepsilon}_1,\boldsymbol{\varepsilon}_2)\begin{pmatrix}1 & -1\\ -1 & 2\end{pmatrix}$.

解　由定理 6.4 知,$\boldsymbol{T}$ 在 V 的另一组基 $\boldsymbol{\eta}_1,\boldsymbol{\eta}_2$ 下的矩阵为

$$\begin{pmatrix}1 & -1\\ -1 & 2\end{pmatrix}^{-1}\begin{pmatrix}2 & 1\\ -1 & 0\end{pmatrix}\begin{pmatrix}1 & -1\\ -1 & 2\end{pmatrix}=\begin{pmatrix}1 & 1\\ 0 & 1\end{pmatrix}.$$

习题 6.5

1. 在 $\mathbf{R}^3$ 中,求向量 $\boldsymbol{\alpha}=(7,3,1)^{\mathrm{T}}$ 在基

$$\boldsymbol{\alpha}_1=(1,3,5)^{\mathrm{T}},\boldsymbol{\alpha}_2=(6,3,2)^{\mathrm{T}},\boldsymbol{\alpha}_3=(3,1,0)^{\mathrm{T}}$$

下的坐标.

2. 在 $\mathbf{R}^4$ 中取两个基

$$\begin{cases}\boldsymbol{e}_1=(1,0,0,0),\\ \boldsymbol{e}_2=(0,1,0,0),\\ \boldsymbol{e}_3=(0,0,1,0),\\ \boldsymbol{e}_4=(0,0,0,1);\end{cases}\quad \begin{cases}\boldsymbol{\alpha}_1=(2,1,-1,1),\\ \boldsymbol{\alpha}_2=(0,3,1,0),\\ \boldsymbol{\alpha}_3=(5,3,2,1),\\ \boldsymbol{\alpha}_4=(6,6,1,3).\end{cases}$$

(1)求由前一个基到后一个基的过渡矩阵;

(2)求向量 (x_1,x_2,x_3,x_4) 在后一个基下的坐标;

(3)求在两个基下有相同坐标的向量.

第7章

应用数学模型(自学)

“线性代数”是理工、经济管理各专业的一门必修的基础课，它在工程技术、经济管理科学中有着广泛的应用，如在计算机、通信、电子等高科技领域中，在经济管理分析中资源分配、决策分析、预测评价等，对于系统科学、计算科学、运筹学、统计学等都是必不可少的工具，本章将介绍线性代数及矩阵理论在经济管理中的应用模型.

7.1 投入产出模型

在经济活动中，无论是一个国家的整个国民经济系统还是一个企业，都必须考虑其在经济活动中分析投入多少财力、物力、人力，产出多少社会财富是衡量经济效益高低的主要标志. 投入产出分析是研究经济系统各部门之间投入产出的相互依存关系的经济数量分析方法，该方法最早产生于20世纪30年代，是由诺贝尔经济学奖获得者俄裔美籍经济学家瓦・列昂捷夫(W. Leontief)提出的，于1931年开始研究“投入产出分析法”，来分析研究美国经济结构，是目前比较成熟的经济分析方法. 该方法对研究分析国民经济各部门之间的数量关系，制订国民经济的计划和规划等都具有十分重要的作用。

投入产出分析的理论基础是一般均衡理论，编制投入产出表是进行投入产出分析的前提. 投入产出分析从一般均衡理论中吸收了有关经济活动的相互依存性的观点，并用代数联立方程体系来描述这种相互依存关系.

根据分析时期的不同可分为静态投入产出模型和动态投入产出模型. 静态投入产出模型是分析和研究某一特定时期的再生产过程及联系；动态投入产出模型是分析和研究连续变化若干时期的再生产过程及各时期的相互联系.

7.1.1 静态投入产出模型

目前，投入产出分析已拓展到经济研究领域的各个方面，在以下几个方面其作用尤为巨大：

①编制经济计划；

②分析经济结构，进行经济预测；

③研究经济政策对经济生活的影响.

研究某些专门的社会问题如污染、人口、就业以及收入分配等问题. 投入产出表又称列昂捷夫表、产业联系表或部门联系平衡,反映国民经济各部门之间投入与产出关系的平衡表. 假设整个国民经济包括 n 个部门,将各部门依次编号为 $1,2,\cdots,n$,把 n 个部门的产出列成一个表,见表7.1,这就是投入产出表.

表7.1

投　入		产　出								总产出
		消耗部门				最终需求				
		1	2	⋯	n	消费	积累	出口	合计	
生产部门	1	x_{11}	x_{12}	⋯	x_{1n}				y_1	x_1
	2	x_{11}	x_{12}	⋯	x_{1n}				y_2	x_2
	⋮	⋮	⋮	⋮					⋮	⋮
	n	x_{11}	x_{12}	⋯	x_{1n}				y_n	x_n
净产值	工资纯收入	z_1	z_2	⋯	z_n					
总投入		x_1	x_2	⋯	x_n					

从表7.1中可以看出,国民经济每个部门既是生产产品(产出)的部门,又是消耗产品(投入)的部门,投入产出表是以所有部门的产出去向为行、投入来源为列而组成的棋盘式表格,主要说明两个基本平衡关系. 一个关系是,每一个部门的总产出等于它所生产的中间产品与最终产品之和,中间产品应能满足各部门投入的需要,最终产品应能满足积累和消费的需要,即从左到右:中间需求+最终需求=总产出;另一个关系是,每一个部门的投入就是它生产中直接需要消耗的各部门的中间产品,在生产技术条件不变的前提下,投入决定于它的总产出,从上到下:中间消耗+净产值=总投入. 用表格中的数据表示出下面两个平衡关系式:

$$\begin{cases} x_{11}+x_{12}+\cdots+x_{1n}+y_1=x_1, \\ x_{21}+x_{22}+\cdots+x_{2n}+y_2=x_2, \\ \qquad\qquad\vdots \\ x_{n1}+x_{n2}+\cdots+x_{nn}+y_n=x_n. \end{cases} \tag{7.1}$$

$$\sum_{j=1}^{n} x_{ij}+y_i = x_i,(i = 1,2,\cdots,n). \tag{7.2}$$

$$\begin{cases} x_{11}+x_{21}+\cdots+x_{n1}+z_1=x_1, \\ x_{12}+x_{22}+\cdots+x_{n2}+z_2=x_2, \\ \qquad\qquad\vdots \\ x_{1n}+x_{2n}+\cdots+x_{nn}+z_n=x_n. \end{cases} \tag{7.3}$$

$$\sum_{i=1}^{n} x_{ij}+z_j = x_j,(j = 1,2,\cdots,n). \tag{7.4}$$

方程(7.1)或方程(7.2)称为需求平衡方程组,方程(7.3)或方程(7.4)称为投入(或消耗)平衡方程组,而且它们满足下列平衡关系:

$$\sum_{j=1}^{n} x_{kj} + y_k = \sum_{i=1}^{n} x_{ik} + z_k = x_k, (k = 1,2,\cdots,n).$$

就整个国民经济而言,用于非生产的消费积累出口等方面的产品的总价值与整个国民经济净产值的总和相等,即 $\sum_{i=1}^{n} y_i = \sum_{j=1}^{n} z_j$.

为了便于说明,我们只考虑从 4 个部门:农业、轻工业、重工业、其他的产品关联情况列出它们的价值投入产出表,见表 7.2.

表 7.2

<table>
<tr><th colspan="2" rowspan="2">投　入</th><th colspan="4">产　出</th><th rowspan="2">最终需求</th><th rowspan="2">总产出</th></tr>
<tr><th>农业</th><th>轻工业</th><th>重工业</th><th>其他</th></tr>
<tr><td colspan="2">农业</td><td>80</td><td>220</td><td>200</td><td>160</td><td>940</td><td>1 600</td></tr>
<tr><td colspan="2">轻工业</td><td>80</td><td>660</td><td>100</td><td>160</td><td>1 200</td><td>2 200</td></tr>
<tr><td colspan="2">重工业</td><td>320</td><td>330</td><td>1 000</td><td>320</td><td>530</td><td>2 500</td></tr>
<tr><td colspan="2">其　他</td><td>80</td><td>330</td><td>250</td><td>160</td><td>800</td><td>1 600</td></tr>
<tr><td rowspan="2">新创价值</td><td>工资</td><td>800</td><td>300</td><td>250</td><td>400</td><td colspan="2" rowspan="3"></td></tr>
<tr><td>收入</td><td>240</td><td>360</td><td>700</td><td>400</td></tr>
<tr><td colspan="2">总产出</td><td>1 600</td><td>1 600</td><td>2 200</td><td>2 500</td></tr>
</table>

从表 7.2 中可以看出,其数据正好满足上面所说的消耗与需求平衡方程. 利用投入产出表,从每一行可知各部门的消耗其他部门产值情况,利用每个部门的总产出即最后一行数据去除相应列的各元素,以各部门总产出之和去除最后一列,可以得到表 7.3.

表 7.3

<table>
<tr><th rowspan="2">部　门</th><th colspan="4">比　重</th><th rowspan="2">总产出</th></tr>
<tr><th>农业</th><th>轻工业</th><th>重工业</th><th>其他</th></tr>
<tr><td>农业</td><td>0.05</td><td>0.1</td><td>0.08</td><td>0.1</td><td>0.20</td></tr>
<tr><td>轻工业</td><td>0.05</td><td>0.3</td><td>0.04</td><td>0.1</td><td>0.28</td></tr>
<tr><td>重工业</td><td>0.2</td><td>0.15</td><td>0.4</td><td>0.2</td><td>0.32</td></tr>
<tr><td>其他</td><td>0.05</td><td>0.15</td><td>0.1</td><td>0.1</td><td>0.20</td></tr>
</table>

表 7.3 中展出各部门产出用于社会再生产消耗的比例以及作为最终产出用于消费与生产积累的比例,例如,第一行可以看出农产品用于各部门的生产消耗有 0.33,而轻工业、重工业、其他行业对农产品的消耗比例也不同,它反映了各部门对农产品的消耗比例,从其他行业同样可以得到各部门的产品分配比例,最后一列说明在社会总产出中各部门所占的比例.

如果将各个部门对所有部门的消耗比例排成一个表,则得

$$\boldsymbol{A}=\begin{pmatrix}0.05 & 0.1 & 0.08 & 0.1\\ 0.01 & 0.3 & 0.04 & 0.1\\ 0.2 & 0.15 & 0.4 & 0.2\\ 0.05 & 0.15 & 0.1 & 0.1\end{pmatrix}.$$

由于在短期内这种情况具有相对稳定性,因此,上面的矩阵反映了各部门之间的消耗关联,系数越大表明两个部门之间的关联越大,为此引入了直接消耗系数的概念,直接消耗系数反映国民经济中第 j 个部门生产单位产品所消耗的第 i 个部门生产的产品数量,记作 a_{ij},由上述计算可知计算公式:

$$a_{ij}=\frac{x_{ij}}{x_j},(i,j=1,2,\cdots,n).$$

部门间直接消耗系数的大小表明部门间联系的密切程度,a_{ij}越大表明第 j 个部门与第 i 个部门联系越密切。由直接消耗系数列成表称为直接消耗表,对应矩阵 $A=(a_{ij})$ 为直接消耗系数矩阵,用来表示各部门之间的生产分配关系. 再根据需求平衡方程组,把 $x_{ij}=a_{ij}x_j$ 代入式(7.1),则有

$$\begin{cases}a_{11}x_1+a_{12}x_2+\cdots+a_{1n}x_n+y_1=x_1,\\ a_{21}x_1+a_{22}x_2+\cdots+a_{2n}x_n+y_2=x_2,\\ \quad\vdots\\ a_{n1}x_1+a_{n2}x_2+\cdots+a_{nn}x_n+y_n=x_n.\end{cases}\tag{7.5}$$

记 $\boldsymbol{x}=(x_1\quad x_2\quad\cdots\quad x_n)^{\mathrm{T}}$,$\boldsymbol{y}=(y_1\quad y_2\quad\cdots\quad y_n)^{\mathrm{T}}$ 分别为总产值矩阵与最终需求矩阵,利用矩阵上式可表示为

$$\boldsymbol{Ax}+\boldsymbol{y}=\boldsymbol{x}\text{ 或}(\boldsymbol{E}-\boldsymbol{A})\boldsymbol{x}=\boldsymbol{y},\tag{7.6}$$

称矩阵 $\boldsymbol{E}-\boldsymbol{A}$ 为列昂捷夫矩阵.

同样根据消耗平衡方程组(7.3)可得

$$\begin{cases}a_{11}x_1+a_{21}x_1+\cdots+a_{n1}x_1+z_1=x_1,\\ a_{12}x_2+a_{22}x_2+\cdots+a_{n2}x_2+z_2=x_2,\\ \quad\vdots\\ a_{1n}x_n+a_{2n}x_n+\cdots+a_{nn}x_n+z_n=x_n.\end{cases}\tag{7.7}$$

写成矩阵形式为

$$\boldsymbol{x}=\boldsymbol{Dx}+z\text{ 或者}(\boldsymbol{E}-\boldsymbol{D})\boldsymbol{x}=z\tag{7.8}$$

其中 $\boldsymbol{D}=\mathrm{diag}(\sum\limits_{i=1}^{n}a_{i1},\sum\limits_{i=1}^{n}a_{i2},\cdots,\sum\limits_{i=1}^{n}a_{in})$ 为中间消耗系数矩阵,$z=(z_1,z_2,\cdots,z_n)^{\mathrm{T}}$ 为净产值矩阵。根据方程(7.6)或方程(7.7),若已知计划期各部门的总产量,则可求计划期最终需求以及各部门净产值;如已知计划期最终需求或者净产值,则可求计划期各部门的总产出.

由此可知,上述所说的 4 个部门之间的直接消耗系数矩阵为

$$\boldsymbol{A}=\begin{pmatrix}0.05 & 0.1 & 0.08 & 0.1\\ 0.01 & 0.3 & 0.04 & 0.1\\ 0.2 & 0.15 & 0.4 & 0.2\\ 0.05 & 0.15 & 0.1 & 0.1\end{pmatrix}.$$

而中间消耗系数矩阵为

$$D=\begin{pmatrix}0.35&0&0&0\\0&0.70&0&0\\0&0&0.62&0\\0&0&0&0.50\end{pmatrix}.$$

产品之间除了上述讲到的直接消耗关系外还有间接消耗,例如,在炼钢过程中消耗了电力,这是钢对电力的直接消耗,但炼钢过程还要消耗生铁、煤及其他原料,而生产这些原料又要用到电力,所以这部分电力就成了生产钢对电力的间接消耗. 因此,把炼钢对电力的直接消耗加上它对电力的所有间接消耗的总和称为炼钢对电力的完全消耗,即

$$\text{完全消耗}=\text{直接消耗}+\text{所有间接消耗}$$

要全面反映物资生产部门之间的生产技术联系,不仅要考虑产品间的直接消耗系数,而且也要考虑所有间接消耗. 完全消耗系数就是为了得到部门之间的单位最终产品,各部门产品的直接和间接消耗总和,若已知直接消耗系数矩阵 A 和最终需求矩阵 Y,即

$$\boldsymbol{A}=\begin{pmatrix}a_{11}&a_{21}&\cdots&a_{1n}\\a_{21}&a_{22}&\cdots&a_{2n}\\\vdots&\vdots&&\vdots\\a_{n1}&a_{2n}&\cdots&a_{nn}\end{pmatrix},\boldsymbol{y}=\begin{pmatrix}y_1\\y_2\\\vdots\\y_n\end{pmatrix}.$$

则矩阵 $\boldsymbol{W}=\boldsymbol{A}\boldsymbol{y}=\begin{pmatrix}a_{11}&a_{21}&\cdots&a_{1n}\\a_{21}&a_{22}&\cdots&a_{2n}\\\vdots&\vdots&&\vdots\\a_{n1}&a_{2n}&\cdots&a_{nn}\end{pmatrix}\begin{pmatrix}y_1\\y_2\\\vdots\\y_n\end{pmatrix}$表示对部门产品的直接消耗,而矩阵:$\boldsymbol{W}_1=\boldsymbol{A}\boldsymbol{W}=\boldsymbol{A}^2\boldsymbol{Y},\boldsymbol{W}_2=\boldsymbol{A}\boldsymbol{W}_1=\boldsymbol{A}^2\boldsymbol{Y},\cdots$分别表示第一次间接消耗,第二次间接消耗,……一般地,第 $\boldsymbol{n}$ 次间接消耗的矩阵运算公式为 $\boldsymbol{W}_n=\boldsymbol{A}^{n+1}\boldsymbol{Y}$,总的间接消耗矩阵为

$$\sum_{n=1}^{\infty}\boldsymbol{W}_n=\sum_{n=1}^{\infty}\boldsymbol{A}^{n+1}=(\boldsymbol{A}^2+\boldsymbol{A}^3+\cdots+\boldsymbol{A}^{n+1}+\cdots)\boldsymbol{y},$$

于是有

$$\begin{aligned}\text{完全消耗矩阵}&=\text{直接消耗矩阵}+\text{所有间接消耗矩阵}\\&=(\boldsymbol{A}+\boldsymbol{A}^2+\boldsymbol{A}^3+\cdots+\boldsymbol{A}^n+\cdots)\boldsymbol{y},\end{aligned}$$

将矩阵 $\boldsymbol{B}=\boldsymbol{A}+\boldsymbol{A}^2+\boldsymbol{A}^3+\cdots+\boldsymbol{A}^n+\cdots$称为完全消耗系数矩阵.

由矩阵代数知识可证$(\boldsymbol{E}-\boldsymbol{A})^{-1}=\boldsymbol{E}+\boldsymbol{A}+\boldsymbol{A}^2+\boldsymbol{A}^3+\cdots+\boldsymbol{A}^n+\cdots$,因此,完全消耗系数矩阵为 $\boldsymbol{B}=(\boldsymbol{E}-\boldsymbol{A})^{-1}-\boldsymbol{E}$.

根据上例中的直接消耗系数矩阵求完全消耗系数矩阵,并分析总产值最终需求以及中间消耗的关系.

解 由表 7.3 中所得的直接消耗系数矩阵可知

$$\boldsymbol{A}=\begin{pmatrix}0.05&0.1&0.08&0.1\\0.01&0.3&0.04&0.1\\0.2&0.15&0.4&0.2\\0.05&0.15&0.1&0.1\end{pmatrix},$$

$$
\boldsymbol{E}-\boldsymbol{A}=\begin{pmatrix} 0.95 & -0.1 & -0.08 & -0.1 \\ -0.05 & 0.7 & -0.04 & -0.1 \\ -0.2 & -0.15 & 0.6 & -0.2 \\ -0.05 & -0.15 & -0.1 & 0.9 \end{pmatrix}.
$$

因此完全消耗系数矩阵为

$$
\boldsymbol{B}=(\boldsymbol{E}-\boldsymbol{A})^{-1}-\boldsymbol{E}=\begin{pmatrix} 0.117\,4 & 0.243\,8 & 0.197\,8 & 0.195\,2 \\ 0.124\,3 & 0.526\,1 & 0.154\,6 & 0.217\,7 \\ 0.447\,7 & 0.573\,3 & 0.852\,1 & 0.525\,0 \\ 0.132\,5 & 0.331\,6 & 0.242\,5 & 0.216\,6 \end{pmatrix}.
$$

在实例中给出的最终需求为 $\boldsymbol{y}^{\mathrm{T}}=(940\quad 1\,200\quad 530\quad 780)$,各部门为完成此最终需求需要完全消耗各部门的产品为

$$
\boldsymbol{By}=\begin{pmatrix} 0.117\,4 & 0.243\,8 & 0.197\,8 & 0.195\,2 \\ 0.124\,3 & 0.526\,1 & 0.154\,6 & 0.217\,7 \\ 0.447\,7 & 0.573\,3 & 0.852\,1 & 0.525\,0 \\ 0.132\,5 & 0.331\,6 & 0.242\,5 & 0.216\,6 \end{pmatrix}\begin{pmatrix} 940 \\ 1\,200 \\ 530 \\ 780 \end{pmatrix}=\begin{pmatrix} 660 \\ 1\,000 \\ 1\,970 \\ 820 \end{pmatrix}
$$

完全消耗产品农产品为 659,轻工业产品为 925,重工业产品为 2 000,其他部门为 800,而且可以得到

$$
\boldsymbol{y}+\boldsymbol{By}=\begin{pmatrix} 940 \\ 1\,200 \\ 530 \\ 780 \end{pmatrix}+\begin{pmatrix} 660 \\ 1\,000 \\ 1\,970 \\ 820 \end{pmatrix}=\begin{pmatrix} 1\,600 \\ 2\,200 \\ 2\,500 \\ 1\,600 \end{pmatrix}=\boldsymbol{x}.
$$

这说明:完全消耗 + 最终需求 = 总产值.

问题总结:上述的静态投入产出分析应用范围较广,在宏观经济方面可以分析国民经济各部门间的比例关系与结构,以了解各部门的社会需求状况用于调整各社会产品比例. 在微观经济方面,企业可以利用投入产出法进行经济预测、编制计划、效率与价格分析等,下面详述动态条件下的投入产出模型。

7.1.2　动态投入产出模型

在静态投入产出模型中只考虑了社会生产各部门在某个时期内的生产分配状况,即这个生产时期内所有生产的产品完全用于此时期内各生产部门的消耗与此期内的最终需求,但在实际中生产是一个连续的过程,此时期内部门所消耗的产品应为上一时期各部门所生产的产品,此时期内消费的最终产品也可能是上一时期所生产的产品,那么我们必须考虑生产的时间问题;另外,各部门在某个时段内所使用的固定资本(如工厂里的机械、厂房,农业生产中的农具等)是没有变化的,即不考虑其损耗,但在长期生产中,这些固定资本都会损耗,必需更新,这就要求投入一部分用于固定资本的更新以弥补其损耗. 因此,在投入产出分析中有必要考虑时间问题和固定资产使用问题,如果考虑时间问题,就必须考虑本期内所消耗的上一时期各部门产品情况,如果考虑固定资产的投资需求,需要把投资需求从最终需求中分离出来,则可得到动态的列昂捷夫投入产出模型.

现在假设第 t 年的产品产量为 $x(t)=(x_1(t),x_2(t),\cdots,x_n(t))^{\mathrm{T}}$,根据投入产出表 7.1 可

知有 $\boldsymbol{Ax}(t)$ 用于直接的消耗，其中 $\boldsymbol{A}$ 是前文中提到的直接消耗系数矩阵，设固定资产投资系数矩阵为

$$\boldsymbol{B}=\begin{pmatrix} b_{11} & b_{12} & \cdots & b_{1n} \\ b_{21} & b_{22} & \cdots & b_{2n} \\ \vdots & \vdots & & \vdots \\ b_{n1} & b_{n2} & \cdots & b_{nn} \end{pmatrix}.$$

b_{ij} 表示第 j 部门单位产值需要第 i 部门的固定资产投资；所以用于扩大再生产的固定资产投资为 $B[x(t+1)-x(t)]$；另外，用于最终消费需求为 $y(t)=(y_1(t),y_2(t),\cdots,y_n(t))$，因此，现在的平衡方程为

$$x(t)=Ax(t)+B[x(t+1)-x(t)]+y(t). \tag{7.9}$$

这就是著名的列昂捷夫动态投入产出模型.

当然在列昂捷夫动态模型中仍然没有考虑固定资产折旧问题，也就是说，在第 t 年使用的固定资产 $Mx(t)$ 在一年后仍余下 $Mx(t)$，因此必须再进一步改进此模型.

现在考虑为了第 $t+1$ 年的产出为 $x(t+1)$，第一必须在第 t 年进行直接消耗投入为 $Ax(t+1)$，以及列昂捷夫动态模型中的固定资产投入 $Bx(t+1)$；第二必须在第 t 年有 $Tx(t+1)$ 的消费投入；另外，在这年的直接消耗投入 $Ax(t+1)$ 中，在一年的生产过程中全部被耗掉，而固定资产投入在一年后第 $t+1$ 年还余下 $Mx(t+1)$.

表 7.4

第 t 年的产品产出为 $x(t)=(x_1(t),x_2(t),\cdots,x_n(t))^{\mathrm{T}}$	第 $t+1$ 年的产出为 $x(t+1)=(x_1(t+1),x_2(t+1),\cdots,x_n(t+1))^{\mathrm{T}}$
在第 $t+1$ 年的产出是 $x(t+1)$，需在第 t 年进行直接消耗投入 $Ax(t+1)$	
在第 $t+1$ 年的产出是 $x(t+1)$，需在第 t 年进行的固定资产投入 $Bx(t+1)$	
第 $t-1$ 年固定资产投入在第 t 年的剩余 $Mx(t)$	第 t 年进行固定资产投入 $Ax(t+1)$ 在第 $t+1$ 年剩余 $Mx(t+1)$
在第 $t+1$ 年的产出是 $x(t+1)$，需在第 t 年的消费投入 $Tx(t+1)$	

观察表 7.4 中第 t 年这一列，用于生产的固定资产与直接消耗投入 $Ax(t+1)$ 及消费投入只能来自本年的生产产出与上一年投入在本年的剩余 $Mx(t)$（无外援的封闭状况下）.

因此有如下平衡关系：

$$x(t)+Mx(t)=Ax(t+1)+Bx(t+1)+Tx(t+1). \tag{7.10}$$

其中 $\boldsymbol{A}$ 仍为直接消耗系数矩阵，由前面关于直接消耗系数矩阵的定义知直接消耗系数满足

$a_{ij} \geqslant 0, \boldsymbol{M} = \begin{pmatrix} m_{11} & m_{12} & \cdots & m_{1n} \\ m_{21} & m_{22} & \cdots & m_{2n} \\ \vdots & \vdots & & \vdots \\ m_{n1} & m_{n2} & \cdots & m_{nn} \end{pmatrix}$为剩余系数矩阵,它表示固定资产投入 $b_{ij}x_i(t)$ 在一年的生产过程中被消耗后余下的部分 $m_{ij}x_i(t)$,由此可知,剩余系数的值 $0 \leqslant m_{ij} \leqslant b_{ij}$;设最终消费系数矩阵为 $\boldsymbol{T} = \begin{pmatrix} t_{11} & t_{12} & \cdots & t_{1n} \\ t_{21} & t_{22} & \cdots & t_{2n} \\ \vdots & \vdots & & \vdots \\ t_{n1} & t_{n2} & \cdots & t_{nn} \end{pmatrix}$,注意到我们的消耗系数也不可能是负的,即 $t_{ij} \geqslant 0$. 式(7.10)给出的平衡关系为冯・纽曼投入产出模型.

下面考虑各部门之间协调发展的问题,若各部门有着同样的增长速度记为 α,则有:

$$\boldsymbol{x}_i(t+1) = (1+\alpha)\boldsymbol{x}_i(t), i = 1,2\cdots,n$$

$$x(t+1) = (1+a)x(t). \tag{7.11}$$

将式(7.11)代入式(7.12),得

$$(\boldsymbol{E}+\boldsymbol{M})x(t) = (1+\alpha)(\boldsymbol{A}+\boldsymbol{B}+\boldsymbol{T})x(t). \tag{7.12}$$

根据前面有关的线性方程组的解的情况可知,式(7.12)有非零解 $\boldsymbol{x}(t)$ 的充分必要条件是方程的行列式的值为零,即

$$|\boldsymbol{E}+\boldsymbol{M}-(1+\alpha)(\boldsymbol{A}+\boldsymbol{B}+\boldsymbol{T})| = 0. \tag{7.13}$$

式(7.13)展开后得到关于 α 的一元 n 次方程,可求出 α 的 n 个根;又由 α 的每一个根对应一组产出结构 $\boldsymbol{x}(t)$,如果有多组有意义的 α 及对应的 $\boldsymbol{x}(t)$,那么究竟哪一组对各部门之间的协调发展最有利呢? 因此,要求出其中有实际应用价值的那一组根,现介绍一种简便方法.

式(7.12)中,令

$$\alpha = \frac{1}{\lambda}. \tag{7.14}$$

则式(7.12)可化为

$$(\boldsymbol{E}+\boldsymbol{M})\boldsymbol{x}(t) = \left(1+\frac{1}{\lambda}\right)(\boldsymbol{A}+\boldsymbol{B}+\boldsymbol{T})\boldsymbol{x}(t), \tag{7.15}$$

$$\lambda(\boldsymbol{E}+\boldsymbol{M}-\boldsymbol{A}-\boldsymbol{B}-\boldsymbol{T})\boldsymbol{x}(t) = (\boldsymbol{A}+\boldsymbol{B}+\boldsymbol{T})\boldsymbol{x}(t).$$

由于矩阵 $\boldsymbol{A},\boldsymbol{B},\boldsymbol{T},\boldsymbol{M}$ 都为非负矩阵,$\boldsymbol{A}+\boldsymbol{B}+\boldsymbol{T}$ 也是非负矩阵,矩阵 $\boldsymbol{M}$ 又是矩阵 $\boldsymbol{B}$ 的剩余,即 $0 \leqslant m_{ij} \leqslant b_{ij}$,所以 $\boldsymbol{B}-\boldsymbol{M}$ 也为非负矩阵,矩阵 $\boldsymbol{A}+\boldsymbol{B}-\boldsymbol{M}+\boldsymbol{T}$ 也为非负系数矩阵. 若非负矩阵 $\boldsymbol{A}+\boldsymbol{B}-\boldsymbol{M}+\boldsymbol{T}$ 的特征值的模都小于 1,则 $\boldsymbol{E}-(\boldsymbol{A}+\boldsymbol{B}-\boldsymbol{M}+\boldsymbol{T})$ 可逆,且$[\boldsymbol{E}-(\boldsymbol{A}+\boldsymbol{B}-\boldsymbol{M}+\boldsymbol{T})]^{-1}$也是非负矩阵,因此上式(7.15)可化为

$$[\boldsymbol{E}-(\boldsymbol{A}+\boldsymbol{B}-\boldsymbol{M}+\boldsymbol{T})]^{-1}(\boldsymbol{A}+\boldsymbol{B}+\boldsymbol{T})\boldsymbol{x}(t) = \lambda\boldsymbol{x}(t). \tag{7.16}$$

可见这是关于非负矩阵 $\boldsymbol{H} = [\boldsymbol{E}-(\boldsymbol{A}+\boldsymbol{B}-\boldsymbol{M}+\boldsymbol{T})]^{-1}(\boldsymbol{A}+\boldsymbol{B}+\boldsymbol{T})$ 的特征值问题,必存在一个最大模的非负实特征值及相应的非负特征向量. 若任何一个部门的产出都需要直接或间接地消耗其他部门的产品,就意味着各部门之间的关系相当紧密,相对矩阵来说,即矩阵 $\boldsymbol{H}$ 不可约,矩阵 $\boldsymbol{H}$ 只存在一组实的正特征值及相应的正特征向量.

因此,对式(7.13),当紧密联系的各部门协调发展时的增长率是非负矩阵 $\boldsymbol{H} = [\boldsymbol{E}-(\boldsymbol{A}+$

$\boldsymbol{B}-\boldsymbol{M}+\boldsymbol{T})]^{-1}(\boldsymbol{A}+\boldsymbol{B}+\boldsymbol{T})$的特征值$\lambda^*$的倒数$\alpha=\dfrac{1}{\lambda^*}$时,产出结构为相应的特征向量$\boldsymbol{x}^*(t)$,且它们的取值是唯一的.

由上述讨论可知,当有n个部门,则$\boldsymbol{H}$为n阶矩阵,利用矩阵的特征值与特征向量这一章的知识去计算显然很烦琐,那么可以近似计算其特征值与特征向量,假设只有农业和工业两个部门,并且计算得到$\boldsymbol{H}=\begin{pmatrix}1&2\\3&4\end{pmatrix}$,任取初始值$\boldsymbol{x}(0)=\begin{pmatrix}0\\1\end{pmatrix}$,则

$$\boldsymbol{Hx}(0)=\begin{pmatrix}1&2\\3&4\end{pmatrix}\begin{pmatrix}0\\1\end{pmatrix}=\begin{pmatrix}2\\4\end{pmatrix},\boldsymbol{H}\cdot\boldsymbol{Hx}(0)=\boldsymbol{H}^2\boldsymbol{x}(0)=\begin{pmatrix}1&2\\3&4\end{pmatrix}\begin{pmatrix}2\\4\end{pmatrix}=\begin{pmatrix}10\\24\end{pmatrix},$$

$$\boldsymbol{H}^3\boldsymbol{x}(0)=\begin{pmatrix}1&2\\3&4\end{pmatrix}\begin{pmatrix}10\\24\end{pmatrix}=\begin{pmatrix}58\\126\end{pmatrix},\boldsymbol{H}^4\boldsymbol{x}(0)=\begin{pmatrix}1&2\\3&4\end{pmatrix}\begin{pmatrix}58\\126\end{pmatrix}=\begin{pmatrix}310\\678\end{pmatrix},$$

$$\boldsymbol{H}^5\boldsymbol{x}(0)=\begin{pmatrix}1&2\\3&4\end{pmatrix}\begin{pmatrix}310\\678\end{pmatrix}=\begin{pmatrix}1\ 666\\3\ 642\end{pmatrix},\boldsymbol{H}^6\boldsymbol{x}(0)=\begin{pmatrix}1&2\\3&4\end{pmatrix}\begin{pmatrix}1\ 666\\3\ 642\end{pmatrix}=\begin{pmatrix}8\ 950\\19\ 566\end{pmatrix}.$$

由于$\dfrac{8\ 950}{1\ 666}=5.372\ 148$,$\dfrac{19\ 566}{3\ 642}=5.372\ 323$,可见二者之间的值已经充分接近,取$\lambda^*\approx5.372\ 2$作为矩阵$\boldsymbol{H}$的最大特征值近似值,$\boldsymbol{x}^*(0)\approx\begin{pmatrix}8\ 950\\19\ 566\end{pmatrix}$作为相应的特征向量,可以验证

$$\boldsymbol{Hx}^*(0)=\begin{pmatrix}1&2\\3&4\end{pmatrix}\begin{pmatrix}8\ 950\\19\ 566\end{pmatrix}=\begin{pmatrix}48\ 082\\105\ 114\end{pmatrix}=5.372\ 28\times\begin{pmatrix}8\ 950\\19\ 566\end{pmatrix}=\lambda^*\boldsymbol{x}^*(0).$$

由此可知,农业与工业两个部门在初始产值为8 950和19 566的情况下,必须都以每年18.6%的增长率才能协调发展.

对于线性多部门的模型考虑其协调发展增长率时,利用上述结论,将矩阵$\boldsymbol{A},\boldsymbol{B},\boldsymbol{T},\boldsymbol{M}$的具体数值代入非负矩阵$\boldsymbol{H}=[\boldsymbol{E}-(\boldsymbol{A}+\boldsymbol{B}-\boldsymbol{M}+\boldsymbol{T})]^{-1}(\boldsymbol{A}+\boldsymbol{B}+\boldsymbol{T})$,再利用上述简便方法任取非零初始值,便可求出其唯一的有意义的正特征值及相应的正特征向量.

7.2 交通流量的计算模型

问题:某城市部分单行街道的交通流量(每小时过车数),如图7.1所示.

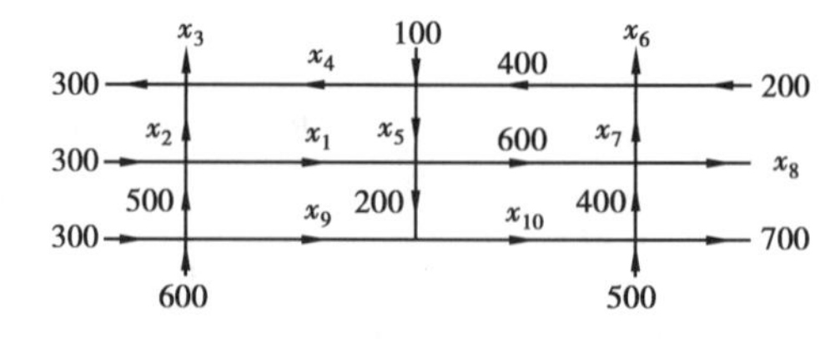

图7.1 某城市部分单行街道的交通流量

假设:(1)全部流入网络的流量等于全部流出网络的流量;

(2)全部流入一个节点(道路交汇处)的流量等于全部流出此节点的流量.

试建立数学模型确定该交通网络中未知部分的具体流量.

由网络流量守恒条件假设,所给问题满足如下线性方程组

$$\begin{cases} x_2 - x_3 + x_4 = 300, \\ x_4 + x_5 = 500, \\ x_7 - x_6 = 200, \\ x_1 + x_2 = 800, \\ x_1 + x_5 = 800, \\ x_7 + x_8 = 1\ 000, \\ x_9 = 400, \\ x_{10} - x_9 = 200, \\ x_{10} = 600, \\ x_3 + x_6 + x_8 = 1\ 000. \end{cases}$$

系数矩阵为

$$\boldsymbol{A} = \begin{pmatrix} 0 & 1 & -1 & 1 & 0 & 0 & 0 & 0 & 0 & 0 \\ 0 & 0 & 0 & 1 & 1 & 0 & 0 & 0 & 0 & 0 \\ 0 & 0 & 0 & 0 & 0 & -1 & 1 & 0 & 0 & 0 \\ 1 & 1 & 0 & 0 & 0 & 0 & 0 & 0 & 0 & 0 \\ 1 & 0 & 0 & 0 & 1 & 0 & 0 & 0 & 0 & 0 \\ 0 & 0 & 0 & 0 & 0 & 0 & 1 & 1 & 0 & 0 \\ 0 & 0 & 0 & 0 & 0 & 0 & 0 & 0 & 1 & 0 \\ 0 & 0 & 0 & 0 & 0 & 0 & 0 & 0 & -1 & 1 \\ 0 & 0 & 0 & 0 & 0 & 0 & 0 & 0 & 0 & 1 \\ 0 & 0 & 1 & 0 & 0 & 1 & 0 & 1 & 0 & 0 \end{pmatrix}.$$

增广矩阵的行最简形矩阵

$$\boldsymbol{B} = \begin{pmatrix} 1 & 0 & 0 & 0 & 1 & 0 & 0 & 0 & 0 & 0 & 800 \\ 0 & 1 & 0 & 0 & -1 & 0 & 0 & 0 & 0 & 0 & 0 \\ 0 & 0 & 1 & 0 & 0 & 0 & 0 & 0 & 0 & 0 & 200 \\ 0 & 0 & 0 & 1 & 1 & 0 & 0 & 0 & 0 & 0 & 500 \\ 0 & 0 & 0 & 0 & 0 & 1 & 0 & 1 & 0 & 0 & 800 \\ 0 & 0 & 0 & 0 & 0 & 0 & 1 & 1 & 0 & 0 & 1\ 000 \\ 0 & 0 & 0 & 0 & 0 & 0 & 0 & 0 & 1 & 0 & 400 \\ 0 & 0 & 0 & 0 & 0 & 0 & 0 & 0 & 0 & 1 & 600 \\ 0 & 0 & 0 & 0 & 0 & 0 & 0 & 0 & 0 & 0 & 0 \\ 0 & 0 & 0 & 0 & 0 & 0 & 0 & 0 & 0 & 0 & 0 \end{pmatrix}.$$

原方程对应的齐次线性方程组为

$$\begin{cases}x_1+x_5=0,\\x_2-x_5=0,\\x_3=0,\\x_4+x_5=0,\\x_6+x_8=0,\\x_7+x_8=0,\\x_9=0,\\x_{10}=0.\end{cases}$$

取(x_5,x_8)为自由未知量,分别赋两组值为$(1,0)$,$(0,1)$,得齐次线性方程组的基础解系为

$$\boldsymbol{\eta}_1=(-1,1,0,-1,1,0,0,0,0,0)',$$
$$\boldsymbol{\eta}_2=(0,0,0,0,0,-1,-1,1,0,0)'.$$

其对应的非齐次线性方程组为

$$\begin{cases}x_1+x_5=800,\\x_2-x_5=0,\\x_3=200,\\x_4+x_5=500,\\x_6+x_8=800,\\x_7+x_8=1\ 000,\\x_9=400,\\x_{10}=600.\end{cases}$$

赋值给自由未知量(x_5,x_8)为$(0,0)$

$$\boldsymbol{\eta}^*=(800,0,200,500,0,800,1\ 000,0,400,600)'.$$

所以,原方程组的通解为

$$x=\boldsymbol{\eta}^*+k_1\boldsymbol{\eta}_1+k_2\boldsymbol{\eta}_2,(k_1,k_2\in R).$$

7.3 人口迁移的动态模型

问题:对城乡人口流动作年度调查,发现有一个稳定的朝向城镇流动的趋势:每年2.5%的农村居民移居城镇,而1%的城镇居民迁往农村.现在总人口的60%住在城镇.假设城乡总人口保持不变,并且人口流动的这种趋势继续下去,那么一年以后住在城镇的人口所占总人口的比例是多少?两年后?10年后?最终?

解 设城乡人口总数为N,开始时,农村人口为y_0,城镇人口为z_0,则

$$y_0+z_0=N.$$

于是$y_0=0.4N,z_0=0.6N$.

设n年后,农村人口为y_n,城镇人口为z_n,则一年后的情形是

$$\begin{cases} y_1 = \dfrac{975}{1\ 000} y_0 + \dfrac{1}{100} z_0, \\ z_1 = \dfrac{25}{1\ 000} y_0 + \dfrac{99}{100} z_0. \end{cases}$$

矩阵形式为

$$\begin{pmatrix} y_1 \\ z_1 \end{pmatrix} = \begin{pmatrix} \dfrac{975}{1\ 000} & \dfrac{1}{100} \\ \dfrac{25}{1\ 000} & \dfrac{99}{100} \end{pmatrix} \begin{pmatrix} y_0 \\ z_0 \end{pmatrix}.$$

两年后

$$\begin{pmatrix} y_2 \\ z_2 \end{pmatrix} = \begin{pmatrix} \dfrac{975}{1\ 000} & \dfrac{1}{100} \\ \dfrac{25}{1\ 000} & \dfrac{99}{100} \end{pmatrix} \begin{pmatrix} y_1 \\ z_1 \end{pmatrix} = \begin{pmatrix} \dfrac{975}{1\ 000} & \dfrac{1}{100} \\ \dfrac{25}{1\ 000} & \dfrac{99}{100} \end{pmatrix}^2 \begin{pmatrix} y_0 \\ z_0 \end{pmatrix}.$$

$$\begin{pmatrix} y_n \\ z_n \end{pmatrix} = \begin{pmatrix} \dfrac{975}{1\ 000} & \dfrac{1}{100} \\ \dfrac{25}{1\ 000} & \dfrac{99}{100} \end{pmatrix} \begin{pmatrix} y_{n-1} \\ z_{n-1} \end{pmatrix} = \begin{pmatrix} \dfrac{975}{1\ 000} & \dfrac{1}{100} \\ \dfrac{25}{1\ 000} & \dfrac{99}{100} \end{pmatrix}^n \begin{pmatrix} y_0 \\ z_0 \end{pmatrix}.$$

设 $\boldsymbol{A} = \begin{pmatrix} \dfrac{975}{1\ 000} & \dfrac{1}{100} \\ \dfrac{25}{1\ 000} & \dfrac{99}{100} \end{pmatrix}$,由 $|\boldsymbol{A} - \lambda \boldsymbol{E}| = 0$ 知,矩阵 $\boldsymbol{A}$ 的两个特征值分别为

$$\lambda_1 = \frac{193}{200}, \lambda_2 = 1$$

其对应的特征向量分别为

$$\boldsymbol{p}_1 = \begin{pmatrix} -\dfrac{5}{7} \\ \dfrac{5}{7} \end{pmatrix}, \boldsymbol{p}_2 = \begin{pmatrix} \dfrac{2}{7} \\ \dfrac{5}{7} \end{pmatrix}.$$

取 $\boldsymbol{P} = \begin{pmatrix} -\dfrac{5}{7} & \dfrac{2}{7} \\ \dfrac{5}{7} & \dfrac{5}{7} \end{pmatrix}$,则 $\boldsymbol{P}^{-1} = \begin{pmatrix} -1 & \dfrac{2}{5} \\ 1 & 1 \end{pmatrix}$,且 $\boldsymbol{P}^{-1}\boldsymbol{A}\boldsymbol{P} = \begin{pmatrix} \dfrac{193}{200} & 0 \\ 0 & 1 \end{pmatrix}$.

因此 $\boldsymbol{A}^n = \boldsymbol{P} \begin{pmatrix} \dfrac{193}{200} & 0 \\ 0 & 1 \end{pmatrix}^n \boldsymbol{P}^{-1} = \begin{pmatrix} -\dfrac{5}{7} & \dfrac{2}{7} \\ \dfrac{5}{7} & \dfrac{5}{7} \end{pmatrix} \begin{pmatrix} \left(\dfrac{193}{200}\right)^n & 0 \\ 0 & 1 \end{pmatrix} \begin{pmatrix} -1 & \dfrac{2}{5} \\ 1 & 1 \end{pmatrix}$.

则 n 年后人口的分布为

$$\begin{pmatrix} y_n \\ z_n \end{pmatrix} = \boldsymbol{A}^n \begin{pmatrix} y_0 \\ z_0 \end{pmatrix} = \begin{pmatrix} -\dfrac{5}{7} & \dfrac{2}{7} \\ \dfrac{5}{7} & \dfrac{5}{7} \end{pmatrix} \begin{pmatrix} \left(\dfrac{193}{200}\right)^n & 0 \\ 0 & 1 \end{pmatrix} \begin{pmatrix} -1 & \dfrac{2}{5} \\ 1 & 1 \end{pmatrix} \begin{pmatrix} y_0 \\ z_0 \end{pmatrix}$$

$$= (y_0 + z_0)\begin{pmatrix}\frac{2}{7}\\ \frac{5}{7}\end{pmatrix} + \left(\frac{2}{5}z_0 - y_0\right)\left(\frac{193}{200}\right)^n\begin{pmatrix}-\frac{5}{7}\\ \frac{5}{7}\end{pmatrix}.$$

令 $n\to\infty$，则有

$$\begin{pmatrix}y_\infty\\ z_\infty\end{pmatrix} = (y_0 + z_0)\begin{pmatrix}\frac{2}{7}\\ \frac{5}{7}\end{pmatrix}.$$

说明总人口的$\frac{2}{7}$在农村，另外$\frac{5}{7}$在城镇，且这种情况与人口的初始分布无关. 而这种稳定状态正是 A 的属于特征值 1 的特征向量.

7.4 模糊综合评判模型

某房地产开发商对新开发的产品——某某花园进行市场预测，预测拟从房型、区位、价格 3 个方面了解不同类型家庭的反应，以得到不同类型家庭的需求，为确定该产品的目标市场提供决策依据，因此对某类消费者进行民意调研。假设消费者的反应分为非常欢迎、欢迎、不太欢迎、不欢迎 4 种，根据民意测试，若只考虑房型，不考虑房价与区位，得到某类消费者反应为：20% 的持非常欢迎态度，70% 的持欢迎态度，10% 的持不太欢迎态度，没有不欢迎的；同样只考虑区位不考虑房型与房价，消费者反应为：0% 的非常欢迎，40% 的欢迎，50% 的不太欢迎，还有 10% 不欢迎；只考虑房价，不考虑房型与区位，消费者反应为：20% 的非常欢迎，30% 的欢迎，40% 的不太欢迎，10% 的不欢迎；同样根据民意测试：消费者对 3 个方面的重视程度的比例为 2∶5∶3，如果规定非常欢迎为 100 分、欢迎为 80 分、不太欢迎为 60 分、不欢迎为 40 分，根据上述情况分析对于调查的这类消费者对这个新产品的欢迎情况.

问题分析：考虑这类消费者对这个新产品的欢迎情况，因为每位消费者的反应可从集合 $V=\{$非常欢迎，欢迎，不太欢迎，不欢迎$\}$ 中选出一种，根据调查统计结果是对只考虑房型，有 20% 的持非常欢迎态度，70% 的持欢迎态度，10% 的持不太欢迎态度，没有不欢迎的，这一结果可用模糊向量表示，记 $\boldsymbol{r}_{1i}=(0.2,0.7,0.1,0)$ 表示消费者对房型所持的态度向量，同样分别以 $\boldsymbol{r}_{2i}=(0,0.4,0.5,0.1)$、$\boldsymbol{r}_{3i}=(0.2,0.3,0.4,0.1)$ 表示消费者对区位与房价所持的态度向量，因此，可得到消费者对三因素的评判反应矩阵

$$\boldsymbol{R}=(\boldsymbol{r}_{ji})=\begin{pmatrix}0.2 & 0.7 & 0.1 & 0\\ 0 & 0.4 & 0.5 & 0.1\\ 0.2 & 0.3 & 0.4 & 0.1\end{pmatrix}.$$

同样根据消费者对三因素的重视程度，可用向量 $\boldsymbol{a}=(0.2,0.5,0.3)$ 表示，根据上述分析，要考虑这类消费者对新产品的欢迎情况，必须综合考虑消费者对房型、区位、房价 3 个方面的欢迎情况与这 3 个方面对消费者的重视程度.

问题解答：根据上面分析，分别单独考虑各因素得到 3 个消费者反应向量，即 $\boldsymbol{r}_{1i}=(0.2,0.7,0.1,0)$ 表示消费者对房型所持的态度向量，$\boldsymbol{r}_{2i}=(0,0.4,0.5,0.1)$ 表示消费者对区位所

持的态度向量,$\boldsymbol{r}_{3i}=(0.2,0.3,0.4,0.1)$表示消费者对房价所持的态度向量,由此得到,消费者的反应矩阵为:$\boldsymbol{R}=\begin{pmatrix}0.2 & 0.7 & 0.1 & 0\\ 0 & 0.4 & 0.5 & 0.1\\ 0.2 & 0.3 & 0.4 & 0.1\end{pmatrix}$,用向量$\boldsymbol{a}=(0.2,0.5,0.3)$表示这类消费者对三因素的重要性程度向量,则$\boldsymbol{b}=\boldsymbol{aR}$为这类消费者对该产品的综合反应程度向量.

$$\boldsymbol{b}=\boldsymbol{aR}=(0.2\quad 0.5\quad 0.3)\begin{pmatrix}0.2 & 0.7 & 0.1 & 0\\ 0 & 0.4 & 0.5 & 0.1\\ 0.2 & 0.3 & 0.4 & 0.1\end{pmatrix}=(0.1\quad 0.43\quad 0.39\quad 0.08).$$

其中,$\boldsymbol{b}$表示的含义是:10%的非常欢迎,43%的欢迎,39%的不太欢迎,8%的不欢迎;那么评审结果为

$$\boldsymbol{K}=\boldsymbol{bp}=(0.1\quad 0.43\quad 0.39\quad 0.08)\begin{pmatrix}100\\ 80\\ 60\\ 40\end{pmatrix}=71.$$

这说明该产品对于这类消费者而言处于欢迎与不太欢迎之间.

问题总结:上例给出了一类关于对某一个事物的评价问题,而考虑这类问题常常要涉及多个因素或多个指标. 比如,要判定某项产品设计是否有价值,每个人都可从不同角度考虑:有人看是否易于投产,有人看是否有市场潜力,有人看是否有技术创新,这时就要根据这多个因素对事物作综合评价,上例中用的是模糊综合评判方法. 模糊综合评判是一种定量分析评判法,是经济效益决策中常见的方法.

参考文献

[1] 戴斌祥. 线性代数[M]. 2 版. 北京:北京邮电大学出版社,2013.
[2] 陈怀琛. 实用大众线性代数(MATLAB 版) [M]. 西安:西安电子科技大学出版社,2014.
[3] 陈怀琛,龚杰民. 线性代数实践及 MATLAB 入门[M]. 北京:电子工业出版社,2005.
[4] 王建军. 线性代数及其应用[M]. 上海:上海交通大学出版社,2005.
[5] 戴维 · C. 雷,史蒂文 · R. 雷,朱迪 · J. 麦克唐纳. 线性代数及其应用[M]. 5 版. 刘深泉,张万芹,陈玉珍,等译. 北京:机械工业出版社,2018.
[6] 同济大学数学系. 工程数学 线性代数[M]. 6 版. 北京:高等教育出版社,2014.
[7] 同济大学数学系. 线性代数及其应用[M]. 2 版. 北京:高等教育出版社,2008.
[8] 刘吉定,罗进,刘任河. 线性代数及其应用[M]. 2 版. 北京:科学出版社,2016.